百年大计　教育为本

数控加工工艺与编程技术基础

主　编　顾长林
副主编　茆兰娟
参　编　张建涛　费晓莉
主　审　庄金雨

北京理工大学出版社
BEIJING INSTITUTE OF TECHNOLOGY PRESS

图书在版编目（ＣＩＰ）数据

数控加工工艺与编程技术基础 / 顾长林主编. --北
京：北京理工大学出版社，2020.8（2024.1重印）
ISBN 978-7-5682-8807-1

Ⅰ.①数… Ⅱ.①顾… Ⅲ.①数控机床-生产工艺 ②
数控机床-程序设计　Ⅳ.①TG659

中国版本图书馆 CIP 数据核字（2020）第 137165 号

责任编辑：张旭莉　　　**文案编辑：**张旭莉
责任校对：周瑞红　　　**责任印制：**李志强

出版发行 / 北京理工大学出版社有限责任公司
社　　址 / 北京市丰台区四合庄路 6 号
邮　　编 / 100070
电　　话 / （010）68914026（教材售后服务热线）
　　　　　　（010）68944437（课件资源服务热线）
网　　址 / http://www.bitpress.com.cn

版 印 次 / 2024 年 1 月第 1 版第 3 次印刷
印　　刷 / 三河市天利华印刷装订有限公司
开　　本 / 787 mm×1092 mm　1/16
印　　张 / 20.5
字　　数 / 476 千字
定　　价 / 56.00 元

江苏联合职业技术学院院本教材出版说明

江苏联合职业技术学院自成立以来，坚持以服务经济社会发展为宗旨、以促进就业为导向的职业教育办学方针，紧紧围绕江苏经济社会发展对高素质技术技能型人才的迫切需要，充分发挥"小学院、大学校"办学管理体制创新优势，依托学院教学指导委员会和专业协作委员会，积极推进校企合作、产教融合，积极探索五年制高职教育教学规律和高素质技术技能型人才成长规律，培养了一大批能够适应地方经济社会发展需要的高素质技术技能型人才，形成了颇具江苏特色的五年制高职教育人才培养模式，实现了五年制高职教育规模、结构、质量和效益的协调发展，为构建江苏现代职业教育体系、推进职业教育现代化做出了重要贡献。

我国社会的主要矛盾已经转化为人们日益增长的美好生活需要与发展不平衡不充分之间的矛盾，因此我们只有实现更高水平、更高质量、更高效益、更加平衡、更加充分的发展，才能全面实现新时代中国特色社会主义建设的宏伟蓝图。五年制高职教育的发展必须服从服务于国家发展战略，以不断满足人们对美好生活需要为追求目标，全面贯彻党的教育方针，全面深化教育改革，全面实施素质教育，全面落实立德树人根本任务，充分发挥五年制高职贯通培养的学制优势，建立和完善五年制高职教育课程体系，健全德能并修、工学结合的育人机制，着力培养学生的工匠精神、职业道德、职业技能和就业创业能力，创新教育教学方法和人才培养模式，完善人才培养质量监控评价制度，不断提升人才培养质量和水平，努力办好人民满意的五年制高职教育，为决胜全面建成小康社会、实现中华民族伟大复兴的中国梦贡献力量。

教材建设是人才培养工作的重要载体，也是深化教育教学改革、提高教学质量的重要基础。目前，五年制高职教育教材建设规划性不足、系统性不强、特色不明显等问题一直制约着内涵发展、创新发展和特色发展的空间。为切实加强学院教材建设与规范管理，不断提高学院教材建设与使用的专业化、规范化和科学化水平，学院成立了教材建设与管理工作领导小组和教材审定委员会，统筹领导、科学规划学院教材建设与管理工作，制定了《江苏联合职业技术学院教材建设与使用管理办法》和《关于院本教材开发若干问题的意见》，完善了教材建设与管理的规章制度；每年滚动修订《五年制高等职业教育教材征订目录》，统一组织五年制高职教育教材的征订、采购和配送；编制了学院"十三五"院本教材建设规划，组织18个专业和公共基础课程协作委员会推进了院本教材开发，建立了一支院本教材开发、编写、审定队伍；创建了江苏五年制高职教育教材研发基地，与江苏凤凰职业教育图书有限公司、苏州大学出版社、北京理工大学出版社、南京大学出版社、上海交通大学出版社等签订了战略合作协议，协同开发独具五年制高职教育特色的院本教材。

今后一个时期，学院将在推动教材建设和规范管理工作的基础上，紧密结合五年制高职教育发展新形势，主动适应江苏地方社会经济发展和五年制高职教育改革创新的需要，以学院 18 个专业协作委员会和公共基础课程协作委员会为开发团队,以江苏五年制高职教育教材研发基地为开发平台,组织具有先进教学思想和学术造诣较高的骨干教师,依照学院院本教材建设规划,重点编写和出版约 600 本有特色、能体现五年制高职教育教学改革成果的院本教材,努力形成具有江苏五年制高职教育特色的院本教材体系。同时,加强教材建设质量管理,树立精品意识,制订五年制高职教育教材评价标准,建立教材质量评价指标体系,开展教材评价评估工作,设立教材质量档案,加强教材质量跟踪,确保院本教材的先进性、科学性、人文性、适用性和特色性建设。学院教材审定委员会将组织各专业协作委员会做好对各专业课程(含技能课程、实训课程、专业选修课程等)教材出版前的审定工作。

本套院本教材较好地吸收了江苏五年制高职教育最新理论和实践研究成果,符合五年制高职教育人才培养目标定位要求。教材内容深入浅出,难易适中,突出"五年贯通培养、系统设计"专业实践技能经验的积累,重视启发学生思维和培养学生运用知识的能力。教材条理清楚、层次分明、结构严谨、图表美观、文字规范,是一套专门针对五年制高职教育人才培养的教材。

学院教材建设与管理工作领导小组
学院教材审定委员会
2017 年 11 月

序　言

2015 年 5 月，国务院印发关于《中国制造 2025》的通知，通知重点强调提高国家制造业创新能力，推进信息化与工业化深度融合，强化工业基础能力，加强质量品牌建设，全面推行绿色制造及大力推动重点领域突破发展等，而高质量的技能型人才是实现这一发展战略的重要途径。

为全面贯彻国家对于高技能人才的培养精神，提升五年制高等职业教育机电类专业教学质量，深化江苏联合职业技术学院机电类专业教学改革成果，并最大限度地共享这一优秀成果，学院机电专业协作委员会特组织优秀教师及相关专家，全面、优质、高效地修订及新开发了本系列规划教材，并配备了数字化教学资源，以适应当前的信息化教学需求。

本系列教材所具特色如下：

● 教材培养目标、内容结构符合教育部及学院专业标准中制定的各课程人才培养目标及相关标准规范。

● 教材力求简洁、实用，编写上兼顾现代职业教育的创新发展及传统理论体系，并使之完美结合。

● 教材内容反映了工业发展的最新成果，所涉及的标准规范均为最新国家标准或行业规范。

● 教材编写形式新颖，教材栏目设计合理，版式美观，图文并茂，体现了职业教育工学结合的教学改革精神。

● 教材配备相关的数字化教学资源，体现了学院信息化教学的最新成果。

本系列教材在组织编写过程中得到了江苏联合职业技术学院各位领导的大力支持与帮助，并在学院机电专业协作委员会全体成员的一致努力下顺利完成了出版任务。由于各参与编写作者及编审委员会专家时间相对仓促，加之行业技术更新较快，教材中难免有不当之处，敬请广大读者予以批评指正，在此一并表示感谢！我们将不断完善与提升本系列教材的整体质量，使其更好地服务于学院机电专业及全国其他高等职业院校相关专业的教育教学，为培养新时期下的高技能人才做出应有的贡献。

江苏联合职业技术学院机电协作委员会
2017 年 12 月

前　言

　　数控制造术是集机械制造技术、计算机技术、微电子技术、网络信息技术、机电一体化技术于一体的学科高新制造技术，数控技术水平的高低、高性能数控机床的拥有量成为衡量一个国家工业化水平的重要标志。

　　随着现代制造技术的发展和数控机床的日益普及，全球制造的重心向我国转移，这势必引起对大批技能型数控机床编程与操作人才的大量需求。为适应这一需求，并针对数控中高级技能型技术应用人才的培养而编写了本书，书中融汇了编者在生产和教学一线长期从事数控加工编程的生产实践和教学、培训的体会，除理论的讲解外，书中还精选了大量的典型实例。

　　本书以当今技术先进、占市场份额最大的 FANUC 数控系统为背景，对数控加工和编程知识进行了详细的讲解。主要内容包括数控技术概述、数控车削加工工艺及编程、数控铣削加工工艺及编程、其他常用数控加工工艺简介。本书的特点：一是通俗易懂，所叙述的内容注重实践应用，源于实践、可操作性强，并兼顾必要的理论知识，为学生的进一步深造奠定必要的基础；二是通过大量编程实例的精讲，使读者学会应用和巩固所学知识，培养编程能力，并从中总结各类数控机床编程的思路和方法。

　　本书由江苏联合职业技术学院盐城生物工程分院顾长林任主编、茆兰娟任副主编并统稿，参与编写的有太仓分院的张建涛、费晓莉。全书由宿迁经贸高等职业技术学校庄金雨主审。

　　编者在编写过程中参阅了有关院校和其他相关单位的教材、资料和文献，并深受启发，在此向其编、著者表示感谢。

　　由于编者水平有限，加之编写时间仓促，书中错误和欠妥之处在所难免，恳请读者批评指正。

编　者

目录

目 录 >>>

3

目 录 >>>

第1章 数控技术概述

1.1 数控机床的基本知识

1.1.1 数控加工的概念

数字控制(Numerical Control)简称数控(NC),是近代发展起来的一种自动控制技术,是指用数字化信号对机床运动及其加工过程进行控制的一种方法。

数字控制技术(Numerical Control Technology)是指用数字量及字符发出指令并实现自动控制的技术。

数控机床(Numerical Control Machine Tools)是指采用数字控制技术对机床的加工过程进行自动控制的一类机床。

数控系统是一种控制系统,它自动输入载体事先给定的数字量,并将其译码,在进行必要的信息处理和运算后,控制机床动作和加工零件。

硬件数控(NC)是早期的数控系统,它由硬件逻辑电路来实现其控制功能。

计算机数控(Computer Numerical Control,CNC)系统是由计算机承担数控中命令发生器的控制器的数控系统。计算机由于可完全由软件来确定数字信息的处理过程,所以具有真正的"柔性",并可以处理硬件逻辑电路难以处理的复杂信息,使数字控制系统的性能大大提高。

数控加工一般包括以下几项内容。

(1)图纸分析,确定需要数控加工的部分。

(2)利用图形软件(如 Mastercam 软件)对需要数控加工的部分建模。

(3)根据加工条件,选择合适的加工参数,生成加工轨迹(包括粗加工、半精加工、精加工轨迹)。

(4)轨迹的仿真检验。

(5)生成 G 代码。

(6)传递给机床加工。

1.1.2 数控技术发展的概况

1952 年,美国 PARSONS 公司与麻省理工学院合作试制了世界上第一台三坐标数控立式铣床。之后,随着微电子技术、计算机技术的发展,数控机床的数控系统也随之不断更新,已经历过以下几个发展阶段。

(1)第一代:1952 年采用电子管元件。

(2)第二代:1961 年采用晶体管电路。

(3)第三代:1965 年采用集成电路。

(4)第四代:1968 年采用小型计算机。

(5)第五代:1974 年采用微处理器。

(6)第六代:1990 年采用工控 PC 的 CNC。

第一代至第三代数控系统都是由电路硬件和连线组成的,称为硬件数控,即 NC 系统;第四代至第六代数控系统主要是由计算机硬件和软件组成的,称为 CNC 系统。

我国从 1958 年开始研制数控机床,于 20 世纪 70 年代初得到广泛发展,数控技术在车床、铣床、钻床、镗床、磨床、齿轮加工机床等方面得到应用。

目前我国能够生产多种类型的数控机床,并向国外出口。但我国生产的数控机床在精度、速度、数控系统的功能及传感组件等方面与先进国家之间仍有一定的距离。

当今世界生产数控设备具有代表性的厂家(公司)有日本的 FANUC 公司、德国的 SIE-MENS 公司、美国的 A – B(ALLEN – BRADLE)公司和意大利的 A – BOSZA 公司等。

1.2　数控机床的基本组成及工作原理

1.2.1　数控机床的基本组成

数控机床是典型的数控化设备。其一般由以下几部分组成,如图 1.1 所示。

(1)程序编制及程序载体。

(2)输入输出装置。

(3)计算机数控装置及强电控制装置。

(4)伺服驱动系统及位置检测装置。

(5)机床的机械部件。

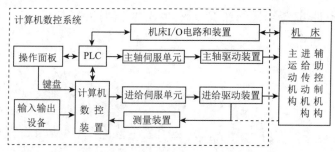

图 1.1　数控机床的基本组成

1. 程序编制及程序载体

程序的编制是根据零件的所有运动、尺寸、工艺参数等加工信息,用标准的由文字、数字和符号组成的数控代码,按规定的方法和格式,编制零件加工的数控程序单。

编制好的数控程序存放在一种存储载体上,程序载体(信息载体)又称控制介质,用于记录数控机床上加工一个零件所必需的各种信息,以控制机床的运动、实现零件的机械加工。

控制介质与输入输出装置如表1.1所示。

表1.1　控制介质与输入输出装置

控制介质	输入设备	输出设备
穿孔纸带	纸带阅读机	纸带穿孔机
磁带	磁带机和录音机	
磁盘	磁盘驱动器	

2. 输入输出装置

输入输出装置是 CNC 系统与外部设备进行交互的装置。交互的信息通常是零件加工程序,即将编制好的程序记录在控制介质上的零件加工程序输入 CNC 系统或将调试好的零件加工程序通过输出设备存放或记录在相应的控制介质上。

操作面板是操作人员与数控装置进行信息交流的工具。其是数控机床的特有部件,并由按钮站、状态灯、按键阵列(功能与计算机键盘一样)和显示器组成。

3. 计算机数控装置及强电控制装置

1) CNC 装置(CNC 单元)

(1)组成:计算机系统、位置控制板、PLC 接口板、通信接口板、特殊功能模块及相应的控制软件。

(2)作用:根据输入的零件加工程序进行相应的处理(如运动轨迹处理、机床输入输出处理等),然后输出控制命令到相应的执行部件(伺服单元、驱动装置和 PLC 等),所有这些工作是由 CNC 装置内硬件和软件协调配合、合理组织,而使整个系统有条不紊地进行工作。CNC 装置是 CNC 系统的核心。

2) 强电控制装置

(1)强电控制装置是在数控装置和机床机械、液压部件之间的控制系统。

(2)作用:接收数控装置输出的主运动变速、刀具选择交换、辅助装置动作等指令信号,经必要的编译、逻辑判断、功率放大后直接驱动相应的电器、液压、气动和机械部件,以完成指令所规定的动作。另外,行程开关和监控检测等开关信号也要经过强电控制装置输送到数控装置进行处理。

4. 伺服驱动系统及位置检测装置

1)组成

(1)伺服单元和驱动装置。

①主轴伺服单元、驱动装置和主轴电动机。

②进给伺服单元、驱动装置和进给电动机。

（2）测量装置：位置和速度测量装置。

2）作用

保证灵敏、准确地跟踪 CNC 装置指令，实现进给伺服系统的闭环控制。

（1）进给运动指令：实现零件加工的成形运动（速度和位置控制）。

（2）主轴运动指令：实现零件加工的切削运动（速度控制）。

5. 机床的机械部件

（1）机床：数控机床的主体是实现制造加工的执行部件。

（2）组成：主运动机构、进给传动机构（工作台、拖板及相应的传动机构）与辅助控制机构（支承件，如立柱、床身等；刀具自动交换系统、工件自动交换系统；辅助装置，如排屑装置等）。

1.2.2　数控机床的工作原理

1. 数控编程

数控编程的一般过程如图 1.2 所示。

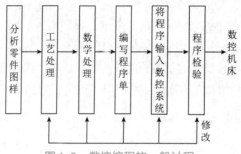

图 1.2　数控编程的一般过程

2. 输入

采用操作面板上的键盘、纸带阅读机、磁盘软驱、网络通信接口等，将零件的数控加工程序、控制参数、补偿参数等操作信息输送到 CNC 装置中。

3. 译码

数控装置对接收到的数控加工程序进行语法检查，按照语法规则将其翻译成计算机可以识别的数据形式，并按一定的数据格式将这些数据存放在指定的内存专用存储区。

4. 刀具补偿

刀具补偿又叫作"刀补"，是指在生产现场根据刀具的实际测量值，将加工零件时所用刀具的半径和长度等现场数据输入 CNC 装置，数控系统根据这些刀补值进行运算，自动将零件轮廓轨迹转换成刀具中心轨迹，以便加工出所要求的零件轮廓。

5. 插补

在已知零件轮廓表面曲线段的起点和终点之间进行"数据点的密化工作"。数控系统在每个插补周期内运行一次插补程序，得到一个微线段数据，数控机床的运动部件就沿着相应坐标走一步。这一步的距离，在经济型数控机床中称为"脉冲当量"；在中、高档数控机床中称为"最小设定单位"。其反映了数控机床可能达到的最高加工精度。

6. 加工

零件的轮廓表面是由许多曲线段(包括直线段)连接构成的。数控系统执行一条数控加工程序,通常需要运行许多次插补周期来生成一连串逼近零件轮廓曲线的微线段,从而加工出零件表面上的一段曲线。当数控加工程序单上的所有程序段全部执行完毕时,就意味着数控机床加工零件过程的结束。

1.2.3 数控机床使用中应注意的事项

在使用数控机床之前,应仔细阅读机床使用说明书及其他有关资料,以便正确操作使用机床,并应注意以下几点。

(1)机床操作、维修人员必须是掌握相应机床专业知识的专业人员或经过技术培训的人员,且必须按安全操作规程操作机床。

(2)专业人员在打开电柜门之前,必须确认已经关掉机床总电源开关。只有专业维修人员才被允许打开电柜门,进行通电检修。

(3)除一些供用户使用并可以改动的参数外,其他系统参数、主轴参数、伺服参数等,不能被用户私自修改,否则会造成设备、工件、人身等伤害。

(4)修改参数后,进行第一次加工时,要在不安装刀具和工件的情况下用机床锁住、单程序段等方式进行试运行,确认一切正常后再使用机床。

(5)机床的 PLC 程序是机床制造商按机床需要设计的,不需要修改。如不正确地修改程序、操作机床可能造成机床的损坏,甚至伤害相关人员。

(6)建议机床连续运行时间最长为 24 h。如果连续运行时间太长,就会影响电气系统和部分机械器件的寿命,从而影响机床的精度。

(7)不允许带电对机床全部连接器、接头等进行拔、插操作,否则将造成严重的后果。

1.3 数控机床的分类

1.3.1 按数控机床的运动轨迹分类

按数控机床的运动轨迹分类,数控机床可以分为点位控制数控机床、直线控制数控机床、轮廓控制数控机床,如图 1.3 所示。

1. 点位控制数控机床(Point to Point Control Numerical Control Machine)

点位控制数控机床仅能控制在加工平面内的两个坐标轴带动刀具与工件相对运动,从一个坐标位置快速移动到下一个坐标位置,然后控制第三个坐标轴进行钻、镗、切削加工。其特点是在整个移动过程中不进行切削加工,因此,对运动轨迹没有任何要求,但要求坐标位置有较高的定位精度。点位控制数控机床用于加工平面内的孔系。其主要有数控钻床、印刷电路板钻孔机、数控镗床、数控冲床、三坐标测量机等。

2. 直线控制数控机床(Straight-line Cut Control Numerical Control Machine)

直线控制数控机床可控制刀具或工作台以适当的进给速度,沿着平行于坐标轴的方向进行直线移动和切削加工,对进给速度可根据切削条件在一定范围内调节。早期,简易两坐标轴数控车床可用于加工台阶轴;简易的三坐标轴数控铣床可用于平面的铣削加工。现代组合机床采用数控进给伺服系统,驱动动力头带着多轴箱轴向进给进行钻、镗加工,它也可以算作一种直线控制的数控机床。值得一提的是,现在仅具有直线控制功能的数控机床已不多见。

3. 轮廓控制数控机床(Contouring Control Numerical Control Machine)

轮廓控制数控机床具有控制几个坐标轴同时协调运动,即多坐标轴联动的能力,可使刀具相对于工件按程序规定的轨迹和速度运动,在运动过程中进行连续切削加工。可实现联动加工是轮廓控制数控机床的本质特征。这类数控机床有数控车床、数控铣床、加工中心等,可用于加工曲线和曲面形状的零件。现代的数控机床基本上都是这种类型。根据联动轴数还可以将其细分为 2 轴联动数控机床、3 轴联动数控机床、4 轴联动数控机床、5 轴联动数控机床。

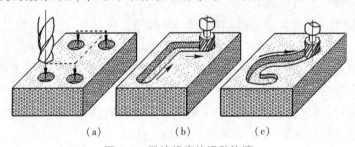

(a)　　　　　　(b)　　　　　　(c)

图 1.3　数控机床的运动轨迹

(a)点位控制;(b)直线控制;(c)轮廓控制

1.3.2　按所用的进给伺服系统的类型分类

按所用的进给伺服系统的类型分类,数控机床可以分为开环数控系统、闭环数控系统、半闭环数控系统三大类。

1. 开环数控系统(图 1.4)

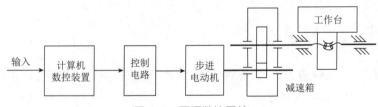

图 1.4　开环数控系统

(1)开环数控系统的特点。

①一般采用步进电动机作为驱动装置。

②没有位置测量装置,信号流是单向的(数控装置→进给系统),故系统稳定性好,但加工精度不高。

③这类系统具有结构简单、工作稳定、调试方便、维修简单、价格低廉等优点。

(2)开环数控系统的适用性:一般仅用于运动速度较低和工作精度不高的经济型数控机床。

2.闭环数控系统(图1.5)

(1)闭环数控系统的特点。

①安装了位置检测元件,并且在进给系统末端的执行部件上实测它的位置或位移量。

②从理论上讲,可以消除整个驱动和传动环节的误差、间隙与失动量,具有很高的位置控制精度。

③由于位置环内的许多机械传动环节的摩擦特性、刚性和间隙都是非线性的,故很容易造成系统的不稳定,使闭环系统的设计、安装和调试都相当困难。

(2)闭环数控系统的适用性:主要用于精度要求很高的镗铣床、超精车床、超精磨床及较大型的数控机床等。

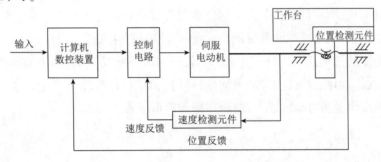

图1.5 闭环数控系统

3.半闭环数控系统(图1.6)

(1)用途:检测元件是否安装在中间传动件上,间接测量执行部件的位置。

(2)半闭环数控系统的特点。

①闭环数控系统可以消除机械传动机构的全部误差,而半闭环数控系统只能补偿系统环路内部分元件的误差。半闭环数控系统的精度比闭环数控系统的精度要低一些,比开环数控系统的精度高。

②半闭环环路内不包括或只包括少量的机械传动环节,因此,可获得稳定的控制性能,其系统的稳定性虽不如开环数控系统,但比闭环数控系统要好。

③半闭环数控系统结构简单、调试方便、精度也较高,因而,在现代 CNC 机床中得到了广泛应用。

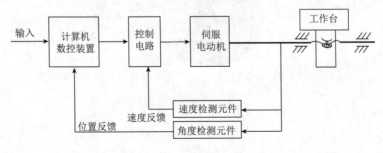

图1.6 半闭环数控系统

1.3.3 按所用的数控装置类型分类

按所用的数控装置类型分类,数控机床可以分为硬件数控系统、计算机数控系统。

1.硬件数控系统

硬件数控系统使用硬件数控装置,其输入处理、插补运算和控制功能都由专用的固定组合逻辑电路来实现,不同功能的机床,其组合逻辑电路也不同。改变控制、运算功能时,需要改变数控装置的硬件电路,因此,通用性、灵活性差,制造周期长,成本高。

2.计算机数控系统

计算机数控系统即软件数控装置。这种数控装置的硬件电路是由小型或微型计算机再加上通用或专用的大规模集成电路制成的。这种数控机床的主要功能几乎全部由系统软件来实现,所以不同功能的机床,其系统软件也就不同,而修改系统功能时,不需要变动硬件电路,只需要改变系统软件,因此,具有较高的灵活性;同时,由于硬件电路基本上是通用的,这就有利于大量生产、提高质量和可靠性、缩短制造周期和降低成本。

1.3.4 按数控系统功能水平分类

按数控系统功能水平分类,数控机床可以分为经济型数控系统、普及型数控系统、高档型数控系统。

1.经济型数控系统

经济型数控系统的机床结构一般都比较简单,精度中等,价格也比较低廉,一般不具有通信功能,如经济型数控线切割机床、数控钻床、数控车床、数控铣床(图1.7)及数控磨床等。

图1.7 经济型数控系统

2.普及型数控系统

普及型数控系统常被称为全功能数控系统。其功能较多,除具有一般数控系统的功能外,还具有一定的图形显示功能及面向用户的宏程序功能等,系统的可靠性和控制的灵活性比较高。

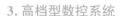

3. 高档型数控系统

高档型数控系统功能齐全,价格昂贵,如具有 5 轴以上的数控铣床,大型、重型数控机床,五面加工中心,车削中心和柔性加工单元等。

1.4 数控机床的特点及应用范围

1.4.1 数控机床的特点

数控机床就是用数字化信号对机床运动及其加工过程进行控制的一种加工设备。现代数控机床是一种典型的集光、机、电、磁技术于一体的加工设备。数控加工设备主要分为切(磨)削加工、压力加工和特种加工(如电火花加工、线切割加工等)三大类。切削加工类数控机床的加工过程能按预定的程序自动进行,消除了人为的操作误差,实现了手工操作难以达到的控制精度,加工精度还可以通过软件来校正和补偿,因此,可以获得比工作母机自身精度还要高的加工精度及重复定位精度;工件在一次装夹后,能先后进行粗、精加工,配置自动换刀装置后,还能缩短辅助加工时间、提高生产率;由于机床的运动轨迹受可编程的数字信号控制,因而可以加工单件和小批量且形状复杂的零件,生产准备周期大为缩短。

综上所述,数控机床具有高精度、高效率、高度自动化和高柔性等特点。从近些年数控机床的生产现状和发展趋势看,由于计算机技术在机床行业的广泛应用,数控机床与普通机床相比不仅在电器控制方面发生了很大的变化,而且在机械结构性能方面也形成了自身独特的风格和特点。具体来说,其可以概括为以下几个方面。

1. 加工精度高

质量稳定数控机床集中采取了提高加工精度和保证质量稳定性的多种技术措施:第一,数控机床由数控程序自动控制进行加工,在工作过程中,一般不需要人工干预,这就消除了操作人员人为产生的失误或误差;第二,数控机床本身的刚度高、精度好,并且精度保持性较好,这更有利于零件加工质量的稳定,还可以利用软件进行误差补偿和校正,也使数控加工具有较高的精度;第三,数控机床的机械结构是按照精密机床的要求进行设计和制造的,其采用了滚珠丝杠、滚动导轨等高精度传动部件,而且刚度大、热稳定性和抗振性能好;第四,伺服传动系统的脉冲当量或最小设定单位可以达到 $10 \sim 0.5$ pm,数控机床是按数字信号形式进行控制的,数控装置每输出一个脉冲信号,则机床移动部件移动一个脉冲当量(一般为 0.001 mm);同时,其工作中还采用了具有检测反馈功能的闭环或半闭环控制,具有误差修正或补偿功能,可以进一步提高精度和稳定性;第五,数控加工中心具有刀库和自动换刀装置,可以在一次装夹后,完成工件的多面和多工序加工,最大限度地减少了装夹误差的影响。因此,数控机床加工精度比较高。

2. 生产效率高

数控机床能最大限度地减少零件加工所需要的机动时间与辅助时间,显著提高生产效率。第一,数控机床的进给运动和多数主运动都采用了无级调速,且调速范围大,可选择合理的进给速度和切削速度进行在线检测,因此,每一道工序都能选择最佳的进给速度和切削速度。第二,良好的结构刚度和抗振性允许机床采用大切削用量和进行强力切削。第三,一般不需要停机对工件进行检测,从而有效地减少了机床加工中的停机时间。第四,机床移动部件在定位中都采用自动加减速措施,因此,可以选用很高的空行程运动速度,大大节约了辅助运动时间。机床的主轴转速和进给量的变化范围大,允许机床进行大切削量的强力切削。数控机床目前正进入高速加工时代,数控机床移动部件的快速移动和定位及高速切削加工,减少了半成品工序之间的周转时间。第五,加工中心可以采取自动换刀和自动交换工作台等措施,工件一次装夹,可以进行多面和多工序加工,大大减少了工件装夹、对刀等辅助时间,数控加工工序集中可减少零件的周转时间。第六,加工工序集中不仅可以减少零件的周转,还可以减少设备台数及厂房面积,给生产调度管理带来了极大的方便。因此,数控加工生产率较高,比一般零件可以高出 3~4 倍,复杂零件可提高十几倍甚至几十倍。

3. 自动化程度高

自动化可以减轻操作人员的体力劳动强度。数控加工过程是按输入的程序自动完成的,操作人员只需要起始对刀、装卸工件、更换刀具,在加工过程中,主要是观察和监督机床运行。但是,由于数控机床的技术含量高,操作人员的脑力劳动相应增加了。

4. 柔性高

数控铣床的最大特点是高柔性,即可变性。所谓"柔性"即是灵活、通用、万能,可以适应加工不同形状工件的自动化要求。数控铣床一般都能完成钻孔、车孔、铰孔、铣平面、铣斜面、铣槽、铣曲面(凸轮)和攻螺纹等加工,而且在一般情况下,可以在一次装夹中完成所需要的加工工序。

5. 生产管理现代化

采用数控机床加工能方便、精确计算零件的加工时间,能精确计算生产和加工费用。安装在数控机床的主轴速度控制单元可预先精确估计加工时间,对所使用的刀具、夹具进行规范化、现代化管理。数控机床使用数字信号与标准代码为控制信息,易于实现加工信息的标准化,目前已与计算机辅助设计与制造(CAD/CAM)有机地结合起来,是现代集成制造技术的基础。一机多工序加工可简化生产过程的管理工作、减少管理人员,进而实现无人化生产。

6. 劳动强度低、劳动条件好

数控机床的操作人员一般只需要装卸零件、更换刀具、利用操作面板控制机床的自动加工,不需要进行繁杂的重复性手工操作,因此,劳动强度可大为减轻。另外,数控机床一般都具有较好的安全防护、自动排屑、自动冷却和自动润滑装置,操作人员的劳动条件可得到很大改善,操作人员可以一个人轻松地管理多台机床,数控机床的操作由体力型转为智力型。

7. 适应性强、灵活性好

数控机床由于采用数控加工程序控制,因此当加工零件改变时,只需要改变数控加工程序便可以实现对新零件的自动化加工。它能适应当前市场竞争中对产品不断更新换代的要求,解决多品种、单件小批量生产的自动化问题,也能满足飞机、汽车、造船、动力设备、国防军工等行业制造形状复杂零件和型面零件的需要。

8. 操作、维护技术要求高

数控机床是综合多学科、新技术的产物,机床价格高,设备一次性投资大,对机床的操作和维护要求也较高,因此,为保证数控加工的综合经济效益,要求机床的操作人员和维修人员具有较高的专业素质。与数控机床接触最多、能掌握机床运转脉搏的是操作人员。他们整天操作数控机床,积累了丰富经验,对数控机床各部分的状态了如指掌。他们在正确使用和精心维护方面做得好与坏,往往对数控机床的状态有着重要的作用。因此,这就要求数控机床操作人员有良好的职业素质。

9. 加工质量稳定、可靠

加工同一批零件,在同一台机床、相同加工条件下,使用相同刀具和加工程序,刀具的走刀轨迹完全相同,零件的一致性好、质量稳定。

1.4.2　数控机床加工的特点

数控机床已越来越多地被应用于现代制造业,并表现出普通机床无法比拟的优势。数控机床加工主要有以下几个特点。

(1)传动链短。与普通机床相比,主轴驱动不再是电动机—皮带—齿轮副机构变速,而是采用横向和纵向进给,分别由两台伺服电动机驱动完成,不再使用挂轮、离合器等传统部件,传动链大大缩短。

(2)刚性高。为了与数控系统的高精度相匹配,数控机床的刚性高,适应高精度的加工要求。

(3)轻拖动。刀架(工作台)移动采用滚珠丝杠副,摩擦小、移动轻便。丝杠两端的支承式专用轴承的压力角比普通轴承大,在出厂时便被选配好;数控机床的润滑部分采用油雾自动润滑,这些措施都使数控机床移动轻便。

1.4.3　数控机床的应用范围

数控机床与电子技术,特别是计算机技术的发展密切相关。自世界上第一台数控机床于1952年在美国麻省理工学院被研制出来以来,数控机床在制造工业,特别是汽车、航空航天及军事工业中被广泛地应用,数控技术无论在硬件还是软件方面,都有飞速的发展。随着现代经济和科学技术的飞跃发展,尤其是计算机数控系统的出现及微型计算机的迅速发展,再加上数控技术的普及和电子器件成本的降低,数控机床的适用范围越来越广,其加工成本不断降低,加工精度不断提高。数控系统除用来控制金属切削机床外,还普遍用于控制诸如冲床线切割机、气割机之类的简单机器直至机器人之类的复杂设备,在要求可靠性、柔性高和实现机电一体化等方面的生产加工对数控机床都有广泛的需要。数控机床由于属于精密设备,成本较高,因此,目前多用于形状复杂、精度要求高的中小批量零件的加工。

1. 结构比较复杂的零件

从零件的复杂程度、零件的批量大小与专用机床、普通机床、数控机床这三类机床的关系(图1.8)可以看出,数控机床适宜加工结构比较复杂、在其他机床上必须使用大量复杂昂贵的工艺装备才能进行加工的零件。

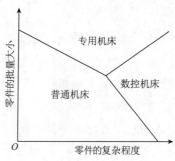

图1.8　结构比较复杂的零件

2. 多品种小批量的零件

从图1.9所示的零件加工批量数与综合费用的关系可以看出,大批大量生产的零件应选用专用机床或自动线加工;单件小批生产的零件应选用通用机床加工;批量数为10~200件的多品种中小批量生产的零件,通常采用数控机床加工。

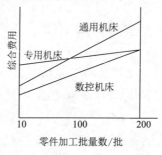

图1.9　多品种小批量的零件

(1)需要频繁改型的零件。

(2)价值昂贵的关键零件。

(3)需要快速交货的紧急零件。

1.5　数控机床的维护

数控机床的应用越来越广泛,相关数控机床技术方面的文章也很多,但对如何正确使用数控机床、如何对其进行有效的维护等方面的论述不是很多。科学技术的发展对机械产品提出了高精度、高复杂性的要求,而且产品的更新换代也在加快,这对机床设备不仅提出了精度和效率的要求,而且也对其提出了通用性和灵活性的要求。数控机床就是针对这种要求而产生的一种新型自动化机床。数控机床集微电子技术、计算机技术、自动控制技术及伺服驱动技术、精密机械技术于一体,是机电一体化的典型产品。其本身又是机电一体化的重要组成部分,是现代机床技术水平的重要标志。数控机床体现了当前世界机床技术进步的主流,是衡量机械制造工艺水平的重要指标,在柔性生产和计算机集成制造等先进制造技术中起着重要的基础核心作用。因此,如何更好地使用数控机床是一个很重要的问题。由于数控机床是一种价格昂贵的精密设备,因此,其维护更是不容忽视。数控机床的维护具体采取了以下措施。

1. 配备高素质的编程、操作和维护人员

数控机床是综合了计算机技术、自动控制技术、精密测量技术和机床设计等先进技术的典型机电一体化产品,其控制系统复杂、价格昂贵,因此,配备的人员必须具备的基本素质包括:一是应有高度的责任心和良好的职业道德;二是具有较广的知识面和勤学习、善思考、多动手的良好工作习惯。负责日常维护的人员不仅要掌握计算机原理、电子电工技术、自动控制与电力拖动、测量技术、机械传动及切削加工工艺知识,而且要具有一定的英语基础和较强的动手实践能力,这样才能全面掌控数控机床。所以,培养学生的综合素质和岗位技能是使数控设备良好运行的基本保障。

2. 制定数控设备的维护保养制度

数控机床种类多,各类数控机床因其功能、结构及系统不同而各具不同的特性,其维护保养的内容和细则也各有特色。应根据机床种类、型号及实际使用情况,并参照机床使用说明书要求,有针对性地制定并严格执行日常维护保养制度,这是非常必要的。日常维护工作可以分为每天检查、每周检查、每半年检查和不定期检查等各种检查周期。检查内容为常规检查内容。那些频繁运动的元、部件(无论是机械传动部分还是驱动控制部分),都应该作为定期的检查对象,如对重复定位精度,必须在每次技能鉴定前作重点检查,以保证学生在考核中得到较好的尺寸精度。另外,对于储存器(CMOS)供电电池,应在数控系统通电状态下更换新电池,以确保存储参数不丢失,数控系统正常运行。

3. 建立数控机床正常使用时的维护措施

数控系统是数控机床的核心部件,因此,数控机床的维护主要是数控系统的维护。数控系统经过一段较长时间的使用,电子元器件要老化甚至损坏,有些机械部件更是如此。为了尽量地延长元器件的寿命和零部件的磨损周期,防止各种故障,特别是恶性事故的发生,就必须对数控系统进行日常的维护。概括起来,其应注意以下几个方面。

(1)制定数控系统日常维护的规章制度。根据各种部件特点确定各自保养条例,如明文规定哪些地方需要天天清理(如 CNC 系统的输入、输出单元——光电阅读机的清洁,检查机械结构部分是否润滑良好等),哪些部件要定期检查或更换(如直流伺服电动机电刷和换向器应每月检查一次)。

(2)应尽量少开数控柜和强电柜的门,因为在机加工车间的空气中一般都含有油雾、灰尘甚至金属粉,它们一旦落在数控系统内的印制线路或电器件上,就会引起元器件之间绝缘电阻下降,甚至导致元器件及印制线路的损坏。有的操作人员在夏天为了使数控系统超负荷长期工作,就打开数控柜的门来散热,这是绝不可取的方法,因其最终会导致数控系统的加速损坏。正确的方法是降低数控系统的外部环境温度。因此,应该有一种严格的规定:除非进行必要的

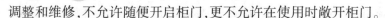

调整和维修,不允许随便开启柜门,更不允许在使用时敞开柜门。

(3)定时清扫数控柜的散热通风系统,每天检查数控系统柜上各个冷却风扇工作是否正常,视工作环境状况,每半年或每季度检查一次风道过滤器是否有堵塞现象。如果过滤网上灰尘积聚过多,则及时清理,否则将会引起数控系统柜内温度升高(一般不允许超过 55 ℃),造成过热报警或数控系统工作不可靠。

(4)经常监视数控系统用的电网电压。FANUC 公司生产的数控系统允许电网电压在额定值的 85% ~110% 波动。如果超出此范围,就会使得系统不能正常工作,甚至会造成数控系统内部电子部件损坏。

(5)定期更换存储器用电池,例如,FANUC 公司所生产的数控系统内存储器有两种:一种是不需要电池保持的磁泡存储器;另一种是需要用电池保持的 CMOS RAM 器件,为了在数控系统不通电期间能保持存储的内容,在其内部设有可充电电池维持电路,在数控系统通电时,由 +5 V 电源经一个二极管向 CMOS RAM 供电,并对可充电电池进行充电。当数控系统切断电源时,则改为由电池供电来维持 CMOS RAM 内的信息,一般情况下,即使电池尚未失效,也应每年更换一次电池,以便确保系统能正常工作。另外,一定要注意电池的更换应在散控系统供电状态下进行。

4. 做好数控装置的维护

(1)做好机床排故工作。机床一旦出现报警,就说明机床已出现故障或处在非正常工作状态。应该首先查明原因,然后才能继续运行。数控机床一旦停机,就会直接影响实习教学计划,后果非常严重。因此,维护人员必须有高超技术和严谨的工作作风,认真做好维修记录,对故障发生的原因进行科学的分析,找到故障的根源与规律,从而排除机床故障。

(2)注意数控装置的防尘。首先,除进行必要的检修外,平时应尽量少开柜门,因为柜门常开易使空气中飘浮的灰尘、油雾和金属粉末落在印刷线路板和电器接插件上,很容易造成元器件之间的绝缘电阻下降,从而引发故障甚至造成元器件损坏,所以加强数控柜和强电柜的密封管理很重要。有些数控机床的主轴速度控制单元安装在强电柜中,强电柜门关得不严是使电器元件损坏、数控系统控制失灵的一个原因。其次,对一些已受外部灰尘、油雾污染的电路板和接插件可采用专用电子清洁剂喷洗。

(3)数控系统长期不用时的维护。为提高数控系统的利用率和减少数控系统的故障,数控机床应满负荷使用,而不要长期闲置不用。由于某种原因造成数控系统长期闲置不用时,为了避免数控系统损坏,需要注意以下两点。

①要经常给数控系统通电,特别是在环境湿度较大的梅雨季节更应如此。在机床锁住不动的情况下(即伺服电动机不转时),让数控系统空运行,利用电器元件本身的发热来驱散数控系统内的潮气,保证电子器件性能稳定可靠。实践证明,在空气湿度较大的地区,经常通电是降低故障率的一项有效措施。

②数控机床采用直流进给伺服驱动和直流主轴伺服驱动的,应将电刷从直流电动机中取出,以免发生化学腐蚀作用,使换向器表面腐蚀,造成换向性能变坏,甚至使整台电动机损坏。

1.6 数控机床的发展

1.6.1 数控机床的发展概况

1949 年,美国 PARSONS 公司与麻省理工学院合作,开始了铣床的数控化研制工作,于 1952 年研制成功了世界上第一台能进行三轴控制的立式数控铣床。

1953 年麻省理工学院开发出只需要确定零件轮廓、指定切削路线,即可生成 NC 程序的自动编程语言。

1959 年美国 Keaney&Trecker 公司成功开发了带刀库,能自动进行刀具交换,一次装夹中即能进行铣、钻、镗、攻螺纹等多种加工功能的数控机床,这就是数控机床的新种类——加工中心。

1967 年英国首次将多台数控机床、无人化搬运小车和自动仓库在计算机控制下连接成自动加工系统,这就是柔性制造系统 FMS。

1974 年微处理器开始用于机床的数控系统中,从此 CNC 系统软线数控技术随着计算机技术的发展得以快速发展。

1976 年美国 Lockhead 公司开始使用图像编程,利用计算机辅助设计(CAD)绘制出加工零件的模型,在显示器上"指点"被加工的部位,输入所需要的工艺参数即可由计算机自动计算刀具路径,模拟加工状态,获得 NC 程序。

DNC(直接数控)技术始于 20 世纪 60 年代末期。其是使用一台通用计算机直接控制和管理一群数控机床及数控加工中心,进行多品种、多工序的自动加工。DNC 群控技术是 FMS 柔性制造系统的基础。随着 DNC 技术的发展,数控机床已成为无人控制工厂的基本组成单元。

20 世纪 80 年代,出现了包括市场分析、生产决策、产品设计与制造和销售等全过程均由计算机集成管理和控制的计算机集成制造系统(CIMS)。其中,数控机床是 CIMS 的基础。

我国于 1958 年开始研制数控机床,但没有取得实质性的成果。20 世纪 80 年代前期,我国在引进国外先进数控技术的基础上,加强了数控机床的研究和数控机床的生产,使我国的数控机床进入小批量生产的商品化时代。通过"七五"数控技术攻关和"八五"数控系统攻关,大大推进了我国数控机床的发展。目前我国已有自主版权的数控系统,并能生产门类齐全的各种数控机床,有些企业实施了 FMS 和 CIMS 工程,数控机床及其加工技术进入了实用阶段。

1.6.2 数控机床的发展趋势

1. 高速化

随着汽车、国防、航空、航天等工业的高速发展及铝合金等新材料的应用,对数控机床加工的高速化要求越来越高。

（1）主轴转速：机床采用电主轴（内装式主轴电动机），主轴最高转速达 200 000 r/min。

（2）进给率：在分辨率为 0.01μm 时，最大进给速度达到 240 m/min 且可获得复杂型的精确加工。

（3）运算速度：微处理器的迅速发展为数控系统向高速、高精度方向发展提供了保障，开发出 CPU 已发展到 32 位及 64 位的数控系统，频率提高到几百兆赫、上千兆赫。由于运算速度的极大提高，当分辨率为 0.1μm、0.01μm 时刀具仍能获得高达 24～240 m/min 的进给速度。

（4）换刀速度：目前国外先进加工中心的刀具交换时间普遍已在 1 s 左右，高的已达 0.5 s。德国 Chiron 公司将刀库设计成篮子样式，以主轴为轴心，刀具在圆周上布置，其刀到刀的换刀时间仅 0.9 s。

2. 高精度化

数控机床精度的要求现在已经不局限于静态的几何精度，机床的运动精度、热变形，以及对振动的监测和补偿越来越得到重视。

（1）提高 CNC 系统控制精度：采用高速插补技术，以微小程序段实现连续进给，使 CNC 控制单位精细化，并采用高分辨率位置检测装置，提高位置检测精度[日本已开发出装有 106 脉冲/r（转）的内藏位置检测器的交流伺服电动机，其位置检测精度可达到 0.01μm/脉冲]，位置伺服系统采用前馈控制与非线性控制等方法。

（2）采用误差补偿技术：采用反向间隙补偿、丝杠螺距误差补偿和刀具误差补偿等技术，对设备的热变形误差和空间误差进行综合补偿。研究结果表明，综合误差补偿技术的应用可将加工误差减少 60%～80%。

（3）采用网格解码器检查和提高加工中心的运动轨迹精度：通过仿真预测机床的加工精度，以保证机床的定位精度和重复定位精度，使其性能长期稳定，能够在不同运行条件下完成多种加工任务，并保证零件的加工质量。

3. 功能复合化

复合机床是指在一台机床上实现或尽可能完成从毛坯至成品的多种要素加工，根据其结构特点可分为工艺复合型和工序复合型两类。工艺复合型机床如镗铣钻复合，加工中心、车铣复合，车削中心、铣镗钻车复合，复合加工中心等；工序复合型机床如多面多轴联动加工的复合机床和双主轴车削中心等。采用复合机床进行加工，减少了工件装卸、更换和调整刀具的辅助时间，以及中间过程中产生的误差，提高了零件加工精度，缩短了产品制造周期，提高了生产效率和制造商的市场反应能力，相对于传统的工序分散的生产方法具有明显的优势。加工过程的复合化也导致了机床向模块化、多轴化发展。德国 Index 公司最新推出的车削加工中心是模块化结构，该加工中心能够完成车削、铣削、钻削、滚齿、磨削、激光热处理等多种工序，可完成对复杂零件的全部加工。随着现代机械加工要求的不断提高，大量的多轴联动数控机床越来越受到各大企业的欢迎。

在 2005 年中国国际机床展览会（CIMT2005）上，国内外制造商展览出了形式各异的多轴

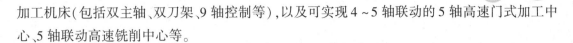

加工机床(包括双主轴、双刀架、9 轴控制等),以及可实现 4～5 轴联动的 5 轴高速门式加工中心、5 轴联动高速铣削中心等。

4. 控制智能化

随着人工智能技术的发展,为了满足制造业生产柔性化、制造自动化的发展需求,数控机床的智能化程度在不断提高。具体体现在以下几个方面。

(1)加工过程自适应控制技术:通过监测加工过程中的切削力、主轴和进给电动机的功率、电流、电压等信息,利用传统的或现代的算法进行识别,以辨识出刀具的受力、磨损、破损状态及机床加工的稳定性状态,并根据这些状态实时调整加工参数(主轴转速、进给速度)和加工指令,使设备处于最佳运行状态,以提高加工精度、降低加工表面粗糙度并提高设备运行的安全性。

(2)加工参数的智能优化与选择:将工艺专家或技师的经验、零件加工的一般与特殊规律,用现代智能方法构造基于专家系统或基于模型的"加工参数的智能优化与选择器",利用它获得优化的加工参数,从而达到提高编程效率和加工工艺水平、缩短生产准备时间的目的。

(3)智能故障自诊断与自修复技术:根据已有的故障信息,应用现代智能方法实现故障的快速准确定位。

(4)智能故障回放和故障仿真技术:能够完整记录系统的各种信息,对数控机床发生的各种错误和事故进行回放与仿真,用以确定引起错误的原因,找出解决问题的办法,积累生产经验。

(5)智能化交流伺服驱动装置:能自动识别负载,并自动调整参数的智能化伺服系统,包括智能主轴交流驱动装置和智能化进给伺服装置。这种驱动装置能自动识别电动机及负载的转动惯量,并自动对控制系统参数进行优化和调整,使驱动系统获得最佳运行。

(6)智能 4M 数控系统:在制造过程中,加工、检测一体化是实现快速制造、快速检测和快速响应的有效途径,将测量(Measurement)、建模(Modelling)、加工(Manufacturing)、机器操作(Manipulating)四者(即 4M)融合在一个系统中,实现信息共享,促进测量、建模、加工、操作、装夹的一体化。

5. 体系开放化

(1)向未来技术开放:由于软件、硬件接口都遵循公认的标准协议,只需要少量的重新设计和调整,新一代的通用软件、硬件资源可能被现有系统所采纳、吸收和兼容,这就意味着系统的开发费用将大大降低而系统性能与可靠性将不断改善并处于长生命周期。

(2)向用户特殊要求开放:更新产品,扩充功能,提供软件、硬件产品的各种组合以满足特殊应用要求。

(3)数控标准的建立:国际上正在研究和制定一种新的 CNC 系统标准 ISO 14649(STEP - NC),以提供一种不依赖于具体系统的中性机制,能够描述产品整个生命周期内的统一数据模型,从而实现整个制造过程乃至各个工业领域产品信息的标准化。标准化的编程语言既方便了用户使用,又降低了与操作效率直接有关的劳动消耗。

6. 驱动并联化

并联运动机床克服了传统机床串联机构移动部件质量大、系统刚度低、刀具只能沿固定导轨进给、作业自由度偏低、设备加工灵活性和机动性不够等固有缺陷,在机床主轴(一般为动平台)与机座(一般为静平台)之间采用多杆并联连接机构驱动,通过控制杆系中杆的长度使杆系支撑的平台获得相应自由度的运动,可实现多坐标联动数控加工、装配和测量多种功能,更能满足复杂特种零件加工的需求,具有现代机器人的模块化程度高、质量轻和速度快等优点。

并联机床作为一种新型的加工设备,已成为当前机床技术的一个重要研究方向,受到了国际机床行业的高度重视,被认为是"自发明数控技术以来在机床行业中最有意义的进步"和"21世纪新一代数控加工设备"。

7. 极端化(大型化和微型化)

国防、航空、航天事业的发展和能源等基础产业装备的大型化需要大型且性能良好的数控机床的支撑。而超精密加工技术和微纳米技术是21世纪的战略技术,需要发展能适应微小型尺寸和微纳米加工精度的新型制造工艺与装备,所以,微型机床包括微切削加工(车、铣、磨)机床、微电加工机床、微激光加工机床和微型压力机等的需求量正在逐渐增大。

8. 信息交互网络化

对于面临激烈竞争的企业来说,使数控机床具有双向、高速的联网通信功能,以保证信息流在车间各个部门之间畅通无阻是非常重要的。信息交互网络化既可以实现网络资源共享,又能实现数控机床的远程监视、控制、培训、教学、管理,还可以实现数控装备的数字化服务(数控机床故障的远程诊断、维护等)。例如,日本 Mazak 公司推出的新一代加工中心配备了一个称为信息塔(E – Tower)的外部设备。其包括计算机、手机、机外和机内摄像头等,能够实现语音、图形、视像和文本的通信故障报警显示、在线帮助排除故障等功能,是独立的、自主管理的制造单元。

9. 新型功能部件

为了提高数控机床各方面的性能,具有高精度和高可靠性的新型功能部件的应用成为必然。具有代表性的新型功能部件包括以下几个。

(1)高频电主轴:高频电主轴是高频电动机与主轴部件的集成,具有体积小、转速高、可无级调速等一系列优点,在各种新型数控机床中已经获得广泛的应用。

(2)直线电动机:近年来,直线电动机的应用日益广泛,虽然其价格高于传统的伺服系统,但由于负载变化扰动、热变形补偿、隔磁和防护等关键技术的应用,机械传动机构得到简化,机床的动态性能得到提高。例如,SIEMENS 公司生产的 1FN1 系列三相交流永磁式同步直线电动机已开始被广泛应用于高速铣床、加工中心、磨床、并联机床,以及动态性能和运动精度要求高的机床等;德国 EX – CELL – O 公司的 XHC 卧式加工中心三向驱动均采用了两个直线电动机。

(3)电滚珠丝杠:电滚珠丝杠是伺服电动机与滚珠丝杠的集成,可以大大简化数控机床的结构,具有传动环节少、结构紧凑等一系列优点。

10. 高可靠性

数控机床与传统机床相比,增加了数控系统和相应的监控装置等,应用了大量的电器、液压和机电装置,导致出现失效的概率增大;工业电网电压的波动和干扰对数控机床的可靠性极为不利,而数控机床加工的零件型面较为复杂,加工周期长,要求平均无故障时间在 2 万 h 以上。为了保证数控机床有高的可靠性,就要精心设计系统、严格制造和明确可靠性目标及通过维修分析故障模式并找出薄弱环节。国外数控系统平均无故障时间为 7 万 ~ 10 万 h,国产数控系统平均无故障时间仅为 1 万 h 左右;国外整机平均无故障工作时间达 800 万 h 之外以上,而国内最高只有 300 万 h。

11. 加工过程绿色化

随着日趋严格的环境与资源约束,制造加工的绿色化越来越重要,而我国的资源、环境问题尤为突出。因此,近年来不用或少用冷却液,实现干切削、半干切削节能环保的机床不断出现,并在不断发展当中。在 21 世纪,绿色制造的大趋势将使各种节能环保机床加速发展,占领更多的世界市场。

12. 多媒体技术的应用

多媒体技术集计算机、声像和通信技术于一体,使计算机具有综合处理声音、文字、图像和视频信息的能力,因此,也对用户界面提出了图形化的要求。合理的人性化的用户界面极大地方便了非专业用户的使用,人们可以通过窗口和菜单进行操作,便于蓝图编程和快速编程、三维彩色立体动态图形显示、图形模拟、图形动态跟踪和仿真、不同方向的视图和局部显示比例缩放功能的实现。除此之外,在数控技术领域应用多媒体技术可以做到信息处理综合化、智能化,多媒体技术被应用于实时监控系统和生产现场设备的故障诊断、生产过程参数监测等,因此有着重大的应用价值。

目前,数控机床的发展日新月异,高速化、高精度化、复合化、智能化、开放化、并联驱动化、网络化、极端化、绿色化已成为数控机床发展的趋势和方向。

我国作为一个制造大国,主要还是依靠劳动力、价格、资源等方面的比较优势,而在产品的技术创新与自主开发方面与国外同行的差距还很大。我国的数控产业不能安于现状,应该抓住机会不断努力发展自己的先进技术,加大技术创新与人才培训力度,提高企业综合服务能力,努力缩短与发达国家之间的差距。我国应力争早日实现数控机床产品从低端到高端、从初级产品加工到高精尖产品制造的转变,实现从中国制造到中国创造、从制造大国到制造强国的转变。

数控机床和基础制造装备是装备制造业的"工作母机",一个国家的机床行业技术水平和产品质量,是衡量其装备制造业发展水平的重要标志,机床作为当前机械加工产业的主要设备,其技术发展已经成为国内机械加工产业发展的标志。数控机床是先进生产技术和军工现代化的战略装备,是具有高速、精密、智能、复合、多轴联动、网络通信等功能的数字化控制装置,作为世界先进机床设备的代表,其发展象征着国家目前的机床制造业占全世界机床产业发展的先进阶段,因此,国际上将 5 轴联动数控机床等机床技术作为一个国家工业化的重要标志。数控机床在传统数控机床的基础上,能完成一个自动化生产线的工作效率,是科技速度发展的产物,而对于国家来讲这是机床制造行业本质上的一种进步。数控机床集多种技术于一体,被应用于复杂的曲面和自动化加工,与航空、航天、船舶、机械制造、高精密仪器、军工、医疗器械产业等多个领域的设备制造业有着非常紧密的关系。《中国制造 2025》将数控机床和基础制造装备列为"加快突破的战略必争领域",其中提出要加强前瞻部署和关键技术突破,积极谋划抢占未来科技和产业竞争制高点,提高国际分工层次和话语权。

 拓展训练

1. 何为数字控制、数字控制技术、数控机床?

2. 数控加工一般包括哪几个方面内容?

3. 数控技术的发展史是什么?

4. 数控机床的组成是什么?

5. 数控机床的工作原理是什么?

6. 数控机床在使用中需要注意的事项是什么?

7. 数控机床按照运动轨迹可分为哪几类?

8. 数控机床按照伺服系统可分为哪几类?

9. 数控机床的特点是什么?

10. 数控机床的加工特点是什么?

11. 数控机床的应用范围是什么?

12. 如何建立数控机床的维护?

13. 数控机床的发展概况是什么?

14. 数控机床的发展趋势是什么?

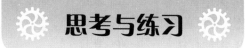

数控技术概述理论知识题库

一、单项选择题

1. 开环控制系统用于( )数控机床上。
   A. 经济型　　　　B. 中、高档　　　　C. 精密　　　　　D. 中档

2. 加工中心与数控铣床的主要区别是( )。
   A. 数控系统复杂程度不同　　　　　B. 机床精度不同
   C. 有无自动换刀系统　　　　　　　D. 机床结构不同

3. 采用数控机床加工的零件应该是( )。
   A. 单一零件　　　　　　　　　　　B. 中小批量、形状复杂、型号多变
   C. 大批量　　　　　　　　　　　　D. 多品种

4. 数控机床的核心是( )。
   A. 伺服系统　　　　B. 数控系统　　　　C. 反馈系统　　　D. 传动系统

5. 数控机床加工零件时是由( )来控制的。
   A. 数控系统　　　　B. 操作者　　　　　C. 伺服系统　　　D. 电气部分

6. 数控铣床的基本控制轴数是( )。
   A. 一轴　　　　　　B. 二轴　　　　　　C. 三轴　　　　　D. 四轴

7. 数控机床与普通机床的主机最大不同是数控机床的主机采用( )。
   A. 数控装置　　　　B. 滚动导轨　　　　C. 滚珠丝杠　　　D. 导轨

8. 在数控机床坐标系中平行机床主轴的直线运动为( )。
   A. X 轴　　　　　B. Y 轴　　　　　C. Z 轴　　　　D. A 轴

9. 绕 X 轴旋转的回转运动坐标轴是( )。
   A. A 轴　　　　　B. B 轴　　　　　C. Z 轴　　　　D. W 轴

10. 数控车床与普通车床相比在结构上差别最大的部件是( )。
    A. 主轴箱　　　　　B. 床身　　　　　C. 进给传动　　　D. 刀架

11. 数控机床的诞生是在20世纪( )年代。
    A. 50　　　　　　　B. 60　　　　　　C. 70　　　　　　D. 90

12. 数控机床是在( )诞生的。
    A. 日本　　　　　　B. 美国　　　　　C. 英国　　　　　D. 中国

13. "NC"的含义是( )。
    A. 数字控制　　　　B. 计算机数字控制　C. 网络控制　　　D. 刀架

14. "CNC"的含义是( )。
    A. 数字控制　　　　B. 计算机数字控制　C. 网络控制　　　D. 程序

15. 数控铣床与普通铣床相比,在结构上差别最大的部件是( )。

    A. 主轴箱　　　　　B. 工作台　　　　　C. 床身　　　　　D. 进给传动

16. 目前机床导轨中应用最普遍的导轨型式是( )。

    A. 静压导轨　　　　B. 滚动导轨　　　　C. 滑动导轨

17. 数控机床上有一个机械原点,该点到机床坐标零点在进给坐标轴方向上的距离可以在机床出厂时设定。该点被称为( )。

    A. 工件零点　　　　B. 机床零点　　　　C. 机床参考点　　　　D. 平行导轨

18. 数控机床的种类很多,如果按加工轨迹可分为( )。

    A. 二轴控制、三轴控制和连续控制　　　　B. 点位控制、直线控制和连续控制

    C. 二轴控制、三轴控制和多轴控制　　　　D. 经济型、复杂型

19. 数控机床能成为当前制造业最重要的加工设备是因为( )。

    A. 自动化程度高

    B. 人对加工过程的影响减少到最低

    C. 柔性大,适应性强

20. 同时承受径向力和轴向力的轴承是( )。

    A. 向心轴承　　　　B. 推力轴承　　　　C. 角接触轴承　　　　D. 向心推力

二、判断题

( )21. 数控机床是在普通机床的基础上将普通电气装置更换成 CNC 控制装置。

( )22. 数控机床按控制系统的特点可分为开环、闭环和半闭环系统。

( )23. 在开环和半闭环数控机床上,定位精度主要取决于进给丝杠的精度。

( )24. 点位控制系统不仅要控制从一点到另一点的准确定位,还要控制从一点到另一点的路径。

( )25. 常用的位移执行机构有步进电动机、直流伺服电动机和交流伺服电动机。

( )26. 数控机床适用于单品种、大批量的生产。

( )27. 伺服系统的执行机构常采用直流或交流伺服电动机。

( )28. 只有采用 CNC 技术的机床才叫作数控机床。

( )29. 数控机床按工艺用途,可分为数控切削机床、数控电加工机床、数控测量机床等。

( )30. 数控机床按控制坐标轴数,可分为两坐标数控机床、三坐标数控机床、多坐标数控机床和五面加工数控机床等。

( )31. 最常见的 2 轴半坐标控制的数控铣床,实际上就是一台 3 轴联动的数控铣床。

( )32. 点位控制的特点是,可以以任意途径达到要计算的点,因为在定位过程中不进行加工。

( )33. 伺服系统包括驱动装置和执行机构两大部分。

( )34. 不同结构布局的数控机床有不同的运动方式,但无论何种形式,编程时都认为刀具相对于工件运动。

( )35. 不同结构布局的数控机床有不同的运动方式,但无论何种形式,编程时都认为工件相对于刀具运动。

(　　)36. 数控机床进给传动机构中采用滚珠丝杠主要是为了提高丝杠精度。

(　　)37. 数控机床为了避免运动件运动时出现爬行现象,可以通过减少运动件的摩擦来实现。

(　　)38. 数控机床的机床坐标原点和机床参考点是重合的。

(　　)39. 机床参考点在机床上是一个浮动的点。

(　　)40. 机床参考点是数控机床上固有的机械原点,该点到机床坐标原点在进给坐标轴方向上的距离可以在机床出厂时设定。

(　　)41. 直线型检测元件有感应同步器、光栅、磁栅、激光干涉仪。

(　　)42. 旋转型检测元件有旋转变压器、脉冲编码器、测速发电机。

(　　)43. 开环进给伺服系统的数控机床的定位精度主要取决于伺服驱动元件和机床传动机构的精度、刚度和动态特性。

(　　)44. 开环伺服系统的加工精度没有半闭环的高。

第2章 数控车削加工工艺及编程

2.1 数控车削加工工艺

数控加工的工作过程如图2.1所示。数控机床在加工零件时,要预先根据零件加工图样的要求确定零件加工的工艺过程、工艺参数和走刀运动数据,然后编制加工程序,传输给数控系统,在事先存入数控装置内部的控制软件支持下,经处理与计算,发出相应的进给运动指令信号,通过伺服系统使机床按预定的轨迹运动,并进行零件的加工。

因此,在数控机床上加工零件时,首先要编写零件加工程序,称之为数控加工程序,该程序用数字代码来描述被加工零件的工艺过程、零件尺寸和工艺参数(如主轴转速、进给速度等);将该程序输入数控机床的 NC 系统,控制机床的运动与辅助动作,完成零件的加工。

根据被加工零件的图纸和技术要求、工艺要求等切削加工的必要信息,按数控系统所规定的指令和格式编制加工程序文件,这个过程称为零件数控加工程序编制,简称数控编程。

图2.1 零件加工的过程

1. 数控编程的方法

(1)手工编程:手工编程是指编制零件数控加工程序的各个步骤,即从零件图纸分析、工艺决策、确定加工路线和工艺参数、计算刀位轨迹坐标数据、编写零件的数控加工程序直至程序的检验,均由人工来完成。

对于点位加工或几何形状不太复杂的轮廓加工,其几何计算较简单,程序段不多,用手工编程即可实现。例如,简单阶梯轴的车削加工一般不需要复杂的坐标计算,往往可以由技术人员根据工序图纸数据,直接编写数控加工程序。但对轮廓形状不是由简单的直线、圆弧组成的复杂零件,特别是空间复杂曲面零件,数值计算则相当烦琐,工作量大,容易出错,且很难校对,采用手工编程是难以完成的。

(2)自动编程:自动编程是采用计算机辅助数控编程技术实现的,需要一套专门的数控编程软件,现代数控编程软件主要可分为以批处理命令方式为主的各种类型的语言编程系统和交互式 CAD/CAM 集成化编程系统。

APT 是一种自动编程工具(Automatically Programmed Tool)的简称,是对工件、刀具的几何形状及刀具相对于工件的运动等进行定义时所用的一种接近于英语的符号语言。在编程时编程人员依据零件图样,以 APT 语言的形式表达出加工的全部内容,再将用 APT 语言书写的零件加工程序输入计算机,经 APT 语言编程系统编译产生刀位文件(Cutter Location File),通过后置处理后,生成数控系统能接受的零件数控加工程序的过程,称为 APT 语言自动编程。

采用 APT 语言自动编程时,计算机(或编程机)代替程序编制人员完成了烦琐的数值计算工作,并省去了编写程序单的工作量,因而,可将编程效率提高数倍到数十倍,同时,解决了手工编程中无法解决的许多复杂零件的编程难题。

交互式 CAD/CAM 集成系统自动编程是现代 CAD/CAM 集成系统中常用的方法。在编程时,编程人员首先利用 CAD 或自动编程软件本身的零件造型功能,构建出零件几何形状,然后对零件图样进行工艺分析,确定加工方案,其后还需要利用软件的计算机辅助制造(CAM)功能,完成工艺方案的制订、切削用量的选择、刀具及其参数的设定,自动计算并生成刀位轨迹文件,利用后置处理功能生成指定数控系统用的加工程序。因此,将这种自动编程方式称为图形交互式自动编程。这种自动编程系统是一种将 CAD 与 CAM 高度结合的自动编程系统。

集成化数控编程的主要特点:零件的几何形状可以在零件设计阶段采用 CAD/CAM 集成系统的几何设计模块在图形交互方式下进行定义、显示和修改,最终得到零件的几何模型。编程操作都是在屏幕菜单及命令驱动等图形交互方式下完成的,具有形象、直观和高效等优点。

2. 数控程序代码

常用的标准主要有以下几个方面。

(1)数控纸带的规格。

(2)数控机床坐标轴和运动方向。

(3)数控编程的编码字符。

(4)数控编程的程序段格式。

3. 数控编程的功能代码

八单位标准穿孔纸带如图 2.2 所示。

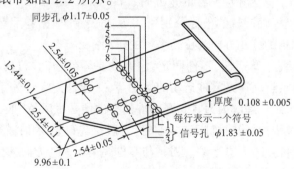

图2.2 八单位标准穿孔纸带

EIA 代码和 ISO 代码的主要区别在于:EIA 代码每行孔数为奇数,其第 5 列为补奇列;ISO 代码每行孔数为偶数,其第 8 列为补偶列。补奇或补偶的作用是判别纸带的穿孔是否有错。

4. 数控程序结构

(1)加工程序是由若干程序段组成的。

(2)程序段是由一个或若干个指令字组成的,指令字代表某一信息单元。

（3）每个指令字是由地址符和数字组成的，它代表机床的一个位置或一个动作。

（4）每个程序段结束处应有"EOB"或"CR"来表示该程序段结束转入下一个程序段。

（5）地址符是由字母组成的。

（6）每个字母、数字和符号都被称为字符。

2.2 机床坐标系及零件坐标系

数控机床的动作是由数控装置来控制的，为了确定数控机床的成形运动和辅助运动，必须确定运动的位移和方向，这要通过坐标系来实现，这个坐标系称为机床坐标系。

2.2.1 机床坐标系的确定

机床坐标系中 X、Y、Z 坐标轴的相互关系，用右手笛卡尔直角坐标系确定，如图2.3所示。

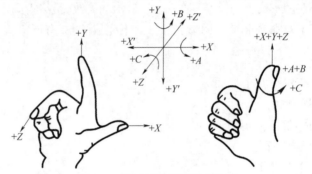

图2.3 右手笛卡尔直角坐标系

（1）使右手的拇指、食指和中指互为90°，则大拇指代表 X 坐标，食指代表 Y 坐标，中指代表 Z 坐标，三个手指的指向为相应坐标的正方向。

（2）围绕 X、Y、Z 坐标轴旋转的坐标分别用 A、B、C 表示，根据右手螺旋定则，拇指指向坐标轴的正向，则其余四指的旋转方向为旋转坐标的正向。

（3）有的数控机床是刀具运动、零件固定，也有的是零件运动、刀具固定。为便于编程人员编程，在不知道是刀具运动还是零件运动的情况下，一律假定零件固定不动，刀具相对于静止零件而运动。这一规定可理解为刀具离开零件的方向便是机床某一运动的正方向。

坐标轴确定方法及步骤：确定机床坐标轴时，一般是先确定 Z 轴，然后确定 X 轴，最后确定 Y 轴。一般假定零件静止，刀具运动。刀具与零件距离增大的方向为坐标轴的正方向。

（1）Z 坐标。

Z 坐标的运动方向是由传递切削动力的主轴所决定的，即平行于主轴轴线的坐标轴为 Z 坐标轴，Z 坐标的正方向为刀具离开零件的方向。

如果机床上有多个主轴，则垂直于零件装夹平面的主轴为 Z 坐标轴；如果主轴能够摆动，则垂直于零件装夹平面的主轴为 Z 坐标轴；如果机床无主轴，则垂直于零件装夹平面的坐标轴为 Z 坐标轴。

（2）X 坐标。

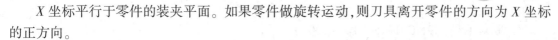

X 坐标平行于零件的装夹平面。如果零件做旋转运动,则刀具离开零件的方向为 X 坐标的正方向。

（3）Y 坐标。

在确定 X、Z 坐标的正方向后,可根据 X 和 Z 坐标的方向,按照右手笛卡尔直角坐标系确定 Y 坐标的方向。

（4）机床原点的设置。

机床原点是指在机床上设置的一个固定点,即机床坐标系的原点。它在机床装配、调试时就已被确定下来,是数控机床进行加工运动的基准参考点。

①数控车床的机床原点。

在数控车床上,机床原点一般取在卡盘端面与主轴轴线的交点处,如图 2.4（a）所示。同时,通过设置参数的方法也可将机床原点设定在 X、Z 坐标正方向的极限位置上。

②数控铣床的机床原点。

数控铣床的原点一般取在 X、Y、Z 坐标正方向的极限位置上,如图 2.4（b）所示。

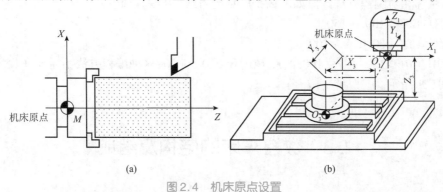

图 2.4　机床原点设置

（a）数控车床；（b）数控铣床

2.2.2　零件坐标系

零件坐标系是编程人员在编程时设定的坐标系,也称为编程坐标系。

零件坐标系原点也称为零件原点（零件零点）或编程原点（编程零点）。与机床坐标系不同,零件原点是根据加工零件图样及加工工艺要求选定的编程坐标系的原点。选择零件原点应遵循下列原则。

（1）尽量选择在零件的设计基准或工艺基准上,这样便于计算、测量和检验,同样有利于编程。

（2）尽量选择在尺寸精度高、表面粗糙度值小的零件表面,以提高被加工零件的加工精度。

（3）对于对称的零件,最好选择在零件的对称中心线上。

零件坐标系中各轴的方向应该与所使用的数控机床相应的坐标轴方向一致。

2.2.3　绝对坐标和相对坐标

绝对编程是指程序段中的坐标点值均是相对于坐标原点来计量的,常用 G90 来指定;相对（增量）编程是指程序段中的坐标点值均是相对于起点来计量的,常用 G91 来指定。对如图 2.5 所示的直线段 AB 编程如下。

（1）绝对编程：G90 G01 X100.0 Z50.0；

（2）相对编程：G91 G01 X60.0 Z－100.0。

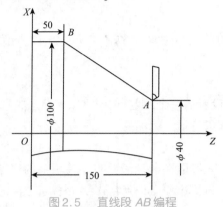

图2.5　直线段 *AB* 编程

注：在某些机床中用 X、Z 表示绝对编程，用 U、W 表示相对编程，允许在同一程序段中混合使用绝对和相对编程方法。对如图2.5所示的直线 *AB* 编程如下。

①绝对：G01 X100.0 Z50.0；

②相对：G01 U60.0 W－100.0；

③混用：G01 X100.0 W－100.0；或 G01 U60.0 Z50.0；这种编程方法不需要在程序段前用 G90 或 G91 来指定。

2.3　数控车床的结构及组成

2.3.1　数控机床机械结构与特点

1. 数控机床机械结构

数控机床机械结构如图2.6所示。

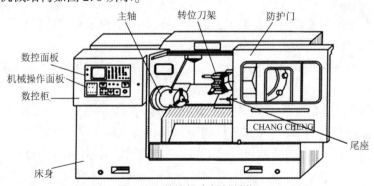

图2.6　数控机床机械结构

（1）机床的基础部件，包括床身、底座、立柱、横梁、滑座和工作台等。

（2）主传动系统（包括主轴部件）。

（3）进给传动系统。

（4）辅助功能系统和装置，如液压、气动、润滑、冷却、排屑、防护等。

（5）刀架或自动换刀装置（ATC）。

（6）自动交换工作台（APC）。

（7）特殊功能装置，如刀具破损监控、精度检查和监控装置（应该不属于纯粹的机械结构，属于机电结构）。

（8）各种检测反馈装置（应该不属于机械结构）。

2. 数控机床机械结构特点

（1）静刚度和动刚度高。

合理选择构件的结构形式，如基础件采用封闭的完整箱体结构；合理选择及布局隔板和筋条，尽量减小接合面，提高部件之间接触刚度等；合理进行结构布局；采取补偿构件变形的结构措施。

（2）抗振性高。

（3）灵敏度高。

（4）热变形小。

在数控机床结构布局设计中可考虑尽量采用对称结构（如对称立柱等）、进行强制冷却（如采用空冷机）、使排屑通道对称布置等措施。数控机床的立柱结构如图2.7所示。

（5）自动化程度高，操作方便。

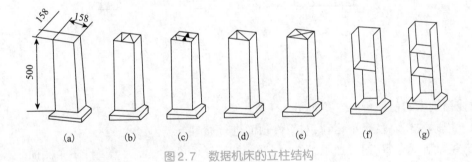

图2.7 数据机床的立柱结构

2.3.2 数控机床对机械结构的基本要求

1. 数控机床及其加工过程的特点

（1）结构简单、操作方便、自动化程度高。

（2）高的加工精度和切削效率。

（3）多工序和多功能集成。

（4）高的可靠性和精度保持性。

2. 数控机床对机械结构的基本要求

（1）高的动、静刚度和良好的抗振性能。

（2）良好的热稳定性。

（3）高的运动精度与良好的低速稳定性。

（4）良好的操作性能和安全防护性能。

2.3.3　数控机床的布局特点

1. 不同布局适应不同的工件形状、尺寸及质量

数控铣床四种布局方案适应的工件质量、尺寸不同,如图 2.8 所示。

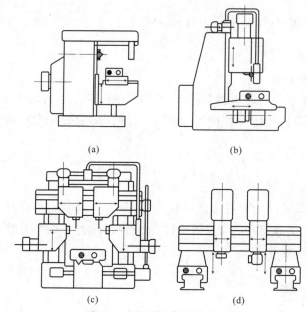

(a)　　　　　　　　　(b)

(c)　　　　　　　　　(d)

图 2.8　数控铣床四种布局

(a)适应较轻工件;(b)适应较大尺寸工件;(c)适应较重工件;(d)适应更重、更大工件

2. 不同布局有不同的运动分配及工艺范围

数控镗铣床的三种布局方案如图 2.9 所示。

(1)主轴立式布置,上下运动,对工件顶面进行加工。

(2)主轴卧式布置,通过加工工作台上分度工作台的配合,可加工工件多个侧面。

(3)在主轴卧式布置的基础上再增加一个数控转台,可完成工件上更多内容的加工。

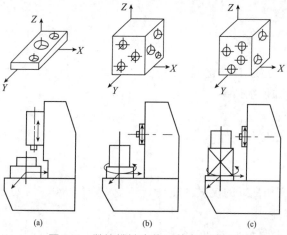

(a)　　　　　　　　(b)　　　　　　　　(c)

图 2.9　数控镗铣床的三种布局(续)

(a)立轴立式布置;(b)主轴卧式布置;(c)再增加数控转台

3. 不同布局有不同的机床结构性能

图2.10(a)、(b)所示为T形床身布局,工作台支承在床身上,刚度好,工作台承载能力强;图2.10(c)、(d)所示为十字形工作台布局,图2.10(c)的主轴箱悬挂于单立柱一侧,使立柱受偏载,图2.10(d)的主轴箱装在框式立柱中间,对称布局,受力后变形小,有利于提高加工精度。

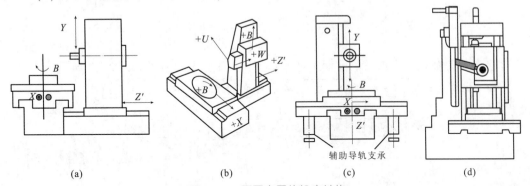

图2.10 不同布局的机床结构

(a)、(b)T形床身布局;(c)、(d)十字形工作台布局

4. 不同布局影响机床操作方便程度

数控车床的三种不同布局方案如图2.11所示。图2.11(a)所示为水平床身 – 水平滑板,床身工艺性好,便于导轨面的加工,下部空间小,故排屑困难,刀架水平放置加大了机床宽度方向的结构尺寸;图2.11(b)所示为倾斜床身 – 倾斜滑板,排屑亦较方便,中小规格数控车床床身的倾斜度以60°为宜;图2.11(c)所示为水平床身 – 倾斜滑板,具有水平床身工艺性好、宽度方向的尺寸小且排屑方便等特点,是卧式数控车床的最佳布局形式。

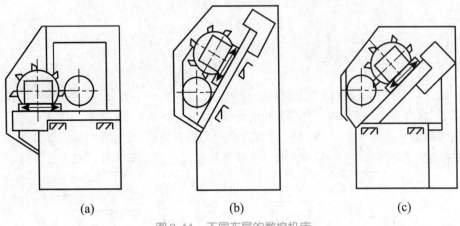

图2.11 不同布局的数控机床

(a)水平床身 – 水平滑板;(b)倾斜床身 – 倾斜滑板;(c)水平床身 – 倾斜滑板

2.4 数控车削的加工工艺

2.4.1 数控车削工艺分析

工艺分析是数控车削加工的前期工艺准备工作。工艺制订过程如图 2.12 所示。

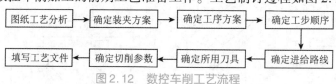

图 2.12 数控车削工艺流程

1.零件的结构工艺性分析

零件的结构工艺性是指零件对加工方法的适应性,即所设计的零件结构应便于加工成形。在数控车床上加工零件时,应根据数控车削的特点,认真审视零件结构的合理性。例如图 2.13(a)所示的零件需要用三把不同宽度的切槽刀切槽。如无特殊需要,这显然是不合理的。若改成图 2.13(b)所示的结构,则只需要一把刀即可切出三个槽。

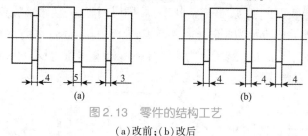

图 2.13 零件的结构工艺
(a)改前;(b)改后

2.构成零件轮廓的几何要素

由于设计等各种原因,在图纸上可能出现加工轮廓的数据不充分、尺寸模糊不清及尺寸封闭等缺陷,从而增加编程的难度,有时甚至无法编写程序,如图 2.14 所示。图 2.14(a)所示的圆弧与斜线的关系要求为相切,但经过计算后确定为相交关系,而并非相切。又如图 2.14(b)所示,图样上给定几何条件自相矛盾,其给出的各段长度之和不等于其总长。

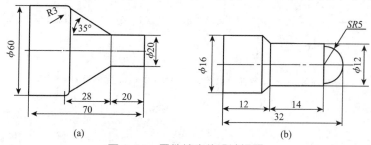

图 2.14 零件轮廓的设计问题

3.尺寸公差要求

在确定控制零件尺寸精度的加工工艺时,必须分析零件图样上的公差要求,从而正确选择刀具及确定切削用量等。

在尺寸公差要求的分析过程中,还可以同时进行一些编程尺寸的简单换算。在数控编程时,常常对零件要求的尺寸取其最大和最小极限尺寸的平均值作为编程的尺寸依据。

4. 形位公差要求

图样上给定的形位公差是保证零件精度的重要要求。在工艺准备过程中,除按其要求确定零件的定位基准和检测基准,并满足其设计基准的规定外,还可以根据机床的特殊需要进行一些技术性处理,以便有效地控制其形位误差。

5. 表面粗糙度要求

表面粗糙度是保证零件表面微观精度的重要要求,也是合理选择机床、刀具及确定切削用量的重要依据。

6. 材料要求

图样上给出的零件毛坯材料及热处理要求,是选择刀具,确定加工工序、切削用量及选择机床的重要依据。

7. 加工数量

零件的加工数量对工件的装夹与定位、刀具的选择、工序的安排及走刀路线的确定等都是不可忽视的参数。

8. 工艺文件

完成零件的工艺分析与制定,需根据应用实际形成规范的工艺文件,基本的工艺文件包括工艺过程卡、工序卡、刀具卡、走刀轨迹图、程序清单等。

2.4.2 数控车削的刀具、夹具和量具

1. 刀具

1) 车刀的类型

(1) 按加工工艺类型分类。

根据加工工艺类型不同,车刀可分为外圆车刀、切槽刀、螺纹刀、内孔镗刀、端车刀、成形车刀等,如图 2.15 所示。

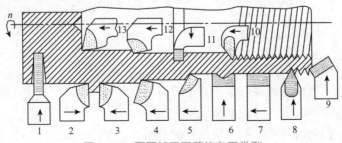

图 2.15 不同加工工艺的车刀类型

1—切断切槽车刀;2—90°外圆左偏车刀;3—90°外圆右偏车刀;4—弯头车刀;5—外圆车刀;6—成形车刀;
7—宽刃经车刀;8—外螺纹车刀;9—45°弯头车刀;10—内螺纹车刀;11—内槽车刀;12—通孔车刀;13—盲孔车刀

（2）按加工方向分类。

根据加工方向不同，车刀可分为右切车刀、左切车刀、双向车刀。主偏角为90°的外圆车刀称为偏刀。偏刀可分为左偏刀和右偏刀两种。常用的是右偏刀，它的刀刃向左，如图2.15所示。偏刀适用于车削工件的端面、台阶、外圆等，偏刀车削细长工件的外圆时可以避免把工件顶弯。

（3）按车刀结构分类。

根据车刀结构不同，车刀可分为整体式车刀、焊接式车刀、机夹式车刀、可转位（机夹式）车刀，如图2.16所示。

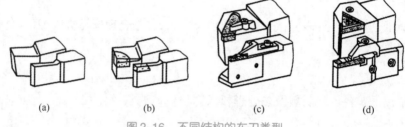

图2.16　不同结构的车刀类型

（a）整体式；（b）焊接式；（c）机夹式；（d）可转位

①整体式车刀：通常整体用高速钢制成，刀头根据加工需要磨成相应的形状和几何角度。

②焊接式车刀：是将具有一定形状的标准硬质合金刀片焊在碳钢刀杆的刀槽上的车刀。

③机夹式车刀：是将硬质合金刀片用机械紧固的方法固定在刀杆上的车刀，避免了焊接式车刀因焊接产生的应力、裂纹等缺陷，且刀杆可多次使用。

④可转位（机夹式）车刀：是将多切削刃的标准硬质合金刀片，以机械夹固方式将刀片紧固在刀杆上的车刀。切削时当一边切削刃用钝后，将刀片转位可继续使用，全部刀刃用钝后，更换刀片即可。

2）车刀的几何结构

车刀由刀杆部分（用于装夹车刀）和切削部分（完成切削工作）组成。其中切削部分由以下几部分组成，如图2.17所示。

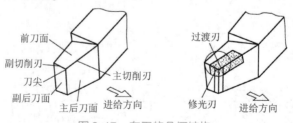

图2.17　车刀的几何结构

（1）前刀面：切削时切屑流过的表面。

（2）主后刀面：切削时与过渡表面相对的刀面。

（3）主切削刃：前刀面与主后刀面交线构成的刀刃。

（4）副后刀面：切削时与已加工表面相对的刀面。

（5）副切削刃：前刀面和副后刀面交线构成的刀刃。

（6）刀尖：主切削刃与副切削刃连接处的交点或连接部位。

（7）刃口：刃口是指垂直于刀刃的法剖面内所表示的两刀面之间的交线，如图2.18所示。

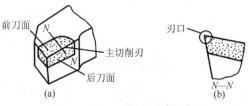

图 2.18　车刀刃口的局部示意

（a）车刀的主刀刃；（b）车刀的刃口

切削时为改善刀具的切削性能，根据不同的切削条件对车刀刃口进行改进，导致刃口有多种形式，如图 2.19 所示。

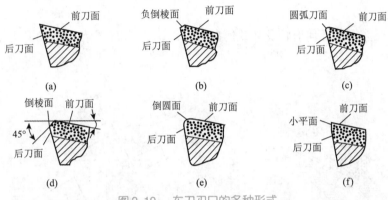

图 2.19　车刀刃口的多种形式

（a）锋刃；（b）负倒棱刃；（c）圆弧刃；（d）倒棱刃；（e）倒圆刃；（f）消振棱刃

（8）过渡刃：主要用于提高刀尖强度，改善散热。过渡刃按形状不同可分为直线形和圆弧形两种，如图 2.20 所示。精车时，为保证切削精度一般选取较小的过渡刃；粗车时，因切削力及切削变形大、切削热多，为保证刀尖强度和散热而选取较大的过渡刃。另外，当工件材料较硬、容易引起刀具磨损或工艺系统刚性较好时，应选取较大的过渡刃。

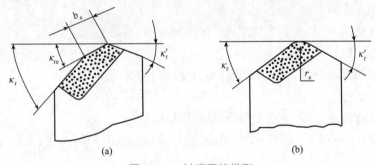

图 2.20　过渡刃的类型

（a）直线过渡刃；（b）圆弧过渡刃

（9）修光刃：在副切削刃上近刀尖处的一小段与进给方向平行的切断刃，在切削时起修光已加工表面的作用，一般修光刃长度为 $(1.2 \sim 1.5)f$，f 为进给量，如图 2.21 所示。

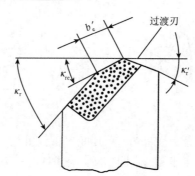

图 2.21　修光刃的示意图

3）车刀的几何参数

为便于表达车刀的几何形状及其几何参数，引入三个用于参考的辅助基准平面，即基面、切削平面、正交平面，如图 2.22 所示。

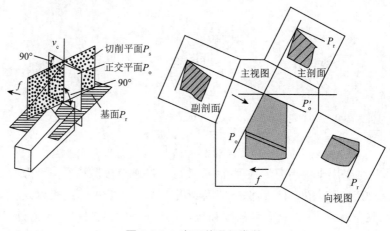

图 2.22　车刀的几何参数

（1）基面 P_r。

过切削刃某选定点，且垂直于切削速度的平面。

（2）切削平面 P_s。

过切削刃某选定点，相切于切削刃，并垂直于基面的平面。

（3）正交平面 P_o。

过切削刃某选定点，同时垂直于切削平面和基面的平面。

车刀起主要作用的几何参数包括前角（γ_0）、后角（α_0）、副后角（$\alpha_0{}'$）、主偏角（κ_r）、副偏角（$\kappa_r{}'$）、刃倾角（λ_s）。

2. 专用夹具

不同结构的零件在数控车床上的装夹形式不同，常用的装夹附具有卡盘、花盘等。

1）装夹附具

（1）卡盘装夹。

卡盘的常见形式有三爪自定心卡盘和四爪单动卡盘，如图 2.23 所示。

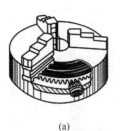 

　　　　　　　　(a)　　　　　　　　　　　　　　　(b)

图2.23　卡盘的类型

(a)三爪自定心卡盘；(b)四爪单动卡盘

　　三爪自定心卡盘装夹面与加工面同轴，能自动定心，夹持工件时一般不需要找正，安装工件快捷、方便。但卡盘定心精度不是很高，夹紧力不大，所以，一般适用于装夹精度要求不是很高、质量较轻、中小型尺寸、形状规则的轴类和盘套类零件。

　　三爪自定心卡盘一般由卡盘体、活动卡爪和卡爪驱动机构组成。三爪自定心卡盘装夹工件的工作原理如图2.24(a)所示。

　　①将卡盘扳手插入任一小锥齿轮的方孔中转动时，大锥齿轮也随之转动。

　　②三个卡爪在大锥齿轮背面平面螺纹的作用下，同时向中心或背离中心移动，以夹紧或松开工件。

　　四爪单动卡盘由一个盘体、四个丝杠、四个卡爪组成。常见的四爪单动卡盘每个卡爪都可以单独运动，没有自动定心功能，工作时用手分别转动四个丝杠，对应带动和调整四爪位置，夹紧力较大。四爪单动卡盘除装夹回转体棒料外，还用于装夹各种方形、偏心、质量较重、不规则、尺寸较大、表面很粗糙的工件。

　　装夹较小工件时卡爪正装[图2.24(b)]，装夹较大工件时可将卡爪反装[图2.24(c)]。

　　卡爪有硬爪和软爪之分。硬爪经淬火处理，硬度大，难以被切削，可用来调整装夹定位；软爪选用低碳钢、铜或铝制成，硬度较小，不易夹伤工件。安装在卡盘上的三爪可同时车一下装夹面，以保证较高的装夹精度。卡爪安装时，要按卡爪上的号码1,2,3的顺序装配，对应卡盘体上的数字顺序号。

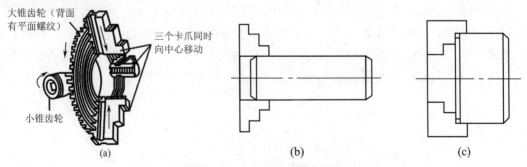

大锥齿轮（背面有平面螺纹）

三个卡爪同时向中心移动

小锥齿轮

　　　　　(a)　　　　　　　　　　(b)　　　　　　　　　　(c)

图2.24　卡盘的不同装夹类型

(a)工作原理；(b)正爪夹持小棒料；(c)反爪夹持大棒料

　　(2)花盘装夹。

　　花盘一端连接主轴，另一端垂直于主轴轴线的大盘面，盘面上有若干条径向T形直槽，工件可用螺栓和压板直接装夹在花盘上，如图2.25所示。工件装夹后常会出现重心偏离中心的现象，这时必须在相对一侧加装配重块，避免车削时出现冲击和振动，确保安全。

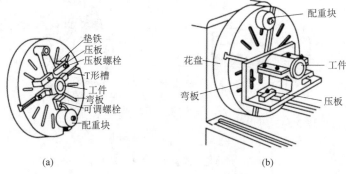

图 2.25　花盘装夹

(a)花盘压板装夹工件；(b)花盘与弯板配合装夹工件

2)装夹方式。

(1)一夹一顶装夹。

对于夹持位置长度不够、尺寸较长的工件,不能用卡盘直接装夹,应使用一端卡盘夹持、另一端用尾架顶尖顶住的装夹方式,如图 2.26 所示。这种装夹提高了夹持的稳定性和夹持的刚度,车削时系统能承受较大的轴向车削力,从而增加切削用量。

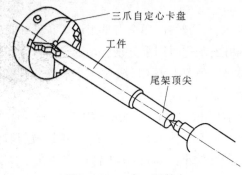

图 2.26　一夹一顶装夹

(2)两头顶尖装夹。

对于较长工件或在车削后还需要磨削的轴类工件,为保证各工序加工表面的位置精度,通常以工件两端的中心孔作为统一的定位基准,用前后顶尖定位工件,通过拨盘和卡箍(鸡心夹头)夹紧工件。工作时,主轴带动拨盘旋转(拨盘后端的内螺纹与主轴连接),拨盘带动卡箍旋转,卡箍带动工件旋转(卡箍及其锁紧螺钉夹紧工件),如图 2.27 所示。

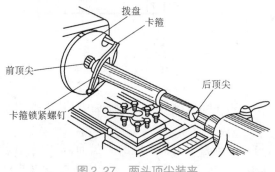

图 2.27　两头顶尖装夹

（3）中心架和跟刀架辅助装夹。

当车削工件长度为工件直径的 25 倍以上时,工件受径向切削力、自重和旋转离心力的作用,容易产生弯曲和振动,严重影响加工精度和表面粗糙度。此时需要用中心架或跟刀架作为辅助支承,提高安装刚度,并采用低速进行车削。

中心架由压板、螺栓紧固在床身导轨上,调节三个支承爪与工件均匀轻微接触,以增加刚性,如图 2.28 所示。

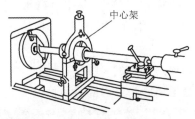

图 2.28　中心架示意

当工件不宜分段加工或调头加工时,应使用跟刀架作为辅助支承,跟刀架固定在车床纵拖板上,调节两个支承爪支承工件,并与刀架一起移动,如图 2.29 所示。

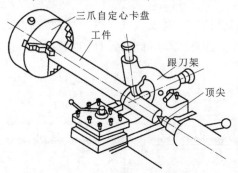

图 2.29　刀架作为辅助支撑

（4）心轴装夹。

当套筒类或盘类零件以内孔做定位基准,且要保证外圆轴线和内孔轴线的同轴度要求时可采用心轴定位,如图 2.30 所示。以工件的圆柱孔作为定位基准时,常采用圆柱心轴和小锥度心轴;以工件的锥孔、螺纹孔、内花孔作为定位基准时,常采用相应的锥体心轴、螺纹心轴和花键心轴。

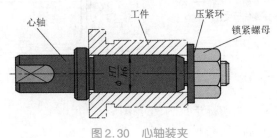

图 2.30　心轴装夹

3）专用夹具的作用

（1）保证产品质量。

（2）提高加工效率。

（3）解决车床加工中的特殊装夹问题。

(4)扩大机床的使用范围。

使用专用夹具可以完成非轴套、非轮盘类零件的孔、轴、槽和螺纹等的加工,可以扩大机床的使用范围。

3. 常用量具

为保证零件的加工精度,合理选用量具及正确测量至关重要。在数控加工中,常用的量具有金属直尺、游标卡尺、千分尺、游标万能角度尺、半径样板、指示表(千分表)、杠杆表、内径表、通规(止规)、螺纹样板、表面粗糙度样块等。

1)金属直尺

金属直尺是用不锈钢制成的尺边平直的一种量具,用于测量工件的长度、宽度、高度、深度和平面度,如图 2.31 所示。其测量精度为 1 mm,后可估读一位,如 38.6 mm。

图 2.31 金属钢尺

2)游标卡尺

用游标卡尺(图 2.32)测量零件,对操作人员的手感要求较高,测量时卡尺夹持零件的松紧程度对测量结果影响较大。因此,其实际测量时的测量精度不是很高。

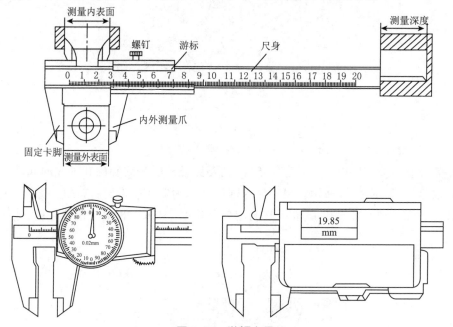

图 2.32 游标卡尺

下面以精度为 0.02 mm 的游标卡尺为例介绍游标卡尺。

(1)游标卡尺的刻线原理。

游标卡尺的读数部分由尺身和游标两部分上的数字组成。其利用尺身刻线间距和游标刻线间距之差进行小数读数。以精度为 0.02 mm 的游标卡尺为例,尺身每小格为 1 mm,当内外测量爪合并时,游标卡尺的第 50 格边线正好与尺身上的 49 mm 对正。尺身与游标每格之差为 0.02 mm,即 $1 - 49 \div 50 = 0.02(\text{mm})$,此差值即 0.02 mm 游标卡尺的测量精度。

（2）游标卡尺的读数方法（图2.33）。

用游标卡尺测量时，首先应知道游标卡尺的测量精度和测量范围。游标尺的零线是读毫米的基准。读数时，应看清楚尺身和游标的刻线，将二者结合起来读。具体读数步骤如下。

①读整数：读出尺身上靠近游标零线左边最近的刻线数值，该数值即被测量的整数值。

②读小数：找出与尺身刻线相对准的游标刻线，将其顺序号乘以游标卡尺的测量精度所得的积，即被测量的小数值。

③求和：将整数值和小数值相加，所得的数值即测量结果。

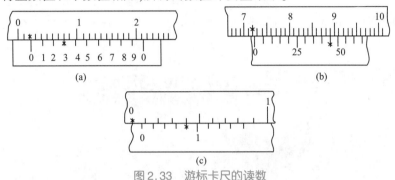

图2.33　游标卡尺的读数

(a)测量精度为0.10 mm；(b)测量精度为0.05 mm；(c)测量精度为0.02 mm

（3）注意事项。

游标卡尺作为比较精密的量具，使用时应注意以下事项。

①使用前，应先擦干净内外测量爪测量面，合拢内外测量爪，检查游标零线与尺身零线是否对齐，若未对齐，应根据原始误差修正测量读数。

②测量工件时，内外测量爪测量面必须与工件的表面平行或垂直，不得歪斜，且用力不能过大，以免内外测量爪变形或磨损，影响测量精度。

③读数时，视线要垂直于尺面，否则测量值不准确。

④测量内径尺寸时，应轻轻摆动，以便找出最大值。

⑤游标卡尺使用完毕后，仔细擦净，抹上防护油，平放在盒内，以防止生锈或变形。

3）千分尺

千分尺，即螺旋测微器，利用螺旋放大的原理（如旋转一周，轴向移动0.5 mm）制作而成。千分尺用来测量不同对象时，其测头的结构也不同，因此，千分尺可分为外径千分尺、内径千分尺、深度千分尺、螺纹千分尺（测量螺纹中径）、公法线千分尺、叶片千分尺等，如图2.34所示。

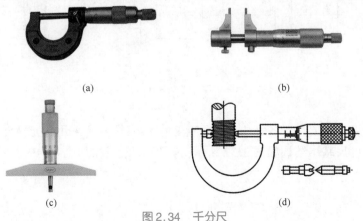

图2.34　千分尺

(a)外径千分尺；(b)内径千分尺；(c)深度千分尺；(d)螺纹千分尺

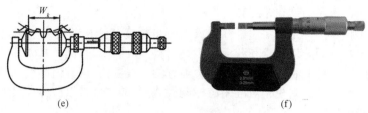

图2.34　千分尺(续)

(e)公法线千分尺;(f)叶片千分尺

下面以精度为0.01 mm 的外径千分尺为例介绍外径千分尺。外径千分尺的结构如图2.35所示。

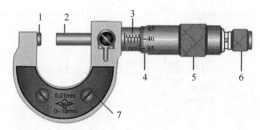

图2.35　外径千分尺

1—测砧;2—测微螺杆;3—固定套筒;4—微分套筒;5—旋钮;6—微调旋钮;7—尺架

(1)千分尺的刻线原理。

千分尺测微螺杆的螺距为0.5 mm,当微分套筒转动一周时,测微螺杆就会沿轴线移动0.05 mm。固定套筒上的刻线间隔为0.5 mm,微分套筒圆锥面上刻有50个格。当微分套筒转动一格时,螺杆就移动0.01 mm,即0.5÷50 = 0.01(mm),因此,该千分尺的精度值为0.01 mm。

(2)千分尺的读数方法。

①读毫米和半毫米数:读出微分套筒边缘固定在主尺的毫米和半毫米数。

②读不足半毫米数:找出微分套筒上与固定套筒上基准线对齐的那一格,并读出相应的不足半毫米数。

③求和:将两组读数相加,所得结果即被测尺寸,如图2.36 所示。

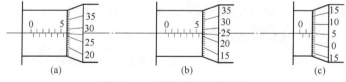

图2.36　千分尺的读数方法

(a)5.78 mm;(b)5.73 mm;(c)2.05 mm

4)游标万能角度尺

游标万能角度尺主要用于各种角度和垂直度的测量,测量是采用透光检查法进行的。

游标万能角度尺基本结构如图2.37 所示,其用于测量机械加工中的内、外角度。

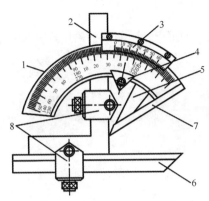

图 2.37 游标万能角度尺

1—尺身;2—角尺;3—游标;4—制动器;5—扇形板;6—基尺;7—直尺;8—夹块

在测量过程中,需要适当调整游标万能角度尺,以测量 0°~320°的外角和 40°~130°的内角,如图 2.38 所示。

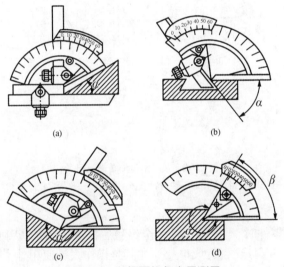

图 2.38 游标万能角度尺测量

(a)测量 0°~50°;(b)测量 5°~140°;(c)测量 140°~230°;(d)测量 230°~320°

游标万能角度尺的读数原理与游标卡尺相似,分三步进行,以图 2.39 中所示的游标万能角度尺读数为例。

(1)先从尺身上读出游标零刻度线指示的整"度"的数值,示例中为 16°。

(2)判断游标上的第几格的刻线与尺身上的刻线对齐,确定角度"分"的数值,示例中为 12′。

(3)把两者相加,即被测角度的数值,示例中的读数为 16° + 12′ = 16°12′。

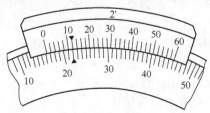

图 2.39 游标万能角度尺的读数

5)半径样板

半径样板主要适用于各种圆弧的测量,测量是采用透光检查法进行的,如图2.40所示。

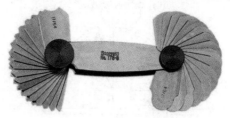

图2.40　半径样板

6)指示表

指示表则借助于磁性表座进行同轴度、跳动度、平行度等形位公差的测量,如图2.41所示。

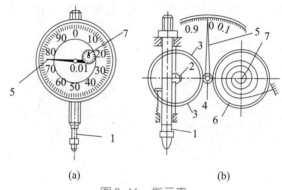

图2.41　指示表

(a)指示表外形;(b)传动原理

1—量杆(带齿条);2,4—轴齿轮;3,6—齿轮;5—长指针;7—短指针

4.量具的维护和保养

(1)在机床上测量零件时,需要等零件完全停稳后再进行测量,否则不仅会使量具的测量面过早磨损而失去精度,而且还会造成事故。尤其是操作人员使用外卡时,不要以为卡钳磨损一点无所谓,需要注意铸件内常有气孔和缩孔,一旦钳脚落入气孔内,可能会将操作人员的手也拉进去,从而造成严重事故。

(2)测量前应将量具的测量面和零件的被测量表面都擦干净,以免因脏物的存在而影响测量精度。用精密量具(如游标卡尺、百分尺和指示表等)去测量锻铸件毛坯或带有研磨剂(如金刚砂等)的表面是错误的,这样易使量具的测量面很快被磨损而失去精度。

(3)在使用量具过程中,不要将其与工具、刃具(如锉刀、榔头、车刀和钻头等)等堆放在一起,以免碰伤量具,也不要随便将量具放在机床上,以免因机床振动使量具掉下来而被损坏。尤其是游标卡尺,应平放在专用盒子里,以免使尺身变形。

(4)量具是测量工具,绝对不能作为其他工具的代用品。如用游标卡尺划线,将百分尺当小榔头,将金属直尺当螺钉旋具旋螺钉,以及用金属直尺清理切屑等都是错误的;将量具当玩具,如将百分尺等拿在手中任意挥动或摇转等也是错误的。以上错误的行为都会使量具失去精度。

(5)温度对测量结果影响很大,一定要使零件和量具都在约20 ℃的情况下进行精密测量。一般可在室温下进行测量,但必须使工件与量具的温度一致;否则,金属材料的热胀冷缩的特性会使测量结果不准确。温度对量具精度的影响也很大,量具不应放在阳光下或床头箱上,因为量具温度升高后,测出的尺寸也不正确;更不要将精密量具放在热源(如电炉、热交换器等)附近,以免使量具受热变形而失去精度。

(6)不要将精密量具放在磁场附近(如磨床的磁性工作台上),以免使量具感磁。

(7)发现精密量具有不正常现象(如量具表面不平、有毛刺、有锈斑以及刻度不准、尺身弯曲变形、活动不灵活等)发生时,操作者不应当自行拆修,更不允许自行用榔头敲、锉刀锉、砂布打光等粗糙办法修理,以免增大量具误差。发现上述情况时,操作人员应当主动送计量站检修,经检定量具精度后方可继续使用。

(8)使用量具后应将其及时擦干净。除不锈钢量具或有保护镀层的量具外,对其他量具金属表面,应涂上一层防锈油并将量具放在专用的盒子里,将盒子保存在干燥的地方,以免量具生锈。

(9)应定期检定和保养精密量具;对长期使用的精密量具,要定期送计量站进行保养和检定精度,以免因量具的示值误差超差而造成产品质量事故。

2.4.3　数控车削切削用量的选择

1. 背吃刀量的确定

在工艺系统刚性和机床功率允许的条件下,尽可能选取较大的背吃刀量,以减少进给次数。当零件的精度要求较高时,应考虑适当留出精车余量,精车余量一般为 $0.1 \sim 0.5$ mm。

2. 主轴转速的确定

1)光车时的主轴转速

光车时的主轴转速应根据零件上被加工部位的直径,并按零件、刀具的材料、加工性质等条件所允许的切削速度来确定。切削速度除通过计算和查表选取外,还可以根据实际经验确定。需要注意的是,交流变频调速数控车床低速输出力矩小,因而,切削速度不能太低。

表2.1所示为硬质合金外圆车刀切削速度的参考值,仅供参考。

表2.1　硬质合金外圆车刀切削速度参考值

工作材料	热处理状态	$v_c/(\text{m} \cdot \text{min}^{-1})$		
		$a_p = 0.3 \sim 2.0$ mm	$a_p = 2 \sim 6$ mm	$a_p = 0.6 \sim 10$ mm
		$f = 0.08 \sim 0.30$ mm/r	$f = 0.3 \sim 0.6$ mm/r	$f = 0.6 \sim 1.0$ mm/r
低碳钢、易切钢	热轧	$140 \sim 180$	$100 \sim 120$	$70 \sim 90$
中碳钢	热轧	$130 \sim 160$	$90 \sim 110$	$60 \sim 80$
	调质	$100 \sim 130$	$70 \sim 90$	$50 \sim 70$
合金结构钢	热轧	$100 \sim 130$	$70 \sim 90$	$50 \sim 70$
	调质	$80 \sim 110$	$50 \sim 70$	$40 \sim 60$
工具钢	退火	$90 \sim 120$	$60 \sim 80$	$50 \sim 70$
灰铸铁	HBS < 190	$90 \sim 120$	$60 \sim 80$	$50 \sim 70$
	HBS = 190 ~ 225	$80 \sim 110$	$50 \sim 70$	$40 \sim 60$
高锰钢(Mn13)			$10 \sim 20$	
铜、铜合金		$200 \sim 250$	$120 \sim 180$	$90 \sim 120$
铝、铝合金		$300 \sim 600$	$200 \sim 400$	$150 \sim 200$
铸铝合金		$100 \sim 180$	$80 \sim 150$	$60 \sim 100$
说明:切削钢、灰铸铁时的刀具耐用度约为60 min。				

2)车螺纹时的主轴转速

车螺纹时,数控车床的主轴转速将受到螺纹螺距(或导程)的大小、驱动电动机的升降频率特性、螺纹插补运算速度等多种因素的影响,所以,对于不同的数控系统,推荐不同的主轴转速选择范围。例如,对大多数经济型数控车床的数控系统,车螺纹时主轴转速可推荐为

$$n \leqslant \frac{1\,200}{p} - k$$

式中 p——工件螺纹的螺距或导程(T)(mm);

k——保险系数,一般取80。

3. 进给量(或进给速度)的确定

进给量包括纵向进给量和横向进给量。粗车时进给量一般取 0.3 ~ 0.8 mm/r,精车时常取 0.1 ~ 0.3 mm/r,切断时常取 0.05 ~ 0.2 mm/r。表 2.2 所示为硬质合金车刀粗车外圆或端面的进给量参考值。

表2.2　硬质合金车刀粗车外圆或端面的进给量参考值

工件材料	刀杆尺寸 $B \times H$ /(mm × mm)	工件直径 d_w/mm	进给量 f/(mm · r^{-1})				
			$a_p \leqslant 3$ mm	$a_p = 3 \sim 5$ mm	$a_p = 5 \sim 8$ mm	$a_p = 8 \sim 12$ mm	$a_p > 12$ mm
碳素结构钢	16 × 25	20	0.3 ~ 0.4				
		40	0.4 ~ 0.5	0.3 ~ 0.4			
		60	0.5 ~ 0.7	0.4 ~ 0.6	0.3 ~ 0.5		
		100	0.6 ~ 0.9	0.5 ~ 0.7	0.5 ~ 0.6	0.4 ~ 0.5	
		400	0.8 ~ 1.2	0.7 ~ 1.0	0.6 ~ 0.8	0.5 ~ 0.6	

2.4.4　车削加工顺序的确定

图 2.42(a)所示为手柄零件,如果是批量生产,加工时用一台数控车床,则该零件加工所用坯料为 ϕ32 mm 的棒料。加工顺序如下。

第一道工序:如图 2.42(b)所示,将一批工件全部车出,工序内容为先车出 ϕ12 mm 和 ϕ20 mm 两圆柱面及20°圆锥面(粗车 R42 mm 圆弧的部分余量),换刀后按总长要求留下加工余量切断。

第二道工序(调头):如图 2.42(c)所示,用 ϕ12 mm 外圆及 ϕ20 mm 端面装夹工件,工序内容为先车削包络 SR7 mm 球面的30°圆锥面,然后对全部圆弧表面进行半精车(留少量的精车余量),最后换精车刀,将全部圆弧表面一刀精车成形。

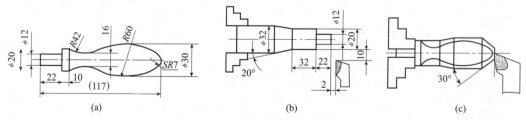

(a)　　　　　　　　　　(b)　　　　　　　　　　(c)

图2.42　车削加工工序

(a)手柄零件;(b)第一道工序;(c)第二道工序

在分析了零件图样和确定了工序、装夹方式后,接下来就要确定零件的加工顺序了。制定零件车削加工顺序一般应遵循下列原则。

1. 先粗后精

按照粗车→半精车→精车的顺序,逐步提高加工精度。粗车将在较短的时间内将工件表面上的大部分加工余量(图2.43所示的双点画线内部分)切掉。若粗车后所留余量的均匀性满足不了精加工的要求,则需要安排半精加工,为精车做准备。精车要保证加工精度,按图样尺寸,一刀车出零件轮廓。

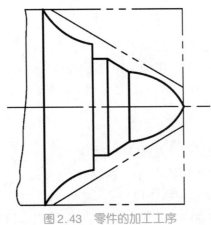

图2.43　零件的加工工序

2. 先近后远

远和近是就加工部位相对于对刀点的距离而言的。一般情况下,对距离对刀点远的部位后加工,以便缩短刀具移动距离,减少空行程时间;而且对于车削而言,先近后远还有利于保持坯件或半成品的刚性,改善切削条件。

3. 内外交叉

对既有内表面(内型、腔),又有外表面需要加工的零件,应先进行内、外表面粗加工,后进行内、外表面精加工。切记不可将零件上一部分表面(外表面或内表面)加工完毕后,再加工其他表面(内表面或外表面)。

2.5 数控车削的程序编制

2.5.1 圆柱面和端面加工

1. 程序格式和编程方法

1) 程序开始符、结束符

程序开始符、结束符是同一个字符,ISO代码中是"%",EIA代码中是"EP",书写时要单列一段。

2)程序名

程序名有两种形式:一种是由英文字母 O 和 1~4 位正整数组成的;另一种是由英文字母开头,字母和数字混合组成的。程序名一般要求单列一段。

3)程序主体

程序主体是由若干个程序段组成的。每个程序段一般占一行。

4)程序结束指令

程序结束指令可以用 M02 或 M30 表示,一般要求单列一段。

加工程序的一般格式如下:

程序名	⎧ O0031;	注释
程序开始	⎪ N10 T0101;	选择刀具和刀补
	⎪ N20 M03 S900;	主轴正转转速 900 r/min
程序主体	⎨ N30 G00 X60 Z0;	刀具快移至加工点附近
	⎪ ……	
程序结束	⎪ ……	
	⎩ N100 X100;	刀具返回起始点

程序由程序段构成。每个程序段中所包含代码的含义如下:

(1)N:程序段地址码,用于指定程序段号。

(2)G:准备功能字代码,G00~G99 共 100 种;可分为模态指令和非模态指令。模态指令一直起作用,直至被本组指令取代为止;非模态指令只在本程序段内起作用。

(3)X、Z:坐标轴地址(尺寸数字)。

(4)M:辅助功能代码 M00~M99。

(5)S:主轴转速指令。

(6)%:结束符,其他系统还有 LF、* 等。

2. 基本指令

1)常用辅助 M 功能指令

辅助功能由 M 地址符及随后的两位数字组成,所以也称为 M 功能或 M 指令。其用来指定数控机床的辅助动作及其状态,常用的 M 功能如表 2.3 所示。

表 2.3　常用的 M 功能

代码	功能	说明	代码	功能	说明
M00	停止程序运行	单程序段方式有效,非模态	M03	主轴正向转动	模态
M01	选择性停止		M04	主轴反向转动	
M02	结束程序运行		M05	主轴停止转动	
M30	结束程序复位		M08	冷却液开启	
M98	子程序调用	非模态	M09	冷却液关闭	非模态
M99	子程序结束		M06	换刀指令	

2)F 功能

F 功能指定进给速度,有每转进给量(mm/r)和每分钟进给量(mm/min)两种,如表 2.4 所示。

表2.4 F功能

每转进给量/(mm·r⁻¹)	每分钟进给量/(mm·min⁻¹)
编程格式 G99 F_;	编程格式 G98 F_;
F 后面的数字表示主轴每转进给量(mm/r)	F 后面的数字表示每分钟进给量(mm/min)
例:G99 F0.2 表示进给量为 0.2 mm/r	例:G98 F100 表示进给量为 100 mm/min

3)S 功能

S 功能用于控制主轴转速,它有最高转速限制、恒线速和恒转速三种控制指令。

(1)最高转速限制。

①编程格式:G50 S_。

②S 后面的数字表示最高转速(r/min)。

③例如,G50 S3000 表示最高转速限制为 3 000 r/min。

(2)恒线速控制。

①编程格式:G96 S_。

②S 后面的数字表示恒定的线速度(m/min)。

③例如,G96 S150 表示切削线速度控制在 150 m/min。

(3)恒转速控制。

①编程格式:G97 S_。

②S 后面的数字表示主轴转速(r/min)。

4)T 功能

T 功能用来指定程序中使用的刀具。

(1)编程格式:T_,前两位代表刀具号,后两位代表刀具补偿号。

(2)例如,T0101 指选择 1 号刀具,用 1 号刀具补偿。

刀具补偿包括长度补偿和半径补偿两部分。

5)准备功能指令(G 代码,表2.5)(格式:G2,G 后可跟 2 位数)

表2.5 G 代码

代码	组	意义	代码	组	意义	代码	组	意义
* G00		快速点定位	* G40		刀补取消	G73	00	车闭环复合循环
G01		直线插补	G41	07	左刀补	G76		车螺纹复合循环
G02	01	顺圆插补	G42		右刀补	G80		车外圆固定循环
G03		逆圆插补	G52	00	局部坐标系设置	G81	01	车端面固定循环
G32		螺纹切削	G53		机床坐标系控制	G82		车螺纹固定循环

表2.5 续表

代码	组	意 义	代码	组	意 义	代码	组	意 义
G04	00	暂停延时	G54 ~ G59	11	零点偏置	*G90	03	绝对坐标编程
G20	02	英制单位				G91		相对坐标编程
*G21		公制单位	65	00	简单宏调用	G92	00	工件坐标系指定
G27	06	回参考点检查	G66	12	宏指令调用	*G94	05	每分钟进给方式
G28		回参考点	G67		宏调用取消	G95		每转进给方式
G29		参考点返回	G71	00	车外圆复合循环	G96		恒线速方式
G36/G37		直径/半径编程	G72		车端面复合循环	G97		恒转速方式

注:①表内00组为非模态指令,只在本程序段内有效。其他组为模态指令,一次指定后持续有效,直到被本组其他代码所取代。

②标有*的G代码为数控系统通电启动后的默认状态。

(1)快速点定位(G00)。

快速点定位指令控制刀具以点位控制的方式快速移动到目标位置,其移动速度由参数来设定。

编程格式:G00 X(U)_ Z(W)_;

格式说明:G00指令使刀具以点位控制方式从刀具所在点快速移动到目标点;G00指令是模态代码,其中X(U),Z(W)是目标点的坐标。

车削时快速定位点不能直接选在零件上,一般要离开零件表面1~2 mm。

如图2.44所示,从起点A(20,20)快速运动到目标点B(60,100),其绝对坐标编程为"G00 X60 Z100";其相对坐标编程为"G00 U40 W80"。

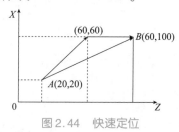

图2.44　快速定位

执行上述程序段时,刀具实际的运动路线不是直线,而是折线。首先,刀具以快速进给速度运动到点(60,60),然后运动到点(60,100),所以,使用G00指令时要注意刀具是否和零件及夹具发生干涉,若忽略这一点,就容易发生碰撞,而且在快速状态下碰撞就更加危险了。

(2)直线插补指令(G01)。

编程格式:G01 X(U)_ Z(W)_ F_;

格式说明:G01指令使刀具从当前点出发,在两坐标之间以插补联动方式按指定的进给速度直线移动到目标点,G01指令是模态指令。

进给速度由F指定。F指令也是模态指令,它可以用G00指令取消。在G01程序段中或之前必须含有F指令。

例如,如图2.45所示,选右端面O为编程原点,绝对坐标编程为

……

G00 X50 Z2;	P_0 到 P_1
G01 Z－40 F80;	刀具从 P_1 按 F 值运动到 P_2 点
X80 Z－60;	P_2 到 P_3
G00 X200 Z100;	P_3 到 P_0

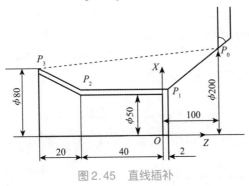

图2.45　直线插补

增量坐标编程为

……

G00 U－150 W－98;

G01 W－42 F80;

U30 W－20;

G00 U120 W160;

……

（3）倒角、倒圆功能指令（G01）。

利用 G01 倒角控制功能可以在两相邻轨迹的程序段之间插入直线倒角或圆弧倒角,如图 2.46 所示。

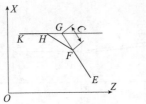
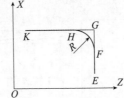

图2.46　倒角和倒圆

编程格式：

倒角：G01 X(U)＿Z(W)＿C＿;

倒圆：G01 X(U)＿Z(W)＿R＿;

格式说明:X、Z 表示在绝对坐标编程时,两相邻直线的交点,即假想拐角交点 G 的坐标值;U、W 值为在相对坐标编程时,假想拐角交点 G 与直线轨迹起始点 E 的距离;C 值是假想拐角交点 G 与倒角始点 F 的距离;R 值是倒圆的半径。

（4）固定循环指令（G90、G94）。

对于加工几何形状简单、刀具走刀路线单一的零件,可采用固定循环指令编程,即只需要用一条指令、一个程序段完成刀具的多步动作。固定循环指令中刀具的运动可分为四步,即进刀、切削、退刀与返回。本章节中的柱体外轮廓形状简单,很适合用单一固定循环指令。

①外圆切削循环指令(G90)。

编程格式:G90 X(U)_ Z(W)_ R_ F_;

格式说明:X、Z 表示切削终点坐标值;U、W 表示切削终点相对循环起点的坐标增量;R 表示切削始点与切削终点在 X 轴方向的坐标增量(半径值),外圆切削循环时 R 为零,可省略;F 表示进给速度。

指令功能:实现外圆切削循环和锥面切削循环。

例如,刀具从循环起点按如图 2.47 所示的走刀路线,最后返回到循环起点,图 2.47 中虚线表示按 R 快速移动,实线表示按 F 指定的零件进给速度移动。

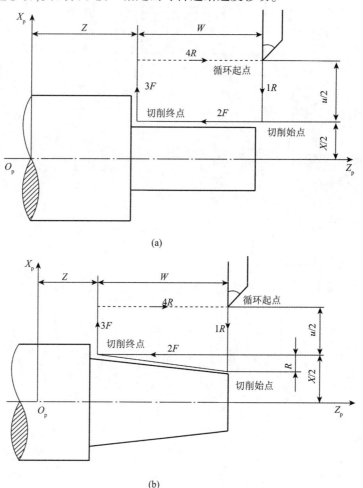

图 2.47　外圆切削循环和锥面切削循环

②端面切削循环指令(G94)。

编程格式:G94 X(U)_ Z(W)_ R_ F_;

格式说明:X、Z 表示端平面切削终点坐标值;U、W 表示端面切削终点相对循环起点的坐标增量;R 表示端面切削始点至切削终点位移在 Z 轴方向的坐标增量,端面切削循环时 R 为零,可省略;F 表示进给速度。

指令功能:实现端面切削循环和带锥度的端面切削循环。

例如,刀具从循环起点,按如图 2.48 所示的走刀路线,最后返回到循环起点,图 2.48 中虚线表示按 R 快速移动,实线表示按 F 指定的进给速度移动。

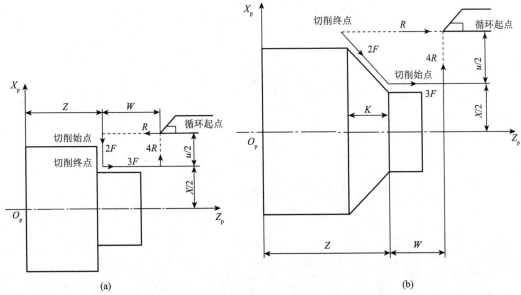

图 2.48 端面切削循环和带锥度的端面切削循环

2.5.2 圆弧面零件加工

G02、G03 指令用于指定圆弧插补。其中,G02 表示顺时针圆弧(简称顺圆弧)插补;G03 表示逆时针圆弧(简称逆圆弧)插补。圆弧插补的顺、逆方向的判断方法是:向着垂直于圆弧所在平面(如 ZX 平面)的另一坐标轴(如 Y 轴)的负方向看,其顺时针方向圆弧为 G02,逆时针方向圆弧为 G03。在判断车削加工中各圆弧的顺、逆方向时,一定需要注意刀架的位置及 Y 轴的方向,如图 2.49 所示。

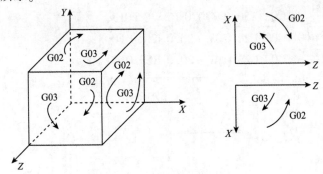

图 2.49 圆弧的顺逆方向

1. 指定圆心方式的圆弧插补编程(图 2.50)

编程格式:

G02 X(U)_ Z(W)_ I_ K_ F_;

G03 X(U)_ Z(W)_ I_ K_ F_;

格式说明:X、Z 表示绝对编程时,圆弧终点的坐标值;U、W 表示相对编程时,圆弧终点相对于起始点的位移量;I、K 表示圆心在 X、Z 轴方向上相对圆弧起点的坐标增量(用半径值表示),即圆心坐标值减去圆弧起点的坐标值,I、K 为零时可以省略;K 表示圆弧起点到圆弧圆心

矢量值在 X、Z 方向的投影值;F 表示进给速度。

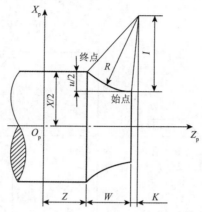

图 2.50　圆弧绝对坐标,相对坐标

2. 指定半径的圆弧插补编程

编程格式:

G02 X(U)_ Z(W)_ R_ F_;

G03 X(U)_ Z(W)_ R_ F_;

格式说明:X、Z 表示绝对编程时,圆弧终点的坐标值;U、W 表示相对编程时,圆弧终点相对于起始点的位移量;R 表示圆弧半径,当圆弧所对圆心角为 0°~180°时,R 取正值;当圆心角为 180°~360°时,R 取负值;F 表示进给速度。

3. 编程说明

1)顺时针圆弧插补(图 2.51)

绝对坐标,直径编程:G02 X50.0 Z30.0 I25.0 F0.3;

G02 X50.0 Z30.0 R25.0 F0.3;

相对坐标,直径编程:G02 U20.0 W - 20.0 I25.0 F0.3;

G02 U20.0 W - 20.0 R25.0 F0.3;

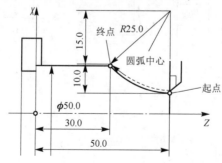

图 2.51　顺时针圆弧插补

2)逆时针圆弧插补(图 2.52)。

绝对坐标,直径编程:G03 X87.98 Z50.0 I - 30.0 K - 40.0 F0.3;

相对坐标,直径编程:G03 U37.98 W - 30.0 I - 30.0 K - 40.0 F0.3;

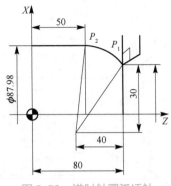

图 2.52 逆时针圆弧插补

2.5.3 复杂轮廓零件加工

1. 外圆粗加工复合循环（G71）

针对形状较复杂的零件，FANUC 0i 系统有一组 G 代码，编程时只需要指定精加工路线、径向和轴向精车加工余量和粗加工背吃刀量，系统就会自动计算出粗加工路线和加工次数，因此，编程效率较高。

在这组指令中，G71、G72、G73 是粗车加工指令；G70 是 G71、G72、G73 粗加工后的精加工指令；G74 是深孔钻削固定循环指令；G75 是切槽固定循环指令；G76 是螺纹加工固定循环指令。

G71 指令只需要指定粗加工背吃刀量、退刀量、精加工余量、精加工路线，系统便能自动给出粗加工路线和加工次数，完成粗加工。

指令格式：G71 UΔd Re；
　　　　　G71 Pns Qnf UΔu WΔw Ff Ss Tt；

参数说明：Δd 表示每次切削深度（半径值），无正负号；e 表示退刀量（半径值），无正负号；ns 表示精加工路线第一个程序段的顺序号；nf 表示精加工路线最后一个程序段的顺序号；Δu 表示 X 方向的精加工余量，直径值，镗内孔的时候为负；Δw 表示 Z 方向的精加工余量。

指令功能：切除棒料毛坯大部分加工余量，切削沿平行于 Z 轴方向进行，如图 2.53 所示。A 为循环起点，A→A′→B 为精加工路线。

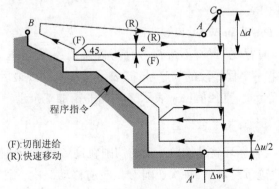

图 2.53 外圆粗加工复合循环

例如，运用外圆粗加工循环指令编程加工图 2.54 所示的零件。

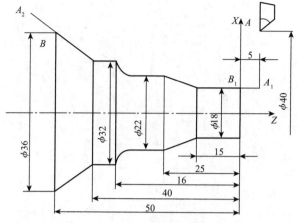

图 2.54　G71 粗车循环

参考程序(FANUC 0i 系统)如下：

……

G00 X40.0 Z5.0 M03；

G71 U1 R0.5；

G71 P100 Q200 X0.5 Z0.1 F0.3；

N100 G00 X18.0 Z5.0；

G01 X18.0 Z – 15.0 F0.15；

X22.0 Z – 25.0；

X22.0 Z – 31.0；

G02 X32.0 Z – 36.0 R5.0；

G01 X32.0 Z – 40.0；

N200 G01 X36.0 Z – 50.0；

……

2. 端面粗加工复合循环(G72)

端面粗加工复合循环 G72 与外圆粗加工复合循环 G71 均为粗加工循环指令,其区别仅在于 G72 的切削方向平行于 X 轴,而 G71 是沿着平行于 Z 轴的方向进行切削循环加工的。

指令格式：G72 W△d Re；

G72 Pns Qnf U△u W△w Ff Ss Tt；

参数说明：d 表示 Z 向背吃刀量,不带符号且为模态值；e 表示退刀量(半径值) ,无正负号；ns 表示精加工路线第一个程序段的顺序号；nf 表示精加工路线最后一个程序段的顺序号；△u 表示 X 方向的精加工余量,直径值；△w 表示 Z 方向的精加工余量。

3. 封闭轮廓粗车复合循环指令(G73)

所谓封闭轮廓粗车复合循环就是按照一定的切削轨迹形状逐渐地切削接近最终形状。利用该循环,可以按同一轨迹重复切削,每次切削刀具向前移动一次,用这种循环可对锻造和铸造等前加工做成的有基本形状的毛坯或已粗车成形的零件进行切削。G73 适合加工铸造、锻造成形的一类零件。

编程格式：G73 UΔi WΔk Rd；

　　　　　　G73 Pns Qnf UΔu WΔw Ff Ss Tt；

参数说明：Δi 表示 X 轴向总退刀量（半径值）；Δk 表示 Z 轴向总退刀量；d 表示为分层次数（粗车重复加工次数）；ns 表示精加工路线第一个程序段的顺序号；nf 表示精加工路线最后一个程序段的顺序号；Δu 表示 X 方向的精加工余量（直径值）；Δw 表示 Z 方向的精加工余量。

（1）封闭轮廓粗车复合循环指令的特点如下：

①刀具轨迹平行于零件的轮廓，故适合加工铸造和锻造成形的坯料。

②背吃刀量分别通过 X 轴方向总退刀量 Δi 和 Z 轴方向总退刀量 Δk 除以循环次数 d 求得。

（2）总退刀量 Δi 与 Δk 值的设定与零件的切削深度有关。

使用封闭轮廓粗车复合循环指令，首先要确定换刀点、循环点 A、切削始点 A′和切削终点 B 的坐标位置。如图 2.55 所示，A 点为循环点，$A_1 \rightarrow B$ 是零件的轮廓线，$A \rightarrow A_1 \rightarrow B$ 为刀具的精加工路线，粗加工时刀具从 A 点后退至 C 点，后退距离分别为 $\Delta i + \Delta u/2$，$\Delta k + \Delta w$，这样，粗加工循环之后自动留出精加工余量 $\Delta u/2$、Δw。

（3）ns ~ nf 的程序段描述刀具切削加工的路线。

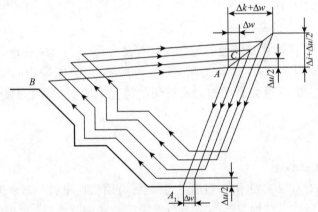

图 2.55　固定形状切削复合循环

例如，运用封闭轮廓粗车复合循环指令编程加工图 2.56 所示的零件。

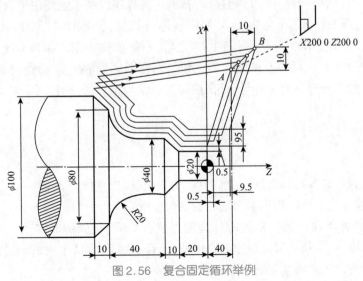

图 2.56　复合固定循环举例

参考程序(FANUC 0i 系统)如下:

……

N10 T0101;

N20 M04 S800;

N40 G42 G00 X140.0 Z40.0 M08;

N50 G73 U10 W10 R3;

N60 G73 P70 Q130 U1 W0.5 F0.3;

N70 G00 X20.0 Z0.0;

N80 G01 Z－20.0 F0.15;

N90 X40.0 Z－30.0;

N100 Z－50.0;

N110 G02 X80.0 Z－70.0 R20.0;

N120 G01 X100.0 Z－80.0;

N130 X105.0;

N140 G40 G00 X200.0 Z200.0;

……

G73 循环主要用于车削固定轨迹的轮廓。这种复合循环可以高效地切削铸造成形、锻造成形或已粗车成形的零件。对不具备类似成形条件的零件,可先采用 G71 循环粗车,如直接采用 G73 进行编程与加工,反而会增加刀具在切削过程中的空行程,而且计算粗车余量也不方便。

4. 精车复合循环(G70)

编程格式:G70 Pns Qnf;

指令功能:用 G71、G72、G73 指令粗加工完毕后,可用精加工循环指令进行精加工。

参数说明:ns 表示指定精加工路线第一个程序段的顺序号;nf 表示指定精加工路线最后一个程序段的顺序号。

G70～G73 循环指令调用 ns～nf 程序段,被调用的程序段中不能调用子程序。

执行 G70 循环时,刀具沿零件的实际轨迹进行切削,循环结束后刀具返回循环起点。G70 指令用在 G71、G72、G73 指令的程序内容之后,不能单独使用。在含 G71、G72 或 G73 的程序段中指令的地址 F、S 对 G70 的程序段无效。而在顺序号 ns～nf 指令的地址 F、S 对 G70 的程序段有效。加工余量具有方向性,外圆的加工余量为正,内孔的加工余量为负。

2.5.4 零件槽加工

1. 相关工艺知识

轴类工件上通常有各种外沟槽,如退刀槽、V 形槽、圆弧槽等。沟槽一般是在加工中起到退刀的作用,并在安装零件时提供一个准确的轴向位置。

(1)外沟槽的种类和作用。常见的外沟槽形状有矩形、圆弧形和梯形,如图 2.57 所示。矩形槽除在车螺纹、磨削和插齿时做退刀之用外,还有一些其他功用。圆弧形槽用作滑轮和圆带传动的带轮沟槽。梯形槽是安装 V 带的沟槽。

（2）车矩形槽和切断的区别。车槽是在工件上车出所需形状和大小的沟槽,车断是将工件分离开来。用于车矩形槽的主切削刃必须与工件的素线平行,而用于车断的主切削刃与工件素线最好有一个夹角（也可以平行）,如图2.58所示。

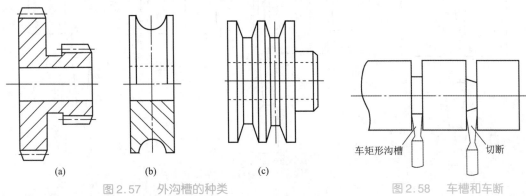

图2.57　外沟槽的种类

（a）矩形槽；（b）圆弧形槽；（c）梯形槽

图2.58　车槽和车断

（3）外槽刀的安装。安装时,要求主切削刃和工件素线平行,其几何中心与主轴轴线垂直,两副偏角对称。可以用光隙法检查切槽刀安装的正确性。刀体不宜伸出过长,同时,主切削刃要与工件回转中心等高（或略高出工件回转中心0.01倍的工件外径）,否则在车断实心工件时,不能车到中心,而且容易折断刀具。

（4）车槽刀和车断刀刀片部分几何尺寸的确定。

车槽刀刀头长度：$L = $ 槽深 $ + (2 \sim 3)$ mm。

车断刀刀头长度：$L = D/2 + (2 \sim 3)$ mm（车断实心材料）。

$$L = h + (2 \sim 3) \text{mm}$$

式中　L——车槽刀刀头长度（mm）;

　　　D——被车断工件直径（mm）;

　　　h——被车断工件壁厚（mm）。

（5）车断和车外沟槽时的切削用量。

①背吃刀量（a_p）。车断、车外沟槽一般为横向进给切削,背吃刀量 a_p 是垂直于已加工表面所量得的切削层宽度。

②进给量（f）。切断和车槽时,因为车断刀和车槽刀刀头刚性不足,所以不易选较大的进给量。

③切削速度（v_c）。用高速钢车刀车断钢料件时,$v_c = 30 \sim 40$ m/min;车断铸铁材料件时,$v_c = 15 \sim 20$ m/min;车断硬铝材料时,$v_c = 60 \sim 80$ m/min。

2. 外沟槽加工相关编程指令

矩形外沟槽的加工可分为窄槽和宽槽加工。窄槽加工时,可以用刀头宽度等于槽宽的车槽刀一次进给车出,如图2.59所示。在刀具车至槽底时,使用G04指令停留一定时间。

当槽宽尺寸较大（大于车槽刀刀头宽度）时,应采用多次进给方法完成粗加工,并在槽底和槽两侧留出一定的精车余量,然后根据槽底、槽宽的尺寸进行精加工。宽槽加工如图2.60所示。为简化编程,宽槽也可以采用G75车槽复合循环指令加工完成。

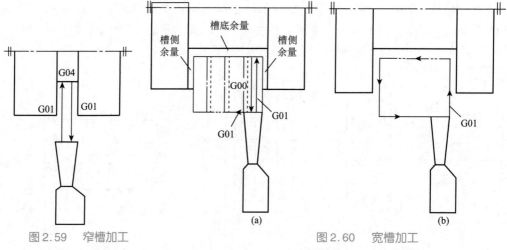

图 2.59　窄槽加工

图 2.60　宽槽加工

(a)宽槽粗加工;(b)宽槽精加工

1)G04 进给暂停指令

(1)指令格式:G04 X/P;(X、P 为暂停时间)。

X 后面可用带小数点的数,单位为 s。例如,G04 X2.5;表示前道程序执行完成后,要经过 2.5 s 的进给暂停,才能执行下面的程序段。P 后面不允许有小数点,单位为 ms,如 G04 P2000 表示暂停 2 s。

(2)用途:常用于车槽、锪孔等零件底部无进给光整加工,以提高零件表面质量。

2)G75 外圆车槽复合循环

用于外径及内径的断续切削,走刀路线如图 2.61 所示。如果将 Z(W)值和 Q 值省略,则用于外圆槽的断续车削。

格式:G75　R(e);

G75　X(U)　Z(W)　P(Δi)　Q(Δk)　R(Δd)　F(f);

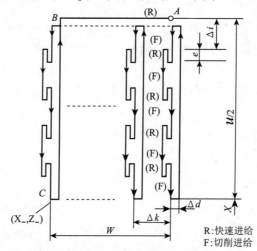

R:快速进给
F:切削进给

图 2.61　G75 切槽循环轨迹

e 为每次沿 Z 方向车削 Δi 后的退刀量。根据程序指令,参数值也改变;X 为点 C 的 X 方向绝对坐标值;U 为点 A 到点 C 的增量;Z 为点 B 的 Z 方向绝对坐标值;W 为点 A 到点 B 的增量;Δi 为 X 方向的每次循环移动量(无符号,单位为 μm);Δk 为 Z 方向的每次切削移动量(无

符号,单位为 μm);Δd 为切削到终点时 Z 方向的退刀量,通常不指定,省略 Δd 时,则视为 0;
f 为进给速度。

应用外圆车槽复合循环指令时,如果使用的刀具为车槽刀,则该刀具具有两个刀尖。通常设
定左刀尖为该刀具的刀位点,在编程之前先设定刀具的循环起点。如果工件槽宽大于车槽刀的
刀宽,则需要考虑切削刃轨迹的重叠量,使刀具在 Z 轴方向位移量 Δk 小于车槽刀的宽度。

【例2-1】应用 G75 指令编写图 2.62 所示宽槽的加工程序,并用 G75 指令编写切断工件
的程序,总长留余量为 1 mm,外圆 $\phi60$ mm 已经加工完毕,取车槽(断)的刀宽为 4 mm,刀位点
为左刀尖。

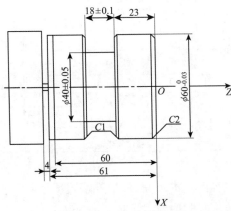

图 2.62　G75 切槽实例

解:参考程序如下。

G99 G97 T0202 S500 M03;　　　　　换 2 号车断刀,主轴正转,转速为 500 r/min

G0 X70 Z - 27.3 M08;　　　　　　定位至车宽槽循环起点,切削液开

G75 R1.0;　　　　　　　　　　　设定车槽退刀量为 1 mm

G75 X40.5 Z - 40.7 P2500 Q3800 F0.08;设定车槽循环参数,每次粗车径向进刀 2.5 mm(半径
　　　　　　　　　　　　　　　量),Z 向进刀每次 3.8 mm,槽两侧留 0.3 mm,槽底留
　　　　　　　　　　　　　　　0.25 mm 的精车余量

G01 X70 Z - 26 F1;　　　　　　　定位至宽槽右侧,倒角

X60;　　　　　　　　　　　　　定位切削起点

X58 W - 1 F0.1;　　　　　　　　倒角 $C1$

X40;　　　　　　　　　　　　　精车槽右侧面

Z - 41;　　　　　　　　　　　　精车槽底

X58;　　　　　　　　　　　　　精车槽左侧面

X61 W - 1.5;　　　　　　　　　　倒角 $C1$,并延伸至 $X61$

G0 Z - 65;　　　　　　　　　　　定位至车断起点

G75 X1 P3000 F0.08;　　　　　　　车断工件

G0 X150;　　　　　　　　　　　　X 向退刀至安全位置

Z150;　　　　　　　　　　　　　Z 向退刀

M30;　　　　　　　　　　　　　程序结束

2.5.5　螺纹加工

1. 相关工艺知识

车削螺纹是数控车床上主要的加工任务。螺纹是刀具的直线移动与主轴旋转运动按严格的比例同时运动形成的,即刀具在工件轮廓上按设定的螺旋轨迹切削形成螺旋槽。螺纹车刀具属于成形刀,螺距和尺寸精度受机床精度影响,牙型精度则由刀具精度保证。

(1)普通螺纹的几何参数。普通螺纹如图2.63所示,各参数说明如下。

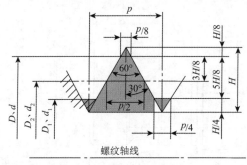

图2.63　普通螺纹的几何参数

①公称直径,是指螺纹大径的基本尺寸,包括外螺纹顶径和内螺纹底径。

②螺纹小径,包括外螺纹底径和内螺纹顶径。

③螺纹中径,是一个假想圆柱的直径,该圆柱剖切面牙型的沟槽和凸起宽度相等。

④螺距,是螺纹上相邻两牙在中径上对应点间的轴向距离。

⑤导程,是同一条螺旋线上相邻两牙在中径上对应点之间的轴向距离。

⑥理论牙型高度,是在螺纹牙型上牙顶到牙底之间,垂直于螺纹轴线的距离。

(2)螺纹加工尺寸分析与螺纹切削用量选用。

①外直螺纹加工相关尺寸计算。车螺纹时,零件材料因受车刀挤压而使外径胀大,因此,螺纹部分的零件外径应比公称直径小 $0.2 \sim 0.4\ \text{mm}$。可按经验公式取值。

②普通螺纹牙型如图2.64所示。在实际加工中,为便于计算,可不考虑螺纹车刀的刀尖半径 r 的影响,通常取螺纹实际牙高 $h_\text{实} = 0.65p$;螺纹实际小径 $d_{1\text{计}} = d - 2h_\text{实} = d - 1.3p$。

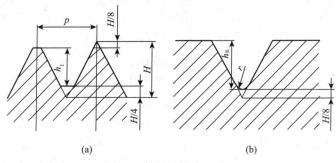

图2.64　普通螺纹的牙型尺寸

(a)螺纹理论牙型;(b)牙底倒圆 $H/8$ 的牙型

【例2-2】车削图2.65所示零件中的 $M30 \times 2$ 外螺纹,材料为45钢。试计算实际车削时的外径 $d_\text{计}$ 及螺纹实际小径 $d_{1\text{计}}$。

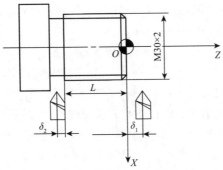

图 2.65 圆柱螺纹加工

解:根据上述分析,其相关计算如下。

实际车削时的直径为

$$d_{计} = d - 0.12p = 30 - 0.1 \times 2 = 29.76(\text{mm})$$

螺纹实际牙高为

$$h_{实} = 0.65p = 0.65 \times 2 = 1.3(\text{mm})$$

螺纹实际小径为

$$d_{1计} = d - 2h_{实} = 30 - 1.3 \times 2 = 27.4(\text{mm})$$

③螺纹起点与螺纹终点轴向尺寸的确定。在数控车床上车螺纹时,由于机床伺服系统本身具有滞后特点,会在螺纹起始段和停止加工段产生螺距不规则现象,所以实际加工螺纹长度应包括切入空行程量 δ_1 和切出空行程量 δ_2。

一般切入空行程量为 2~5 mm,大螺距和高精度的螺纹取值大,切出空行程量一般为退刀槽宽度的一半,取 1~2 倍的螺距长度。

④切削用量的选用。

a. 主轴转速 n。在数控车床上加工螺纹,主轴的转速受数控系统、螺纹导程、刀具、材料等多种因素的影响,需要根据实际加工条件、机床性能而定,大多数经济型数控车床车削螺纹时,推荐主轴转速为

$$n \leqslant \frac{1\ 200}{p} - k$$

式中　p——零件的螺距(mm);

　　　k——安全因数;

　　　n——主轴转速(r/min)。

b. 背吃刀量 a_p。进刀方法的选择如下:

直进法如图 2.66(a)所示,用于一般的螺纹切削,加工螺距小于 3 mm 的螺纹。

斜进法如图 2.66(b)所示,用于加工工件刚性低、易振动的场合,加工螺纹螺距 $p \geqslant 3$ mm。

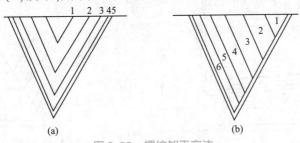

图 2.66 螺纹加工方法

(a)直进法;(b)斜进法

加工螺纹时,背吃刀量应遵循后一刀相对前一刀递减的分配方式。用硬质合金螺纹车刀时,最后一刀的背吃刀量不能小于 0.05 mm。

如图 2.66 所示,$a_{p1} > a_{p2} > a_{p3} > a_{p4}$;$a_{p4} > 0.05$ mm;$\sum a_p = h_{实}$。

⑤螺纹车刀的安装。螺纹车刀若安装得过高,则当进给到一定深度时,车刀的后刀面顶住工件,增大摩擦力,严重则造成啃刀现象;过低时,则切屑不易排出,又因车刀的径向力指向工件中心,使吃刀深度自动加深,从而出现工件被抬起和啃刀现象,所以安装螺纹车刀时,应使其刀尖与工件轴线等高。在粗车和半精车时,刀尖比工件高出 $1\% D$ 左右(D 表示被加工工件直径),刀具的伸出长度不要过长,一般为 $20 \sim 25$ mm(为刀杆高度 $1 \sim 1.5$ 倍),以保证刀具的刚性。

若工件装夹不牢或伸出过长,则当工件本身的刚性不能承受车削力时,会产生过大的挠度,改变车刀与工件的中心高度(工件被抬高),出现啃刀现象。此时应将工件夹牢,使用顶尖等工艺措施,提高工件的加工刚性。

2. 编程指令

1)单一螺纹加工指令(G32)

(1)指令格式:

G32 X(U)_Z(W)_F_;

(2)指令功能:

G32 指令用于加工等螺距的直螺纹、锥螺纹、内螺纹、外螺纹等常用螺纹。

2)螺纹切削单一固定循环指令(G92)

(1)指令格式:

①螺柱螺纹切削循环:

G92 X(U)_ Z(W)_ F_;

②圆锥螺纹切削循环:

G92 X(U)_ Z(W)_ R_ F_;

(2)指令功能:

G92 指令用于固定循环切削螺纹。

3)螺纹车削复合循环指令(G76)

(1)指令格式:

G76 P(m)(r)(a) Q(Δdmin) R(d);

G76 X(U)_ Z(W)_ R(i) P(k) Q(Δd) F(L);

(2)指令功能:

G76 指令用于多次自动循环车螺纹,数控加工程序中只需指定一次,并在指令中定义好有关参数,就能采用斜进方式自动进行螺纹加工,如图 2.67 所示。

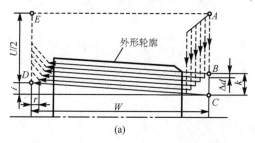

(a)

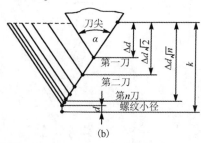

(b)

图 2.67　斜进法加工螺纹

3. 外螺纹车刀

1）焊接式外螺纹车刀（图 2.68）

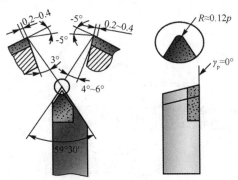

图 2.68　焊接式外螺纹车刀

2）夹固式螺纹车刀（图 2.69）

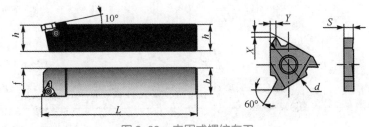

图 2.69　夹固式螺纹车刀

3）螺纹车刀的装夹（图 2.70）

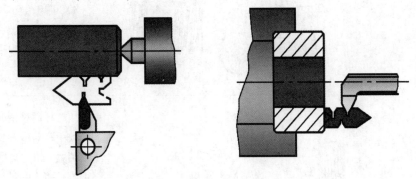

图 2.70　螺纹车刀的装夹

4. 螺纹的检测（表 2.6）

表 2.6　螺纹的检测

测量项目	测量工具	说　明
顶径的测量	游标卡尺或千分尺	螺纹大径的公差较大时,一般用游标卡尺或千分尺测量

表2.6　　　　　　　　　　　　　　　　　　　　　　　　　　　　　

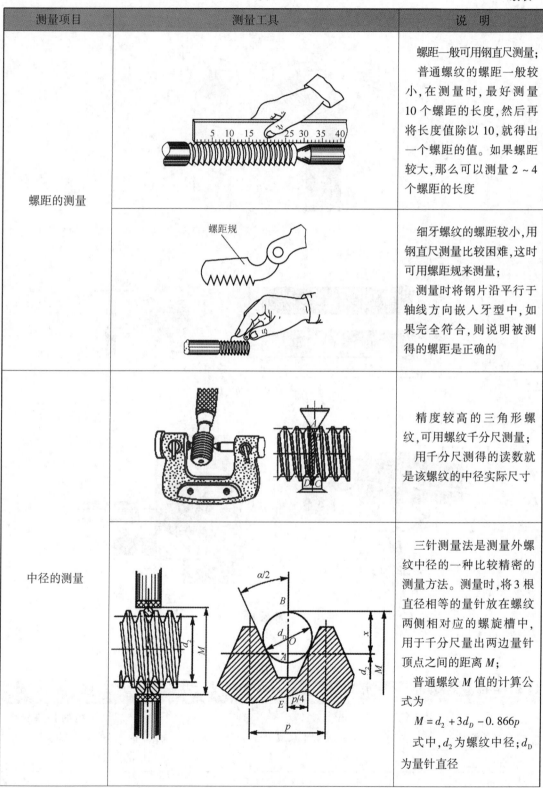

测量项目	测量工具	说　明
螺距的测量		螺距一般可用钢直尺测量； 普通螺纹的螺距一般较小，在测量时，最好测量10个螺距的长度，然后再将长度值除以10，就得出一个螺距的值。如果螺距较大，那么可以测量2～4个螺距的长度
		细牙螺纹的螺距较小，用钢直尺测量比较困难，这时可用螺距规来测量； 测量时将钢片沿平行于轴线方向嵌入牙型中，如果完全符合，则说明被测得的螺距是正确的
中径的测量		精度较高的三角形螺纹，可用螺纹千分尺测量； 用千分尺测得的读数就是该螺纹的中径实际尺寸
		三针测量法是测量外螺纹中径的一种比较精密的测量方法。测量时，将3根直径相等的量针放在螺纹两侧相对应的螺旋槽中，用于千分尺量出两边量针顶点之间的距离M； 普通螺纹M值的计算公式为 $$M = d_2 + 3d_D - 0.866p$$ 式中，d_2为螺纹中径；d_D为量针直径

表2.6

测量项目	测量工具	说　明
综合测量		用螺纹环规综合检查三角形外螺纹； 螺纹环规包括通规和止规,在测量螺纹时,如果通规正好旋进去,而止规旋不进去,则说明螺纹精度符合要求
		塞规用来测量内螺纹的尺寸精度； 在综合测量螺纹之前,首先应对螺纹的直径、牙型和螺距进行检查,然后再用螺纹量规进行测量。使用时不应硬旋量规,以免使量规受到严重磨损

2.5.6　过渡套的加工

1.孔的加工方法

1）钻孔

钻孔是在实体材料上加工孔的方法,属于粗加工。其尺寸精度一般可达 IT12～IT11,表面粗糙度可达 $Ra25～12.5\ \mu m$。麻花钻的结构如图 2.71 所示。

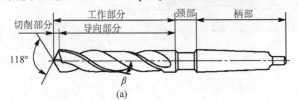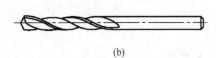

图2.71　麻花钻的结构

(a)锥柄；(b)直柄

直柄麻花钻的安装如图 2.72 所示。

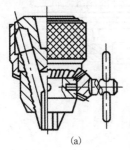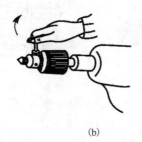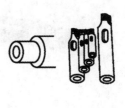

图2.72　直柄麻花钻安装

A、B 型中心钻如图 2.73 所示。

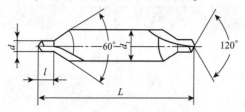
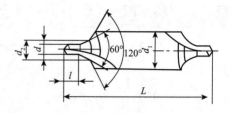

(a)   (b)

图 2.73   A、B 型中心钻

(a)A 型中心钻;(b)B 型中心钻

2)铰孔

铰孔(图 2.74)是用铰刀对未淬硬的孔进行精加工的一种加工方法。其精度可达到 IT9 ~ IT7,表面粗糙度可达 $Ra0.4~\mu m$。

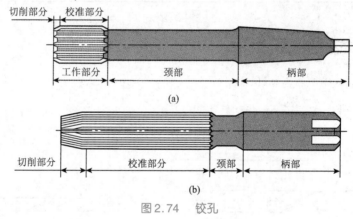

图 2.74   铰孔

(a)机用铰刀;(b)手用铰刀

3)车孔

车孔是套类零件常用的孔加工方法之一,可作为粗加工,也可作为精加工。车孔精度等级一般可达 IT8 ~ IT7,表面粗糙度可达 $Ra3.2 ~ 1.6~\mu m$,如图 2.75 所示。

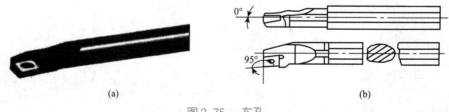

(a)   (b)

图 2.75   车孔

(a)实物;(b)示意

2. 刀尖圆弧半径补偿

1）刀位点

数控程序是针对刀具上的某一点按工件轮廓尺寸编制的，此点即刀位点，如图2.76所示。刀位点是用于表示刀具特征的点，也是对刀和加工的基准点。

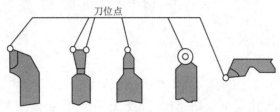

图2.76　到位点

2）刀尖圆弧半径补偿

数控车刀的刀位点如图2.77所示。数控车削中的过切与欠切如图2.78所示。

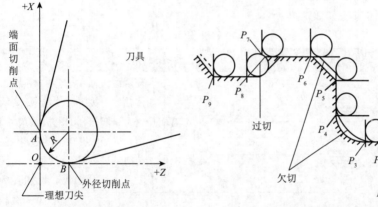

图2.77　数控车刀的到位点 　　　　　　　图2.78　数控车削的过切与欠切

3）数控车床刀尖圆弧半径补偿功能

刀尖圆弧半径补偿模式选择如图2.79所示。

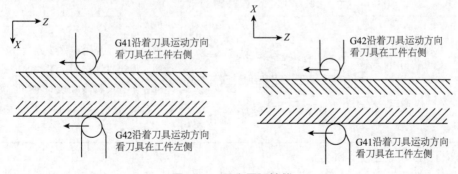

图2.79　刀尖圆弧补偿

4）使用刀尖圆弧半径补偿功能时的注意事项

（1）G41、G42指令不带参数，其补偿号（代表所用刀具对应的刀尖圆弧半径补偿值）由T指令指定，其刀尖圆弧半径补偿号与刀具偏置补偿号相对应。

（2）系统对刀具的补偿或取消都是通过滑板的移动来实现的。

（3）如果程序调用了刀尖圆弧半径补偿方式，则程序的最后必须用刀尖圆弧半径补偿取消指令 G40,然后结束程序。

(4)补偿进行时,如指定平面内有连续两个或两个以上的非移动指令(辅助功能等),则会产生过切或欠切现象。

(5)在 MDI 状态下不能进行刀尖圆弧半径补偿。

(6)使用 G28 指令自动返回参考点时,刀尖圆弧半径补偿将在中间点取消,在参考点返回后刀尖圆弧半径补偿模式自动恢复。

(7)用假想刀尖编程时,若只加工轴向尺寸或只加工径向尺寸,则可以不考虑刀尖圆弧半径补偿。

(8)在 G41、G42 方式中不能再指定 G41、G42 方式,否则会出现不正常的刀尖圆弧半径补偿。

(9)在调用子程序(即执行 M98 指令)前,系统必须为刀尖圆弧半径补偿取消模式。

(10)在使用 G71、G72、G73 等复合循环指令时,G41 指令和 G42 指令不起作用。

5)内孔的检测

(1)内孔量具的使用方法。

内孔量具的使用方法如表2.7 所示。

表2.7　内孔量具的使用方法

测量工具	使用方法	说明
塞规		塞规由过端1、止端2 和柄3 组成。过端按孔的下极限尺寸组成,测量时应塞入孔内。止端按孔的上极限尺寸制成,测量时不允许插入孔内。当过端塞入孔内,而止端插不进去时,就说明此孔尺寸是在下极限尺寸与上极限尺寸之间,是合格的
内测千分尺		内测千分尺刻线方向与外径千分尺相反,当微分筒顺时针旋转时,活动量爪向左移动,量值增大
内径指示表		内径指示表是用对比法测量孔径,因此使用时应先根据被测量工件的内孔直径,用外径千分尺将内径表对准"0"位后,方可进行测量,取最小值为孔径的实际尺寸

(2)内孔检测的注意事项。

①用塞规测量孔径时,应保持孔壁清洁,塞规不能倾斜,否则会影响测量结果。当孔径较小时,不能用强力测量,更不能敲击,以免损坏塞规。

②用千分尺校对指针,观察对准的"0"位是否有变化等。

③用内径指示表测量前,应首先检查测量表是否正常、测量头有无松动、指示表是否灵活、指针转动后是否能回至原位。

④试切测量孔径时,应防止孔径出现喇叭口或试切刀痕。

2.6 任务训练

2.6.1 阶梯轴的加工

1.任务描述

本任务为加工图2.80所示的典型的阶梯轴。学生须认真分析零件图样,选择合适的数控刀具,拟订合理的走刀路线,制订完善的加工方案。本任务要求采用基本的 G01 指令完成工件的加工程序编制,并操作数控车床完成工件的数控加工,最后完成工件加工质量的检测与分析。

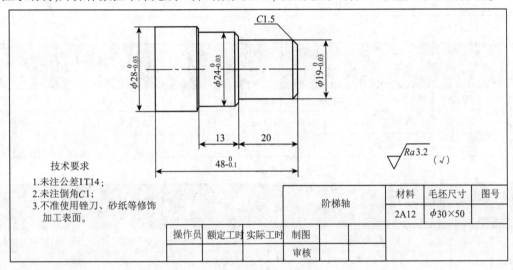

图 2.80 典型的阶梯轴

2.任务分析

1)零件图样分析

阶梯轴如图2.80所示。该零件由 $\phi19$ mm、$\phi24$ mm 和 $\phi28$ mm 的三个外圆构成。零件材料为2A12,总长要求为48 mm,手动车端面以保证总长尺寸。

2)选择刀具

零件外圆和端面的加工均采用93°外圆车刀,为节省刀具数量,粗车、精车合用一把外圆车刀。使用一把4 mm 宽车断刀切断工件,采用手动方式进行加工。

3)确定装夹方案、工件原点

(1)装夹方案。工件毛坯为 $\phi30$ mm × 50 mm 铝棒,因为工件只需要单头加工,所以只需要一次装夹即可完成加工。夹具选用自定心卡盘,装夹面选择工件左端毛坯外圆,伸出长度 > 48 mm(取 55~60 mm),加工工件所有部分。

(2)工件原点。以右端面与轴线的交点为工件原点建立工件坐标系(采用试切对刀建立)。

3. 任务实施

1）准备工作

材料的准备如表2.8所示，设备的准备如表2.9所示，数控加工刀具的选择如表2.10所示，工具、量具的准备如表2.11所示。

表2.8　材料的准备

毛坯材料	规格	数量	要求
2A12	$\phi30$ mm×50 mm	1 根/位学生	工厂准备

表2.9　设备的准备

名称	型号	数量	要求
数控机床	CAK6140 或其他相关机床	1 台/组	工厂准备
自定心卡盘	D200	1 个/机床	工厂准备

表2.10　数控加工刀具的选择

零件名称			阶梯轴			零件图号	数量	备注
序号	刀具号	刀具名称	刀片规格	刀尖方位		加工表面		
1	T0101	93°外圆车刀	80°菱形 $R0.4$ mm	T3		外圆、台阶面	1	粗、精车
2	T0202	车断刀	4 mm×14 mm $R0.2$ mm	T3		左端面	1	手动粗车
编制		审核				批准		

表2.11　工具、量具的准备

零件名称	阶梯轴	零件图号	精度/mm	单位	数量
序号	工具、量具名称	规格			
1	游标卡尺	0~150 mm	0.02	把	1
2	外径千分尺	0~25 mm	0.01	把	1
3	外径千分尺	25~50 mm	0.01	把	1
4	装夹工具（卡盘、刀架扳手等）			套	1

2）制订工序卡片

根据之前阶梯轴的加工工艺分析的结果制订工序卡片，如表2.12所示。

表2.12　制定工序卡片

工作名称	阶梯轴	零件图号		系统	GSK980TD	加工材料	2A12

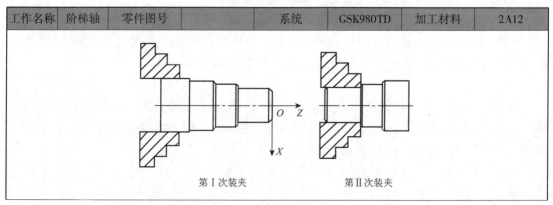

第Ⅰ次装夹　　　　　　　第Ⅱ次装夹

表2.12　　　　　　　　　　　　　　　　　　　　　　　　　　　　　续表

程序名称		O0001			使用夹具		自定心卡盘
工序	工步	工作内容	G 功能	T 工具	切削用量		
					主轴转速 $n/(\text{r} \cdot \text{min}^{-1})$	进给量 $f/(\text{min} \cdot \text{r}^{-1})$	背吃刀量 a_p/mm
1	(1)	第 I 次装夹,粗车零件右端 $\phi19$ mm、$\phi24$ mm 和 $\phi28$ mm 外圆	G00/G01	T0101	800	0.2	2
	(2)	精车零件右端 $\phi19$ mm、$\phi24$ mm 和 $\phi28$ mm 外圆及各处倒角	G00/G01	T0101	1 200	0.1	0.5
	(3)	手动切断工件,留总长加工余量0.5 mm	手动	T0202	600	手摇 0.01	—
2	(4)	掉头。第 II 次装夹,手动方式用外圆车刀车总长	手动	T0101	1 000	手摇 0.01	0.5

3)相关工艺知识

阶梯轴的加工主要是外圆和平面的车削组合,故在加工时必须兼顾外圆尺寸精度和台阶长度的要求。

(1)阶梯轴的技术要求。阶梯轴通常与其他零件配合使用,因此,它的技术要求一般有以下几点。

①各段外圆的同轴度。

②外圆的台阶平面的垂直度。

③台阶平面的平面度。

④外圆和台阶相交处的清角。

⑤表面粗糙度及热处理要求:轴上重要配合安装面的表面粗糙度要求为 $Ra1.6$ μm,常用45 钢调质处理,安排在粗加工之后。

(2)车刀的选择和装夹。车台阶工件时,为保证台阶平面和轴线垂直,应取主偏角大于90°(一般为 93°),如图 2.81 所示。

车刀安装时伸出的刀架长度控制在 1.5 倍刀厚,以保证足够的刀具刚性,满足较大的背吃刀量与进给速度要求。除93°外圆车刀外,根据阶梯轴上的结构特点,一般还要用到45°偏刀、车槽(断)刀等。

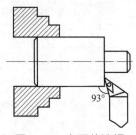

图2.81　车刀的选择

（3）切削用量的选择。

①背吃刀量（a_p）。选用机夹数控车刀时，查刀片切削性能表可得。粗车时一般在综合考虑机床功率和工艺系统刚性后，对 a_p 尽量取大值，根据经验取 $a_p = 2 \sim 3$ mm；精车时取 $a_p = 0.2 \sim 0.5$ mm。

②进给量（f）。具体数值根据工件和刀具材料来决定，一般粗车时取 $f = 0.2 \sim 0.5$ mm/r，精车时取 $f = 0.05 \sim 0.15$ mm/r。

③切削速度（v_c）。用硬质合金刀片车削外圆时，切削速度取 $150 \sim 200$ m/mi，粗车时用毛坯外径根据公式 $n = \dfrac{1\ 000}{\pi d}$ 计算转速，精车时以小端外径计算转速。

④阶梯轴的车削方法。车阶梯轴一般分粗车、精车进行。对于低台阶工件，当相邻圆柱直径差较小时，可用外圆车刀一次车出，如图 2.82（a）所示，机加工路线为 $A \rightarrow B \rightarrow C \rightarrow D \rightarrow E$；当工件上相邻两圆柱直径差较大时，应采用分层切削，如图 2.82（b）所示，粗加工路线为 $A_1 \rightarrow B_1$、$A_2 \rightarrow B_2$、$A_3 \rightarrow B_3$，精加工路线为 $A \rightarrow B \rightarrow C \rightarrow D \rightarrow E$。

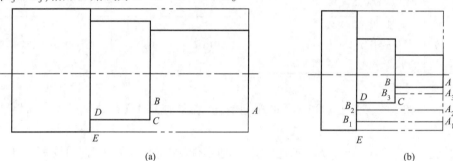

图 2.82 阶梯轴的车削方法

（a）低台阶车削法；（b）高台阶车削法

4）编写数控加工程序

根据制订的加工工艺过程，使用广数 GSK980TD 系统规定的程序语句，编写零件的数控加工程序，如表 2.13 所示。

表 2.13 编写零件的数控加工程序

程序号 O0001（加工零件右端部分，工件坐标系 XOZ）		
程序段号	程序内容	说明
N10	T0101 G99；	换 1 号外圆车刀，设置为每转进给方式
N20	M30 S800；	主轴正转，转速 800 r/min
N30	G00 X32 Z2 M08；	快速接近工作，切削液开
N40	G00 X28.5；	粗车 X 向背吃刀量 2 mm，留 X 向精加工余量 0.5 mm
N50	G01 X28.5 Z−49 F0.2；	粗加工 ϕ28 mm 外圆
N60	G01 X29；	X 向退刀 0.5 mm
N70	G00 Z2；	Z 方向退刀，退到 2 mm 处
N80	G00 X26.5；	X 向进刀 2 mm
N90	G01 Z−32.8；	粗加工 ϕ24 mm 外圆
N100	G01 X27；	X 方向退刀

表2.13 续表

程序段号	程序内容	说明
	程序号 OO0001（加工零件右端部分，工件坐标系 XOZ）	
N110	G00 Z2；	Z 向退刀
N120	G00 X24.5；	X 方向进刀 2 mm
N130	G01 Z−32.8；	粗加工 $\phi24$ mm 外圆，留 X 向精加工余量 0.5 mm
N140	G01 X25；	X 方向退刀
N150	G00 Z2；	Z 向退刀
N160	G00 X22.5；	X 方向进刀 2 mm
N170	G01 Z−19.8；	粗加工 $\phi19$ mm 外圆
N180	G01 X23；	X 方向退刀
N190	G00 Z2；	Z 向退刀
N200	G00 X20.5；	X 方向进刀 2 mm
N210	G00 Z−19.8；	粗加工 $\phi19$ mm 外圆
N220	G01 X21；	X 方向退刀
N230	G00 Z2；	Z 向退刀
N240	G00 X19.5；	X 方向进刀 1 mm
N250	G01 Z−19.8；	粗加工 $\phi19$ mm 外圆
N260	G01 X20；	X 方向退刀
N270	G00 Z2；	Z 向退刀
N310	G01 Z−20；	粗加工 $\phi19$ mm 外圆
N320	G01 X22；	X 方向退刀，为倒角 $C1$ 做准备
N330	G01 X24 Z−21；	倒角 $C1$
N340	G01 Z−33；	精加工 $\phi24$ mm 外圆
N350	G01 X26；	为倒角 $C1$ 做准备
N360	G01 X28 Z−34；	倒角 $C1$
N370	G01 Z−49；	精加工 $\phi28$ mm 外圆
N380	G01 X31；	X 方向退刀
N390	G00 X100 Z100；	刀具返回到倒刀点
N400	M30；	程序结束

加工完成的零件如图 2.83 所示。

图 2.83 阶梯零件

5）加工操作步骤

按照表2.14所示的操作流程，操作数控车床，完成阶梯轴的加工。

表2.14　加工阶梯轴操作步骤

加工零件	阶梯轴	设备编号	F01
		设备名称	数控车床
		操作员	
操作项目	操作步骤	操作要点	
准备工作	检查机床，准备工具、量具、刀具和毛坯	机床动作应正常，量具校对准确，调整刀具高度	
开始	装夹工件，装夹刀具	工件伸出长度应合适并夹牢，刀具安装角度应准确	
对刀试切	试切端面外圆，测量并输入刀补	刀补的正确性可通过MDI方式执行刀补，检查刀尖位置与坐标显示是否一致	
输入编辑	在编辑方式下完成程序的输入	注意程序的代码、指令格式。输好后对照原程序检查一遍	
空运行检查	在自动方式下将机床锁住，M、S、T辅助功能锁住，打开空运行，调出图形窗口，设置好图形参数，开始执行	检查刀路轨迹与编程轮廓是否一致，结束空运行后，注意恢复到机床初始坐标状态	

2.6.2　外沟槽零件的加工与切断

1.任务描述

本任务为加工带多处沟槽的轴类零件，如图2.84所示。学生在认真分析零件图样基础上，选择合适的数控刀具，拟订合理的走刀路线，制订完善的加工方案，完成数控加工程序的编制。操作数控机床完成工件的数控加工，最后完成对工件加工质量的检测与分析。

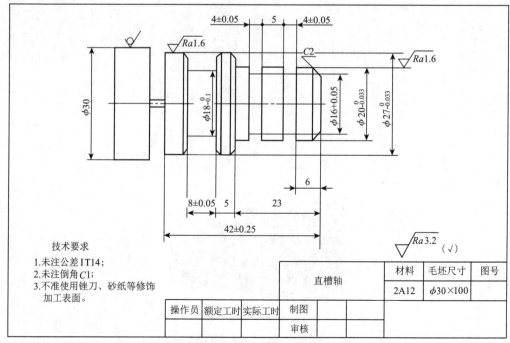

图2.84　沟槽轴类零件

2. 任务分析

1）零件图样分析

如图 2.84 所示，该零件加工面主要有端面、倒角、台阶和外沟槽。总长要求为（42 mm ± 0.25 mm），工件通过切断保证总长尺寸。

2）选择刀具

零件外圆和端面的加工均采用93°外圆车刀，车槽和车断使用一把 4 mm 宽车断刀，车槽和车断采用编程方式加工。

3）确定装夹方案、工件原点

（1）装夹方案。工件毛坯为 ϕ30 mm × 100 mm 棒料，材料为 2A12。工件第 Ⅰ 次装夹，能完成工件的单头加工；因工件需要保证总长，故需第 Ⅱ 次装夹。夹具选用自定心卡盘，装夹面选择工件左端毛坯外圆，伸出长度大于 46 mm（取 50～60 mm），加工工件所有部分。

（2）工件原点。以右端面与轴线交点为工件原点建立工件坐标系（采用试切对刀建立）。

3. 任务实施

1）准备工作

材料的准备如表 2.15 所示，设备的准备如表 2.16 所示，数控加工刀具的准备如表 2.17 所示，工具、量具的准备如表 2.18 所示。

表2.15　材料的准备

毛坯材料	规格	数量	要求
2A12	ϕ30 mm × 100 mm	1 根/学生	工厂准备

表2.16　设备的准备

名称	型号	数量	要求
数控机床	CAK6140 或其他相关机床	1 台/组	工厂准备
自定心卡盘	D200	1 个/机床	工厂准备

表2.17　数控加工刀具的准备

零件名称		阶梯轴			零件图号	数量	备注
序号	刀具号	刀具名称	刀片规格	刀尖方位	加工表面		
1	T0101	93°外圆车刀	80°菱形 R0.4 mm	T3	外圆、台阶面	1	粗、精车
2	T0202	车断刀	4 mm×14 mm R0.2 mm	T3	左端面	1	手动粗车
编制		审核			批准		

表2.18　工具、量具的准备

零件名称	阶梯轴	零件图号	精度/mm	单位	数量
序号	工具、量具名称	规格			
1	游标卡尺	0～150 mm	0.02	把	1
2	外径千分尺	0～25 mm	0.01	把	1
3	外径千分尺	25～50 mm	0.01	把	1
4	装夹工具（卡盘、刀架扳手等）			套	1

2）制订工序卡片

根据直槽轴的加工工艺分析结果制订工艺序卡片，如表2.19所示。

表2.19　制定工序卡片

工件名称	直槽轴	零件图号		系统	GSK980TD	材料	2A12

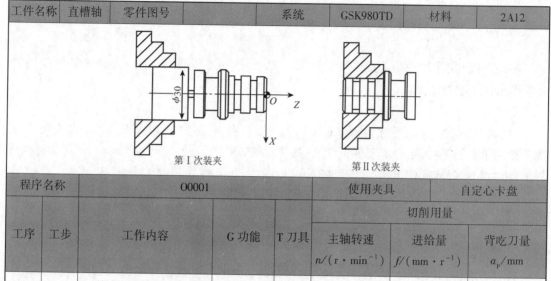

第Ⅰ次装夹　　　　　　　　　第Ⅱ次装夹

程序名称				使用夹具		自定心卡盘	
		O0001					

工序	工步	工作内容	G功能	T刀具	切削用量		
					主轴转速 $n/(\text{r}\cdot\text{min}^{-1})$	进给量 $f/(\text{mm}\cdot\text{r}^{-1})$	背吃刀量 a_p/mm
1	（1）	第Ⅰ次装夹,粗车零件右端ϕ19 mm 和ϕ27 mm 外圆	G90	T0101	800	0.2	2
	（2）	精车零件右端ϕ19 mm 和ϕ27 mm 外圆及各处倒角	G00/G01	T0101	1200	0.1	0.25
	（3）	车窄槽4 mm×16 mm 两处,粗精车宽槽8 mm×ϕ18 mm	G01/G75	T0202	800	0.05	—
2	（4）	掉头,第Ⅱ次装夹,手动方式用外圆车刀车总长	手动	T0101	1000	手摇0.01	0.5

3）编写数控加工程序

根据前面所制订的加工工艺过程，使用GSK980TD系统规定的程序语句，编写零件的数控加工程序，如表2.20和表2.21所示。

表2.20　编写零件的数控加工程序1

程序号	O0001	加工部位	工件台阶、外圆
程序段号	程序内容		说明
N10	T0101 G99;		换1号外圆车刀,设置为每转进给方式
N20	M30 S800;		主轴正转,转速800 r/min
N30	G00 X32 Z2 M08;		快速接近工件,切削液开

表2.20

程序号	O0001	加工部位	工件台阶、外圆
程序段号	程序内容		说明
N40	G90 X27.5 Z – 46 F0.2;		粗加工 φ27 mm 外圆，X 向留 0.5 mm 精车余量
N50	X25 Z – 22.8		粗加工 φ20 mm 的外圆，X 向留 0.5 mm 精车余量，Z 向留 0.2 mm 精车余量
N60	X22;		
N70	X20.5;		
N80	G0 X16 F0.1 S1200;		N80 到 N150 精车轮廓程序
N90	G1 Z0;		
N100	X20 Z – 2;		
N110	Z – 23;		
N120	X25;		
N130	X27 W – 1;		
N140	Z – 46;		
N150	X32;		
N160	G0 X100;		刀具返回到换刀点
N170	Z100;		
N180	M30;		程序结束

本程序完成加工后，零件如图 2.85 所示。

图2.85　沟槽零件

表2.21　编写零件的数控加工程序2

程序号	O0002	加工部位	三处外槽，车断
程序段号	程序内容		说明
N10	T0202 S600 M3;		换车槽刀，主轴转速，转速 600 r/min
N20	G00 X22 Z2;		定位至工件附件
N30	Z – 10;		定位至右侧槽车槽起点
N40	G01 X16 F0.05;		车槽至直径 16 mm
N50	G40 X0.5;		延时 0.5 s
N60	G04 X22;		退刀
N70	Z – 19;		定位至第二处槽加工起点
N80	G01; X16;		车槽至直径 16 mm
N90	G04 Z0.5;		延时 0.5 s
N100	G00 X29;		退出
N110	Z – 32.3;		定位至宽槽粗车起点

表2.21 续表

程序号	OO0002	加工部位	三处外槽,车断
程序段号	程序内容		说明
N120	G75 R1;		车槽循环退刀量为1 mm
N130	G75 X18.5 Z-35.7 P2000 Q3500 F0.55;		复合循环粗切槽,槽底和槽侧各留0.3 mm余量
N140	G0 Z-30 F0.05;		定位至槽右侧倒角延长点
N150	G01 X25 Z-32 F0.05;		车槽右侧倒角C1
N160	X18;		精车槽右侧
N170	Z-36;		精车槽底
N180	X25;		精车槽左侧
N190	X29 Z-38;		倒角C1
N195	X31;		
N200	G0 Z-46.5;		定位至切断起点
N210	G75 X0 P2000 F0.05;		车断
N220	G0 X100;		退刀
N230	Z50;		返回换刀点
N240	M30;		程序结束

本程序完成加工后的工件如图2.86所示。

图2.86 实体零件1

掉头,第Ⅱ次装夹,用1号外圆车刀车平端面,保证总长。最后完成后工件如图2.87所示。

图2.87 实体零件2

4)加工操作步骤

按照表2.22所示的操作流程,操作数控车床,完成直槽轴的加工。

表2.22 直槽轴加工操作步骤

加工零件	直槽轴	设备编号	F01
		设备名称	数控车床
		操作员	
操作项目	操作步骤	操作要点	
准备工作	检查机床,准备工具、量具、刀具和毛坯	机床动作应正常,量具校对准确,调整刀具高度	

表2.22   续表

操作项目	操作步骤	操作要点
开始	装夹工件,装夹刀具	工件伸出长度应合适并夹牢,刀具安装角度应正确
对刀试切	适切端面外圆,测量并输入刀补	刀补的正确性可通过MDI方式执行刀补,检查刀尖位置与坐标显示是否一致
输入编辑	在编辑方式下,完成程序的输入	注意程序的代码、指令格式,输好后对照原程序检查一遍
空运行检查	在自动方式下将机床锁住,M、S、T辅助功能锁住,打开空运行,调出图形窗口,设置好图形参数,开始执行	检查刀路轨迹与编程轮廓是否一致,结束空运行后,注意恢复到机床初始坐标状态
单段试运行	自动加工开始前,先按下"单段循环"键,然后按下"循环启动"按钮	单段循环开始时进给及快速倍率由低到高,运行中主要检查刀尖位置及程序轨迹是否正确
自动连续加工	关闭"单段循环",执行连续加工	注意监控程序的运行。发现加工异常,按"进给保持"键。处理好后,恢复加工
刀具补偿调整尺寸	粗车后,加工暂停,根据实测工件尺寸,进行刀补的修正	实测工件尺寸,如偏大,用负值修正刀偏;反之用正值修正刀偏

2.6.3 成形轴的加工

1. 任务描述

本任务为加工图2.88所示的球头轴。学生在认真分析零件图样的基础上,选择合适的数控刀具,拟订合理的走刀路线,制订完善的加工方案,完成数控加工程序的编制,操作数控车床完成工件的数控加工,最后完成对工件加工质量的检测与分析。

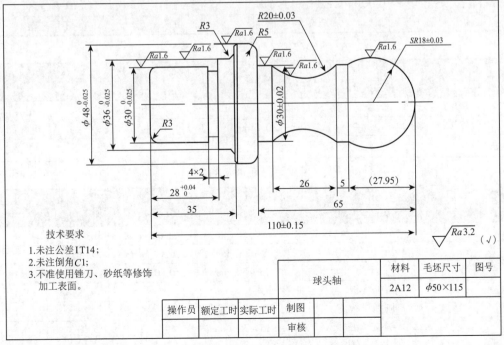

图2.88 球头轴零件

2.任务分析

1)零件图样分析

球头轴如图 2.88 所示。该零件主要加工面为外圆、凹凸圆弧、圆角和外沟槽。

2)选择刀具

零件外圆加工采用 93°外圆车刀,为避免外圆副切削刃在圆弧加工时与圆弧发生干涉,选用一把尖头外圆车刀。外沟槽的加工选用一把刀宽为 4 mm 的车槽刀。

3)确定装夹方案、工件原点

(1)装夹方案。工件毛坯为 $\phi50$ mm ×115 mm 的铝棒,用自定心卡盘装夹。第 I 次装夹选择工件左端,夹持毛坯 $\phi50$ mm 外圆,伸出卡盘长度大于 35 mm(取 40 ~ 45 mm),加工工件的左侧轮廓;第 II 次装夹选择已经加工好的工件右端 $\phi30$ mm 外圆,轴向用右侧的台阶面定位。

(2)工件原点。装夹以右端面与轴线交点处建立工件坐标系(采用试切对刀建立)。

3.任务实施

1)准备工作

材料的准备如表 2.23 所示,设备的准备如表 2.24 所示,数控加工刀具的准备如表 2.25 所示,工具、量具的准备如表 2.26 所示。

表2.23 材料的准备

毛坯材料	规格	数量	要求
2A12	$\phi50$ mm ×115 mm	1 根/学生	工厂准备

表2.24 设备的准备

名称	型号	数量	要求
数控机床	CAK6140 或其他相关机床	1 台/组	工厂准备
自定心卡盘	D200	1 个/机床	工厂准备

表2.25 数控加工刀具的准备

零件名称		球头轴			零件图号		
序号	刀具号	刀具名称	刀片规格	刀尖方位	加工表面	数量	备注
1	T0101	93°外圆车刀	35°菱形 $R0.4$ mm	T3	外圆、圆弧面	1	粗、精车
2	T0202	数控车槽刀	4 mm ×22 mm $R0.2$ mm	T3	车槽	1	粗、精车槽
编制		审核			批准		

表2.26 工具、量具的准备

零件名称	球头轴	零件图号			
序号	工具、量具名称	规格	精度	单位	数量
1	游标卡尺	0 ~ 150 mm	0.02 mm	把	1
2	外径千分尺	0 ~ 25 mm	0.01 mm	把	1
3	外径千分尺	25 ~ 50 mm	0.01 mm	把	1
4	圆弧样板	$R1 ~ R7$ mm	—	把	1
5	圆弧样板	$R7 ~ R14$ mm	—	把	1
6	圆弧样板	$R15 ~ R30$ mm	—	把	1
7	装夹工具(卡盘、刀架扳手等)			套	1

要求学生在准备工具、量具、刀具的过程中始终贯彻7S规范管理。

2）制订工序卡片

根据球头轴的加工工艺分析结果制订工序卡片，如表2.27所示。

表2.27　制订工序卡片

工件名称	球头轴	零件图号		系统	GSK980TD	材料	2A12

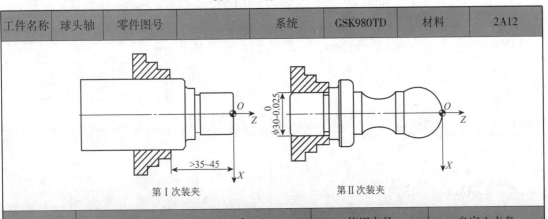

第Ⅰ次装夹　　　　　　　　第Ⅱ次装夹

程序名称		O0001（工步2）O0003（工步4、5）				使用夹具		自定心卡盘

工序号	工步	工作内容	主要 G功能	T 刀具	切削用量		
					主轴转速 $n/(\mathrm{r \cdot min^{-1}})$	进给量 $f/(\mathrm{mm \cdot r^{-1}})$	背吃刀量 a_p/mm
1	（1）	第Ⅰ次装夹工件，粗/精车工件右端外圆、台阶及边渡圆角、倒角	G71/G70	T0101	1 000/1 400	0.2/0.1	2/0.25
	（2）	车窄槽 4 mm×2 mm	G01/G04	T0202	800	0.05	—
2	（3）	掉头，第Ⅱ次装夹，手动方式用外圆车刀车总长	手动	T0101	1 000	手摇0.01	0.4
3	（4）	粗车右端球头及各处圆弧、外圆等，留精加工余量	G73	T0101	1 000	0.2	1
	（5）	半精车、精车右端凹凸圆弧、外圆等，保证尺寸及形状精度要求	G70	T0101	1 300	0.08	0.25

3）编写加工参考程序

根据前面所制订的加工工艺过程，使用GSK980TD系统规定的程序语句，编写零件的数控加工程序，如表2.28和表2.29所示。

表 2.28 编写加工参考程序 1

程序号	00001		加工单位	夹毛坯外圆,加工工件台阶,外圆
程序段号		程序内容		说明
N10		T0101 G99;		换 1 号外圆车刀,设置为每转进给方式
N20		M03 S1000;		主轴正转,转速 1 000 r/min
N30		G00 X51 Z2 M08;		快速接近工件,切削液开
N40		G71 U2 R1;		粗车 X 向背吃刀量 2 mm,退刀量 1 mm
N50		G71 P60 Q140 U0.5 W0.1 F0.2;		设定粗车循环 X 向留精车余量 0.5 mm,…… Z 向留 0.1 mm
N60		G0 X24;		
N70		G1 XZ0;		
N80		G03 X30 Z－3 R3;		
N90		G1 Z－28;		
N100		X36;		定义精车轮廓
N110		Z－32;		
N120		G02 X42 Z－35 R3;		
N130		G1 X46;		
N140		X50 Z－37;		
N150		G70 P60 Q140 F0.1 S1400;		精车循环,进给量 0.1 mm/r,转速升至 1 400 r/min
N160		G0 X100 Z100;		刀具返回到换刀点
N170		T0202 S600;		换车槽刀,主轴正转,转速 600 r/min
N180		G00 X38 Z2;		定位至工件附近
N190		Z－28;		定位至右侧槽车槽起点
N200		G01 X26 F0.05;		车槽至直径 26 mm
N210		G04 X0.5;		延时 0.5 s
N220		G0 X100;		退刀
N230		Z50;		返回换刀点
N240		M30;		程序结束

本程序加工完成后的工件如图 2.89 所示。

图 2.89 实体零件 1

表2.29　编写加工参考程序2

程序号	O0003	加工单位	粗、精车轮廓
程序段号	程序内容		说明
N60	G0 X0;		
N70	G1 Z0;		
N80	G03 X30 Z − 27.95 R18;		
N90	G1 W − 5;		
N100	G02 X30 W − 26 R20;		定义精车轮廓
N110	G1 Z − 65;		
N120	X38;		
N130	G03 X48 Z − 70 R5;		
N140	G1 Z − 76;		
N150	G70 P60 Q140 F0.08 S1300;		精车循环，进给量0.08 mm/r，转速升至1 300 r/min
N160	G0 X100 Z100;		刀具返回到换刀点
N170	M30;		程序结束

本程序加工完成后的零件如图2.90所示。

图2.90　实体零件2

4）加工操作步骤

按照表2.30所示的操作流程，操作数控车床，完成球头轴的加工。

表2.30　球头轴加工操作步骤

加工零件	球头轴	设备编号	F01
		设备名称	数控车床
		操作员	
操作项目	操作步骤	操作要点	
准备工作	检查车床，准备好工具、量具、刀具和毛坯	机床动作应正常，量具校对准确，刀具高度调整好	
开始	装夹工件，装夹刀具	工件伸出长度应合适并夹牢，刀具安装角度应准确	
对刀试切	试切墙面外圆，测量并输入刀补	刀补的正确性可通过MDI方式执行刀补，检查刀尖位置与坐标显示是否一致	
输入编辑	在编辑方式下，完成程序的输入	注意程序的代码、指令格式，输好后对照原程序检查一遍	

表2.30 续表

加工零件	球头轴	设备编号	F01
		设备名称	数控车床
		操作员	
空运行检查	在自动方式下将机床锁住，M、S、T辅助功能锁住，打开空运行，调出图形窗口、设置好图形参数，开始执行	检查刀路轨迹与编程轮廓是否一致，结束空运行后，注意回复到机床初始坐标状态	
单段试运行	自动加工开始前，先按下"单段循环"键，然后按下"循环启动"按钮	单段循环开始时进给及快速倍率由低到高，运行中主要检查刀尖位置、程序轨迹是否正确	
自动连续加工	关闭"单段循环"，执行连续加工	注意监控程序的运行。发现加工异常，按"进给保持"键。处置好后，恢复加工	
刀具补偿调整尺寸	粗车后加工暂停，根据实测工件尺寸，进行刀补的修正	实测工件尺寸，如偏大，用负值修正刀偏；反之用正值修正刀偏	

4. 相关工艺知识

常见成形轴的素线由圆弧曲线间光滑连接组成，如普通车床的操纵手柄复杂的成形轴由二次曲线（椭圆、抛物线等）组成，圆弧等成形轮廓主要应用在工艺五金件中，常见的有门把手、蜡台座、手电筒外壳等。

1）成形轴的常见技术要求

（1）圆弧的尺寸及形状要求。

（2）有配合要求，弧面有圆跳动、同轴度要求。

（3）圆弧的光滑连接及表面粗糙度、硬度要求。

2）车刀的选择与装夹

车圆弧表面时应考虑到圆弧的形状位置连接情况及精度要求。

（1）不同形状的圆弧。例如，加工凸圆弧时应考虑刀具的副后角大于圆弧终点处的切出角，加工凹圆弧考虑刀具的副后角大于圆弧起点的切入角，如图2.91所示。

（2）不同精度要求的圆弧。圆弧尺寸要求不高时，一般选用一把 $R0.2$ mm 的偏刀，不加刀补加工。对圆弧连接及尺寸有特殊要求时可选用成形车刀，通过加刀尖补偿方式试切精加工。

（3）工件上的半径较小的凹弧。图2.92所示的圆弧槽通常选用一般等半径的成形车刀采用直进法加工。

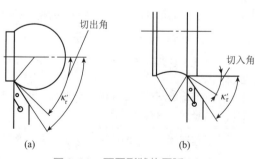

图2.91 不同形状的圆弧

(a)切凸圆弧；(b)切凹圆弧

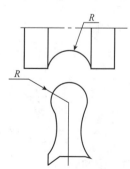

图2.92 半径较小的圆弧

3)成形轴加工时切削用量的选择

切削用量的选择应根据加工性质及所选用的刀具类型不同,结合具体的加工条件,通过查阅相关手册而定,或根据试加工经验确定。由于加工圆弧过程中刀具刀尖切削点的位置及副切削刃与加工表面形成的角度不断变化,刀尖部分的受力点、受力面会发生变化,粗加工时尤为明显,加工尖头刀的刀头部分刚性差。所以,切削厚度、进给率可以比一般外圆加工减少20% ~ 30%。

精加工时,应尽量使精加工余量均匀,通常取精加工余量为 0.1 ~ 0.25 mm。

4)成形轴的车削方法

成形面的加工一般是粗加工和精加工分开进行。

圆弧加工的粗加工与一般外圆、锥面的粗加工不同。曲线加工的切削用量不均匀,背吃刀量过大,容易损坏刀具,在粗加工中要考虑加工路线和切削方法。其总体原则是在保证背吃刀量尽可能均匀的情况下,减少走刀次数及空行程。

2.6.4　螺纹轴的加工

1.任务描述

本任务为加工图 2.93 所示的带外直螺纹的螺纹轴。学生在认真分析零件图样的基础上,选择合适的数控刀具,拟订合理的走刀路线,制订完善的加工方案,完成加工程序的编制,操作数控机床完成工件的数控加工,最后完成对工件加工质量的检测与分析。

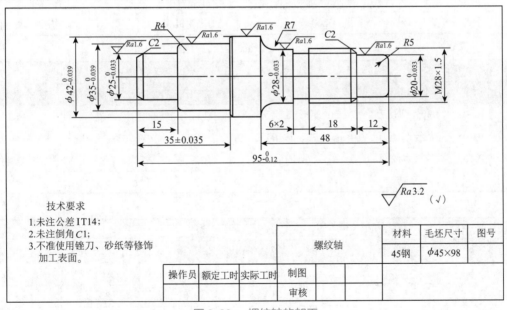

图 2.93　螺纹轴的加工

2.任务分析

1)零件图样分析

螺纹轴如图 2.93 所示,该零件加工面主要为端面、倒角、外圆、外螺纹和外沟槽。外圆尺寸精度要求各处外径公差为 0.033 mm 或 0.039 mm,总长要求为 9 mm,螺纹的公差等级为 6g。

2)选择刀具

零件外圆和端面的加工均采用93°外圆车刀,车槽和车断使用一把4 mm宽的车断刀,螺纹加工选择数控螺纹车刀。

3)确定装夹方案、工件原点

(1)装夹方案。工件毛坯为ϕ45 mm×98 mm棒料,因工件两端对同轴度、圆跳动无特定要求,可以选用自定心卡盘分两次装夹,第Ⅰ次装夹选择工件右端毛坯外圆,伸出长度为55～60 mm,加工工件左端所有部分;第Ⅱ次装夹包铜片夹持左端已加工ϕ35 mm外圆处。

(2)工件原点。以右端面与轴线的交点为工件原点建立工件坐标系(采用试切对刀建立)。

3. 任务实施

1)准备工作

材料的准备如表2.31所示,设备的准备如表2.32所示,数控加工刀具的准备如表2.33所示,工具、量具的准备如表2.34所示。

表2.31　材料的准备

毛坯材料	规格	数量	要求
45钢	ϕ45 mm×98 mm	1根/学生	工作准备

表2.32　设备的准备

名称	型号	数量	要求
数控机床	GAK6140或其他相关机床	1台/组	工作准备
自定心卡盘	D200	1个/机床	工作准备

表2.33　数控加工刀具的准备

零件名称		螺纹轴			零件图号			
序号	刀具号	道具名称	刀片规格	刀尖方位	加工表面		数量	备注
1	T0101	93°外圆切刀	80°菱形R0.4 mm	T3	外圆、台阶面		1	粗、精车
2	T0102	数控车断刀	4 mm×22 mm,R0.2 mm	T3	车槽、车断		1	粗、精车槽
3	T0103	数控外螺纹车刀	AG60	—	螺纹		1	粗、精车螺纹
编制		审核			批准			

表2.34　刀具、量具的准备

零件名称	螺纹轴	零件图号			
序号	工具、量具名称	规格	精度	单位	数量
1	游标卡尺	0～15 mm	0.02 mm	把	1
2	外径千分尺	0～25 mm	0.01 mm	把	1
3	外径千分尺	25～50 mm	0.01 mm	把	1
4	螺纹环规(通止规)	M28×1.5	6g	副	1
5	装夹工具(卡盘、刀架扳手等)			套	1

要求学生在准备工具、量具、刀具的过程中始终贯彻7S规范管理。

2)制订工序卡片

根据螺纹轴的加工工艺分析结果制订数控加工工序卡片,如表2.35所示。

表 2.35　制定工序卡片

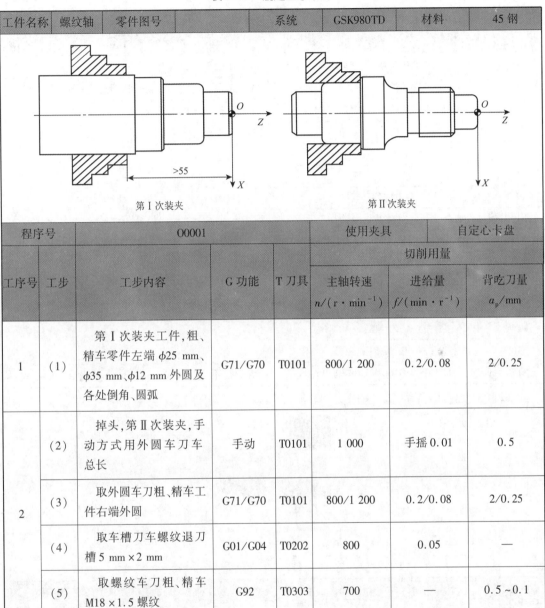

第Ⅰ次装夹　　　　　　　　　　　第Ⅱ次装夹

工件名称	螺纹轴	零件图号		系统	GSK980TD	材料	45 钢

程序号		O0001			使用夹具		自定心卡盘

工序号	工步	工步内容	G 功能	T 刀具	主轴转速 $n/(\text{r}\cdot\text{min}^{-1})$	进给量 $f/(\text{min}\cdot\text{r}^{-1})$	背吃刀量 a_p/mm
1	(1)	第Ⅰ次装夹工件,粗、精车零件左端 $\phi25$ mm、$\phi35$ mm、$\phi12$ mm 外圆及各处倒角、圆弧	G71/G70	T0101	800/1 200	0.2/0.08	2/0.25
2	(2)	掉头,第Ⅱ次装夹,手动方式用外圆车刀车总长	手动	T0101	1 000	手摇 0.01	0.5
	(3)	取外圆车刀粗、精车工件右端外圆	G71/G70	T0101	800/1 200	0.2/0.08	2/0.25
	(4)	取车槽刀车螺纹退刀槽 5 mm×2 mm	G01/G04	T0202	800	0.05	—
	(5)	取螺纹车刀粗、精车 M18×1.5 螺纹	G92	T0303	700		0.5～0.1

3)编写数控加工程序

　　根据前面所制订的加工工艺过程,使用 GSK980TD 系统规定的程序语句,编写零件的加工程序,如表 2.36 和表 2.37 所示。

表 2.36　编写数控加工程序 1

程序号	O0001	加工部位	工件台阶、外圆
程序段号	程序内容		说明
N10	T0101 G99;		换 1 号外圆车刀,设置为每转进给方式
N20	M03 S800;		主轴正转,转速 800 r/min

表 2.36

程序号	00001	加工部位	工件台阶、外圆
程序段号	程序内容		说明
N30	G00 X46 Z2 M08;		快速接近工件,切削液开
N40	G71 U2 R1;		粗车 X 向背吃刀量 2 mm,退刀量 1 mm
N50	G71 P60 Q160 U0.5 W0.1 F0.2;		设定粗车循环加工参数
N60	G0 X21;		
N70	G1 Z0;		
N80	X25 Z−2;		
N90	G01 Z−15;		
N100	X27;		
N110	G03 X35 Z−19 R4;		定义精车轮廓
N120	G01 Z−35;		
N130	X40;		
N140	X42 Z−36;		
N150	Z−48;		
N160	X46;		
N170	G70 P60 Q160 F0.08 S1200;		精车循环,进给 0.08 mm/r,转速升至 1 200 r/min

本程序完成加工后的工件如图 2.94 所示。

图 2.94 实体零件

表 2.37 编写数控加工程序 2

程序号	00002	加工部位	工件右端台阶、外圆、槽、螺纹
程序段号	程序内容		说明
N10	T0101 G99;		换 1 号外圆车刀,设置为每转进给方式
N20	M03 S800;		主轴正转,转速 800 r/min
N30	G00 X46 Z2 M08;		快速接近工件,切削液开
N40	G71 U2 R1;		粗车 X 向背吃刀量 2 mm,退刀量 1 mm
N50	G71 P60 Q160 U0.5 W0.1 F0.2;		设定粗车循环加工参数
N60	G0 X10;		
N70	G1 Z0;		定义精车轮廓
N80	G03 X20 Z−15 R5;		
N90	Z−12;		

表2.37 续表

程序号	O0002	加工部位	工件右端台阶、外圆、槽、螺纹
程序段号	程序内容		说明
N100	X24;		
N110	X27.8 W－2;		
N120	Z－36;		
N130	X28;		定义精车轮廓
N140	Z－41;		
N150	G02 X42 Z－48 R7;		
N160	G01 X46;		
N170	G70 P60 Q160 F0.1 S1200;		精车循环,进给量0.1 mm/r,转速升至1 200 r/min
N180	G0 X100 Z100 M05;		刀具返回到换刀点,主轴停止
N185	M00;		暂停,测量检查工件已加工部位的尺寸
N190	T0202 S800;		换车槽刀,主轴正转,转速800 r/min
N200	G0 X30 Z－34;		快速定位到车槽加工起点
N210	G01 X24;		车至直径24 mm
N220	G04 X0.5;		延时进给0.5 s
N230	X30;		退出
N240	Z－36;		调整切槽Z向位置
N250	X24;		车槽
N260	G04 X0.05;		延时进给0.5 s
N270	G0 X100;		X向车槽刀退出
N280	Z100;		Z向退刀
N290	T0303 G99;		换3号螺纹车刀,设置为每转进给方式
N300	S700;		主轴正转,转速700 r/min
N310	G00 X32 Z－6 M08;		快速定位到螺纹循环起点,切削液开
N320	G92 X27.2 Z－34 F1.5;		螺纹第一刀循环
N330	X26.8;		
N340	X26.5;		
N350	X26.2;		螺纹第二刀至第六刀循环
N360	X26.1;		
N370	X26.05;		
N380	G00 X100 Z100;		返回换刀点
N390	M30;		程序结束

本程序完成加工后的零件如图2.95所示。

图 2.95　实体零件

4）加工操作步骤

按照表 2.38 所示的操作流程，操作数控车床，完成螺纹轴的加工。

表 2.38　加工螺纹轴操作步骤

加工零件	螺纹轴	设备编号	F01
		设备名称	数控车床
		操作员	
操作项目	操作步骤	操作要点	
准备工作	检查车床，准备好工具、量具、刀具和毛坯	机床动作应正常，量具校对准确，调整刀具高度	
开始	装夹工件；装夹刀具	工件伸出长度应合适并夹牢，刀具安装角度应准确	
对刀试切	试切墙面外圆，测量并输入刀补	刀补的正确性可通过 MDI 方式执行刀补，检查刀尖位置与坐标显示是否一致	
输入编辑	在编辑方式下，完成程序的输入	注意程序的代码、指令格式，输好后对照原程序检查一遍	
空运行检查	在自动方式下将机床锁住，M、S、T 辅助功能锁住，打开空运行，调出图形窗口，设置好图形参数，开始执行	检查刀路轨迹与编程轮廓是否一致，结束空运行后，注意回复到机床初始坐标状态	
单段试运行	自动加工开始前，先按下"单段循环"键，然后按下"循环启动"按钮	单段循环开始时进给及快速倍率由低到高，运行中主要检查刀尖位置、程序轨迹是否正确	
自动连续加工	关闭"单段循环"，执行连续加工	注意监控程序的运行。发现加工异常，按"进给保持"键。处理好后，恢复加工	
刀具补偿调整尺寸	粗车后，加工暂停，根据实测工件尺寸，进行刀补的修正	实测工件尺寸，如偏大，用负值修正刀偏；反之用正值修正刀偏	

2.6.5　综合轴类零件的加工

1.任务描述

本任务为加工图 2.96 所示的综合轴零件。学生须认真分析零件图样，选择合适的数控刀具，拟订合理的走刀路线，制订完善的加工方案。本任务要求采用循环指令 G71、G70、G92 与基本指令相结合完成零件数控加工程序的编制，并操作数控机床完成工件的数控加工，最后完成对工件加工质量的检测与分析。

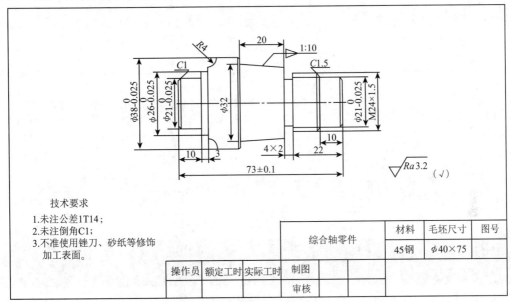

图2.96　轴类零件图

2.任务分析

1)零件图样分析

综合轴零件如图2.96所示。其结构形状主要包括外圆柱面、外圆锥面、槽(退刀槽)、圆弧面和螺纹等。该零件由$\phi26$ mm、$\phi38$ mm、两个$\phi21$ mm外圆(表面粗糙度值均为$Ra3.2$ μm)、1:10外锥、退刀槽4 mm×2 mm及零件右端的M24×1.5外螺纹构成。

2)选择刀具

零件外圆和端面的加工均采用93°外圆车刀,为节省刀具数量,粗车、精车加工合用一把外圆车刀。工件的螺纹使用一把数控螺纹车刀,采用循环指令 G92 进行加工。

3)确定装夹方案、工件原点

(1)装夹方案。工件毛坯为$\phi40$ mm ×75 mm 的45 钢,因工件两端对同轴度、圆跳动无特定要求,可选用自定心卡盘分两次装夹,第Ⅰ次装夹选择工件右端毛坯外圆,伸出长度为30 ~ 40 mm,加工$R4$ mm 圆弧和左端$\phi21$ mm、$\phi26$ mm、$\phi38$ mm 外圆;第Ⅱ次装夹包铜皮夹持左端已加工外圆$\phi21$ mm 处,加工零件右端部分。

(2)工件原点。以右端面与轴线交点为工件原点建立工件坐标系(采用试切对刀建立)。

3.任务实施

1)准备工作

材料的准备如表2.39所示,设备的准备如表2.40所示,数控加工刀具的准备如表2.41所示,工具、量具的准备如表2.42所示。

表2.39　材料的准备

毛坯材料	规格	数量	要求
45 钢	$\phi40$ mm ×75 mm	1 根/学生	工厂准备

表2.40　设备的准备

名称	型号	数量	要求
数控机床	GAK6140 或其他相关机床	1 台/组	工厂准备
自定心卡盘	D200	1 个/机床	工厂准备

表2.41　数控加工刀具的准备

零件名称		综合轴零件			零件图号		
序号	刀具号	刀具名称	刀片规格	刀尖方位	加工表面	数量	备注
1	T0101	93°外圆车刀	80°菱形 R0.4 mm	T3	外圆、台阶面	1	粗、精车
2	T0202	螺纹车刀	P = 3 mm		螺纹	1	
编制		审核			批准		

表2.42　工具、量具的准备

零件名称	综合轴零件	零件图号			
序号	工具、量具名称	规格	精度	单位	数量
1	游标卡尺	0 ~ 150 mm	0.02 mm	把	1
2	外径千分尺	0 ~ 25 mm	0.01 mm	把	1
3	外径千分尺	25 ~ 50 mm	0.01 mm	把	1
4	环规	M24 × 1.5		副	1
5	中心钻	A3		套	1
6	活顶尖			个	1
7	装夹工具(卡盘、刀架扳手等)			套	1

要求学生在准备工具、量具、刀具的过程中始终贯彻 7S 规范管理。

2)制订工序卡片

根据综合轴零件加工工艺的分析结果制订工序卡片,如表2.43 所示。

表2.43　制定工序卡片

工件名称	综合轴零件	零件图号		系统	GSK980TD	毛坯材料	45 钢

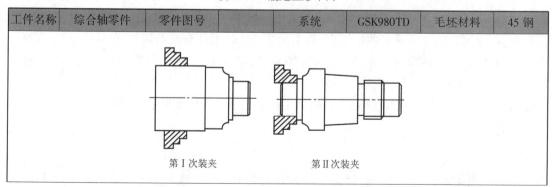

第Ⅰ次装夹　　　　　第Ⅱ次装夹

表2.43

续表

程序号		00001			使用夹具		自定心卡盘
工序	工步	工步内容	G功能	T刀具	切削用量		
					主轴转速 $n/(\text{r} \cdot \text{min}^{-1})$	进给量 $f/(\text{min} \cdot \text{r}^{-1})$	背吃刀量 a_p/mm
1	(1)	第Ⅰ次装夹工件,粗、精车零件左端 $R1$ mm 圆弧,以及 $\phi21$ mm、$\phi26$ mm 和 $\phi38$ mm 外圆	G71/G70	T0101	1 000/1 400	0.2/0.1	2/0.5
2	(2)	掉头,第Ⅱ次装夹工件,通过手动方式用外圆车刀车总长	手动	T0101	1 000	手摇0.01	0.2
	(3)	用中心钻钻中心孔,然后上顶尖	手动		1 000		
	(4)	粗、精车零件右端 $\phi21$ mm 外圆、螺纹外圆、外圆锥	G71/G70	T0101	1 000/1 400	0.2/0.1	2/0.5
	(5)	用螺纹车刀车削螺纹	G92	T0202	400		0.5

3)编写加工参考程序

根据所制订的加工工艺过程,使用 GSK980TD 系统规定的程序语句编写零件的数控加工程序,如表2.44～表2.46所示。

表2.44 编写加工参考程序1

程序号 00001(加工零件右端部分,工件坐标系 XOZ)		
程序符号	程序内容	说明
N10	T0101 G99;	换1号外圆车刀,设置为每分钟进给方式
N20	S1000 M03;	主轴正转,转速 1 000 r/min
N30	G00 X42 Z2 M08;	快速定位到循环起点,切削液开
N40	G71 U1 R1;	粗车循环单边背吃刀量 1 mm,退刀量 1 mm
N50	G71 P60 Q160 U0.5 W0.1 F0.2;	X 向留精加工余量 0.5 mm,Z 向留精加工余量 0.1 mm,进给量 0.2 mm/r
N60	G00 X19;	X 向进给至 19 mm 处
N70	G01 Z0;	Z 向进给至 0 mm 处
N80	X21 Z−1;	倒角 $C1$
N90	Z−10;	车削 $\phi21$ mm 外圆
N100	X25;	X 向退刀至 25 mm 处
N110	X26 W−0.5;	倒角 $C0.5$
N120	Z−13;	车削 $\phi26$ mm 外圆
N130	X30;	X 向退刀至 30 mm 处
N140	G02 X38 W−4 R4;	车削 $R4$ mm 圆弧
N150	G01 Z−28;	车削 $\phi38$ mm 外圆

表2.43　　　　　　　　　　　　　　　　　　　　　　　　续表

程序号 OOOO1(加工零件右端部分,工件坐标系 XOZ)		
程序符号	程序内容	说明
N160	X42;	X 向退刀至 42 mm 处
N170	G00 X100 Z100;	回测量点
N180	S1400 M03;	主轴正转,转速 1 400 r/min
N190	G00 X42 Z2;	定位至精车循环起点
N200	G70 P60 Q160 F0.1;	执行精车循环,进给量 0.1 mm/r
N210	G00 X100 Z100;	回换刀点
N220	M30;	程序结束

表2.45　编写加工参考程序2

程序号 OOOO2(加工零件右端部分,工件坐标系 XOZ)		
程序符号	程序内容	说明
N10	T0101 G99;	换 1 号外圆车刀,设置为每分钟进给方式
N20	S1000 M03;	主轴正转,转速 1 000 r/min
N30	G00 X42 Z2 M08;	快速定位到循环起点,切削液开
N40	G71 U2 R1;	粗车循环单边背吃刀量 1 mm,退刀量 1 mm
N50	G71 P60 Q180 U0.5 W0.1 F0.2;	X 向留精加工余量 0.5 mm,Z 向留精加工余量 0.1 mm,进给量 0.2 mm/r
N60	G00 X19;	X 向进给至 19 mm 处
N70	G01 Z0;	Z 向进给至 0 mm 处
N80	X21 W−1;	倒角 C1
N90	Z−10;	车削 φ21 mm 外圆
N100	X23.8 W−1.5;	倒角 C1.5
N110	Z−22;	车削螺纹外圆
N120	X20;	X 向进给至 20 mm 处
N130	W−4;	车削螺纹退刀槽
N140	X30;	X 向进给至 30 mm 处
N150	X32 W−20;	车削外圆锥面
N160	X36;	X 向退刀至 36 mm 处
N170	X38 W−1;	倒角 C1
N180	X42;	X 向退刀至 42 mm 处
N190	G00 X100 Z10;	回测量点
N200	S1400 M03;	主轴正转,转速 1 400 r/min
N210	G00 X42 Z2;	定位至精车循环起点
N220	G70 P60 Q180 F0.1;	执行精车循环,进给量 0.1 mm/r
N230	G00 X100 Z10;	回换刀点
N240	M30;	程序结束

表2.46　编写加工程序3

程序号 O0003(加工零件右端部分,工件坐标系 *XOZ*)		
程序符号	程序内容	说明
N10	T0202;	换2号螺纹刀
N20	S400 M03;	主轴正转,转速400 r/min
N30	G00 X26 Z2 M08;	快速定位到循环起点,切削液开
N40	G92 X23.2 Z－13 F1.5;	车削螺纹,*X*向进给至23.2 mm处
N50	X22.8;	车削螺纹,*X*向进给至22.8 mm处
N60	X22.4;	车削螺纹,*X*向进给至22.4 mm处
N70	X22.2;	车削螺纹,*X*向进给至22.2 mm处
N80	X22.1;	车削螺纹,*X*向进给至22.1 mm处
N90	X22.05;	车削螺纹,*X*向进给至22.05 mm处
N100	X22.05;	车削螺纹,*X*向进给至22.05 mm处
N110	G00 X100 Z10;	回换刀点
N120	M30;	程序结束

本程序完成加工后,零件如图2.97所示。

图2.97　实体零件

4)加工操作步骤

按照表2.47所示的操作流程操作数控车床,完成综合轴零件的加工。

表2.47　加工复杂综合轴操作步骤

加工零件	复杂综合轴	设备编号	F01
		设备名称	数控车床
		操作员	
操作项目	操作步骤	操作要点	
准备工作	检查机床,准备工具、量具、刀具和毛坯	机床动作应正常,量具校对准确,调整刀具高度	
开始	装夹工件,装夹刀具	工件伸出长度应合适并夹牢,刀具安装角度应准确	
对刀试切	试切墙面外圆,测量并输入刀补	刀补的正确性可通过 MDI 方式执行刀补,检查刀尖位置与坐标显示是否一致	
输入编辑	在编辑方式下,完成程序的输入	注意程序的代码、指令格式,输好后对照原程序检查一遍	

表2.43 续表

加工零件	复杂综合轴	设备编号	F01
		设备名称	数控车床
		操作员	
操作项目	操作步骤	操作要点	
空运行检查	在自动方式下将机床锁住，M、S、T辅助功能锁住，打开空运行，调出图形窗口，设置好图形参数，开始执行	检查刀路轨迹与编程轮廓是否一致，结束空运行后，注意回复到机床初始坐标状态	
单段试运行	自动加工开始前，先按下"单段循环"键，然后按下"循环启动"按钮	单段循环开始时，进给及快速倍率由低到高，运行中主要检查刀尖位置、程序轨迹是否正确	
自动连续加工	关闭"单段循环"，执行连续加工	注意监控程序的运行。发现加工异常，按"进给保持"键。处理好后，恢复加工	
刀具补偿调整尺寸	粗车后，加工暂停，根据实测工件尺寸进行刀补的修正	实测工件尺寸，如偏大，用负值修正刀偏；反之用正值修正刀偏	

 拓展训练

1. 数控加工编程的主要内容有哪些？
2. 数控机床加工和普通机床加工相比有何特点？
3. 简述换刀点和工件坐标原点的概念。
4. 数控技术中 NC、CNC、MC、FMC、FMS、CIMS 各代表什么含义？
5. 简述刀具补偿在数控加工中的作用。
6. 数控机床主要由哪几部分组成？作用是什么？
7. 简述数控机床的工作过程。
8. 确定机床坐标系的原则是什么？试说明立式数控铣床的坐标系是如何定义的。
9. 简要说明按照伺服系统的控制方式，数控机床可以分为哪几类？
10. 什么是半径编程和直径编程？试举例。
11. 圆弧插补指令 G02 和 G03 中 I、J、K 的意义是什么？
12. 数控加工编程的主要内容有哪些？
13. 数控加工工艺分析的目的是什么？包括哪些内容？
14. 什么是对刀点？对刀点的选取对编程有何影响？
15. 什么是机床坐标系和工件坐标系？其主要区别是什么？
16. 简述刀位点、换刀点和工件坐标原点。
17. 在数控机床上按"工序集中"原则组织加工有何优点？
18. G90 X20.0 Z15.0 与 G91 X20.0 Z15.0 有什么区别？
19. 简述 G00 与 G01 程序段的主要区别。
20. 数控加工工序顺序的安排原则是什么？

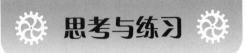

数控车削加工工艺及编程理论知识题库

一、单项选择题

1. 违反安全操作规程的是(　　　)。

　A. 执行国家劳动保护政策　　　　　　B. 可使用不熟悉的机床和工具

　C. 遵守安全操作规程　　　　　　　　D. 执行国家安全生产的法令、规定

2. 两个平面互相(　　　)的角铁叫直角角铁。

　A. 平行　　　　　B. 垂直　　　　　C. 重合　　　　　D. 不相连

3. 不完全互换性与完全互换性的主要区别在于不完全互换性(　　　)。

　A. 在装配前允许有附加的选择　　　　B. 在装配时不允许有附加的调整

　C. 在装配时允许适当的修配　　　　　D. 装配精度比完全互换性低

4. 确定不在同一尺寸段的两尺寸的精确程度,是根据(　　　)。

　A. 两个尺寸的公差数值的大小　　　　B. 两个尺寸的基本偏差

　C. 两个尺寸的公差等级　　　　　　　D. 两尺寸的实际偏差

5. 用四爪单动卡盘车非整圆孔工件时,夹两侧平面的卡爪应垫(　　　),以两侧平面为基准找正,粗车、精车端面达到表面粗糙度要求。

　A. 木板　　　　　B. 垫片　　　　　C. 纸　　　　　D. 铜皮

6. 测量外圆锥体的量具有检验平板、两个直径相同(　　　)形检验棒、千分尺等。

　A. 圆柱　　　　　B. 圆锥　　　　　C. 椭圆　　　　　D. 棱

7. 不符合着装整洁文明生产要求的是(　　　)。

　A. 按规定穿戴好防护用品　　　　　　B. 工作中对服装不作要求

　C. 遵守安全技术操作规程　　　　　　D. 执行规章制度

8. 偏心工件的主要装夹方法有:(　　　)装夹、四爪单动卡盘装夹、三爪自定心卡盘装夹、偏心卡盘装夹、双重卡盘装夹、专用偏心夹具装夹等。

　A. 虎钳　　　　　B. 一夹一顶　　　　C. 两顶尖　　　　D. 分度头

9. 根据多线蜗杆在轴向各圆周上等距分布的特点,分线方法有(　　　)分线法和圆周分线法两种。

　A. 轴向　　　　　B. 刻度　　　　　C. 法向　　　　　D. 渐开线

10. 正火的目的之一是(　　　)。

　A. 粗化晶粒　　　B. 提高钢的密度　　C. 提高钢的熔点　　D. 细化晶粒

11. 结构钢中有害元素是(　　　)。

　A. 锰　　　　　　B. 硅　　　　　　C. 磷　　　　　　D. 铬

12. 主轴零件图采用一个主视图、剖面图、局部剖面图和(　　　)的表达方法。

　A. 移出剖面图　　B. 旋转剖视图　　　C. 剖视图　　　　D. 全剖视图

13. 使用钳型电流表应注意(   )。
    A. 测量前先估计电流的大小   B. 产生杂声不影响测量效果
    C. 必须测量单根导线   D. 测量完毕将量程开到最小位置

14. 天然橡胶不具有(   )的特性。
    A. 耐高温   B. 耐磨   C. 抗撕   D. 加工性能良好

15. 不属于岗位质量要求的内容是(   )。
    A. 对各个岗位质量工作的具体要求   B. 各项质量记录
    C. 操作程序   D. 市场需求

16. 编制数控车床加工工艺时,要进行以下工作:分析工件(   )、确定工件装夹方法和选择夹具、选择刀具和确定切削用量、确定加工路径并编制程序。
    A. 形状   B. 尺寸   C. 图样   D. 精度

17. 职业道德的实质内容是(   )。
    A. 改善个人生活   B. 增加社会的财富
    C. 树立全新的社会主义劳动态度   D. 增强竞争意识

18. 刀具材料的切削部分一般是(   )越高,耐磨性越好。
    A. 韧性   B. 强度   C. 硬度   D. 刚度

19. 不符合文明生产基本要求的是(   )。
    A. 严肃工艺纪律   B. 优化工作环境   C. 遵守劳动纪律   D. 修改工艺程序

20. 不能做刀具材料的有(   )。
    A. 碳素工具钢   B. 碳素结构钢   C. 合金工具钢   D. 高速钢

21. 细长轴工件图样上的(   )画法用移出剖视表示。
    A. 外圆   B. 螺纹   C. 锥度   D. 键槽

22. 高速车削梯形螺纹时为防止切削拉毛牙型侧面,不能采用左右切削法,只能采用(   )法。
    A. 车槽   B. 一次加工   C. 直进   D. 高速加工

23. 深孔加工时,由于刀杆细长,刚性差,再加上冷却、排屑、观察、(   )都比较困难,所以加工难度较大。
    A. 加工   B. 装夹   C. 定位   D. 测量

24. 正弦规由工作台、两个(   )相同的精密圆柱、侧挡板和后挡板等零件组成。
    A. 外形   B. 长度   C. 直径   D. 偏差

25. 爱岗敬业是对从业人员(   )的首要要求。
    A. 工作态度   B. 工作精神   C. 工作能力   D. 以上均可

26. 测量细长轴公差等级高的外径时应使用(   )。
    A. 钢板尺   B. 游标卡尺   C. 千分尺   D. 角尺

27. 一般合金钢淬火冷却介质为(   )。
    A. 盐水   B. 油   C. 水   D. 空气

28. 使用正弦规测量时,当用指示表检验工件圆锥上母线两端高度时,若两端高度不相等,说明工件的角度或锥度有(   )。
    A. 误差   B. 尺寸   C. 度数   D. 极限

29. (　　)是在钢中加入较多的钨、钼、铬、钒等合金元素,用于制造形状复杂的切削刀具。
    A. 硬质合金　　　B. 高速钢　　　　C. 合金工具钢　　　D. 碳素工具钢

30. 当定位点少于工件应该限制的自由度,使工件不能正确(　　)时,称为欠定位。
    A. 装夹　　　　　B. 夹紧　　　　　C. 加工　　　　　　D. 定位

31. 不锈钢 2Cr13 的平均含碳量为(　　)。
    A. 0.002%　　　B. 0.02%　　　　C. 0.2%　　　　　　D. 2%

32. 测量连接盘的量具有:游标卡尺、金属直尺、千分尺、(　　)尺、万能角度尺、内径指示表等。
    A. 米　　　　　　B. 塞　　　　　　C. 直　　　　　　　D. 木

33. 除黄铜和(　　)外,所有的铜基合金都称为青铜。
    A. 紫铜　　　　　B. 白铜　　　　　C. 红铜　　　　　　D. 绿铜

34. 主轴零件图采用一个(　　)、剖面图、局部剖面图和移出剖面图的表达方法。
    A. 主视图　　　　B. 俯视图　　　　C. 左视图　　　　　D. 仰视图

35. 不符合着装整洁、文明生产要求的是(　　)。
    A. 贯彻操作规程　　　　　　　　　B. 执行规章制度
    C. 工作中对服装不作要求　　　　　D. 创造良好的生产条件

36. 高速钢的工作温度可达(　　)℃。
    A. 300　　　　　B. 400　　　　　　C. 500　　　　　　D. 600

37. M24×1.5—5g6g 是螺纹标记,5g 表示中径公等级为(　　),基本偏差的位置代号为(　　)。
    A. g,6 级　　　　B. g,5 级　　　　C. 6 级,g　　　　　D. 5 级,g

38. 在一般情况下,交换齿轮 Z1 到主轴之间的传动比是(　　),Z1 转过的角度等于工件转过的角度。
    A. 2:1　　　　　B. 1:1　　　　　　C. 1:2　　　　　　D. 2:3

39. 硬质合金车刀加工(　　)时前角一般为 0°~5°。
    A. 碳钢　　　　　B. 白铸铁　　　　C. 灰铸铁　　　　　D. 球墨灰铸铁

40. 用中心架支撑工件车削内孔时,若内孔出现倒锥,是由于中心架中心偏向操作者(　　)。
    A. 对方　　　　　B. 一方　　　　　C. 后方　　　　　　D. 左边

41. (　　)用于制造低速手用刀具。
    A. 碳素工具钢　　B. 碳素结构钢　　C. 合金工具钢　　　D. 高速钢

42. 在花盘上加工非整圆孔工件时,转速若太高,就会因(　　)的影响易使工件飞出而发生事故。
    A. 切削力　　　　B. 离心力　　　　C. 重力　　　　　　D. 向心力

43. 当车好一条螺旋槽后,利用(　　)刻度,把车刀沿蜗杆的轴线方向移动一个蜗杆齿距,再车下一条螺旋槽。
    A. 尾座　　　　　B. 中滑板　　　　C. 大滑板　　　　　D. 小滑板

44. KTH300—6 表示一种(　　)可锻铸铁。
    A. 黑心　　　　　B. 白心　　　　　C. 黄心　　　　　　D. 珠光体

45. 圆锥体小端直径 d 可用公式 $d = M - (\quad)(1 + 1/\cos\alpha/2 + \tan\alpha/2)$ 求出。

    A. $R/2$ B. R C. $2R$ D. $2L$

46. 接触器不适用于( )。

    A. 交流电路控制   B. 直流电路控制   C. 照明电路控制   D. 大容量电路控制

47. 通过切削刃选定点并同时垂直于基面和切削平面的平面是( )。

    A. 基面   B. 切削平面   C. 正交平面   D. 辅助平面

48. ( )用于起重机械中提升重物。

    A. 起重链   B. 牵引链   C. 传动链   D. 动力链

49. 熔断器额定电流的选择与( )无关。

    A. 使用环境   B. 负载性质   C. 线路的额定电压   D. 开关的操作频率

50. 圆柱齿轮传动的精度要求有运动精度、工作平稳性和( )等几个方面的精度要求。

    A. 几何精度   B. 平行度   C. 垂直度   D. 接触精度

51. 根据零件的表达方案和( ),先用较硬的铅笔轻轻画出各基准,再画出底稿。

    A. 比例   B. 效果   C. 方法   D. 步骤

52. 人体的触电方式分( )两种。

    A. 电击和电伤   B. 电吸和电摔   C. 立穿和横穿   D. 局部和全身

53. 球墨铸铁的含碳量为( )。

    A. $2.2\% \sim 2.8\%$ B. $2.9\% \sim 3.5\%$ C. $3.6\% \sim 3.9\%$ D. $4.0\% \sim 4.3\%$

54. 指示表的测量杆移动 1 mm 时,表盘上指针正好回转( )。

    A. 0.5   B. 1   C. 2   D. 3

55. 用"几个相交的剖切平面"画剖视图,说法正确的是( )。

    A. 应画出剖切平面转折处的投影

    B. 可以出现不完整结构要素

    C. 可以省略标注剖切位置

    D. 当两要素在图形上具有公共对称中心线或轴线时,可各画一半

56. 数控车床需对刀具尺寸进行严格的测量以获得精确数据,并将这些数据输入( )系统。

    A. 控制   B. 数控   C. 计算机   D. 数字

57. KTZ550—04 中的 550 表示( )。

    A. 最低屈服点   B. 最低抗拉强度   C. 含碳量为 5.5%   D. 含碳量为 0.55%

58. 形状不规则的零件可以利用在盘和( )等附件在车床上加工。

    A. 中心架   B. 弯板   C. 卡盘   D. 角铁

59. 量块除作为长度基准进行尺寸传递外,还被广泛用于( )和校准量具量仪。

    A. 鉴定   B. 检验   C. 检查   D. 分析

60. 有一个孔的直径为 50 mm,最大极限尺寸为 50.048 mm,最小极限尺寸为 50.009 mm,孔的上偏差为( )mm。

    A. 0.048   B. +0.048   C. 0.009   D. +0.009

61. KTZ550—04 表示一种( )可锻铸铁。

    A. 黑心   B. 白心   C. 棕心   D. 珠光体

62. 量块是精密量具,使用时要注意防腐蚀,防(　　),切不可撞击。
    A. 划伤　　　　　B. 烧伤　　　　　C. 撞　　　　　D. 潮湿

63. (　　)除具有抗热、抗湿及优良的润滑性能外,还能对金属表面起良好的保护作用。
    A. 钠基润滑脂　　　　　　　　B. 锂基润滑脂
    C. 铝基及复合铝基润滑脂　　　D. 钙基润滑脂

64. 按塑料的热性能不同可分为热塑性塑料和(　　)。
    A. 冷塑性塑料　　B. 冷固性塑料　　C. 热固性塑料　　D. 热柔性塑料

65. 利用三爪卡自定心盘分线时,只需把(　　)松开,将工件连同鸡心夹头转动一个角度,由卡盘的另一爪拨动,再顶好后顶尖,就可车削第二条螺旋槽。
    A. 夹具　　　　　B. 前顶尖　　　　C. 后顶尖　　　　D. 螺母

66. 下列金属材料的参数中,(　　)属于力学性能。
    A. 熔点　　　　　B. 密度　　　　　C. 硬度　　　　　D. 磁性

67. 编制数控车床加工工艺时,要进行以下工作:分析工件图样、确定工件(　　)方法和选择夹具、选择刀具和确定切削用量、确定加工路径并编制程序。
    A. 装夹　　　　　B. 加工　　　　　C. 测量　　　　　D. 刀具

68. 量块在(　　)测量时用来调整仪器零位。
    A. 直接　　　　　B. 绝对　　　　　C. 相对　　　　　D. 反复

69. (　　)是用来测量工件的量具。
    A. 万能角度尺　　B. 内径千分尺　　C. 游标卡尺　　　D. 量块

70. 多孔插盘装在车床(　　)上,转盘上有12个等分的、精度很高的定位插孔,它可以对2、3、4、6、8、12线蜗杆进行分线。
    A. 导轨　　　　　B. 刀架　　　　　C. 拖板　　　　　D. 主轴

71. 轴向直廓蜗杆又称 ZA 蜗杆,这种蜗杆在轴向平面内齿廓为直线,而在垂直于轴线的剖面内齿形是阿基米德螺线,所以又称(　　)蜗杆。
    A. 渐开线　　　　B. 阿基米德　　　C. 双曲线　　　　D. 抛物线

72. 车偏心工件主要是在(　　)方面采取措施,即要将偏心部分的轴线找正到与车床主轴轴线相重合。
    A. 加工　　　　　B. 装夹　　　　　C. 测量　　　　　D. 找正

73. 两拐曲轴工艺规程采用工序集中可减少工件装夹、搬运次数,节省(　　)时间。
    A. 休息　　　　　B. 加工　　　　　C. 辅助　　　　　D. 测量

74. 保持工作环境清洁有序不正确的是(　　)。
    A. 优化工作环境　　　　　　　B. 工作结束后再清除油污
    C. 随时清除油污和积水　　　　D. 整洁的工作环境可以振奋职工精神

75. 后角刃磨正确的标准麻花钻,其横刃斜角为(　　)。
    A. $20° \sim 30°$　　B. $30° \sim 45°$　　C. $50° \sim 55°$　　D. $55° \sim 70°$

76. 工件坐标系的 Z 轴一般与主轴轴线重合,X 轴随(　　)原点位置不同而异。
    A. 工件　　　　　B. 机床　　　　　C. 刀具　　　　　D. 坐标

77. 负前角仅适用于硬质合金车刀车削锻件、铸件毛坯和(　　)的材料。
    A. 硬度低　　　　B. 硬度很高　　　C. 耐热　　　　　D. 强度高

78. 偏心工件图样中,偏心轴线与轴的中心线平行度公差在( )mm 之内。

    A. 0. 15   B. 0. 1   C. 0. 06   D. ±0. 08

79. 数控车床所选择的夹具应满足安装调试方便、刚性好、( )高、使用寿命长等要求。

    A. 可加工性   B. 粗糙度   C. 精度   D. 机械性能

80. 属于金属物理性能的参数是( )。

    A. 屈服点   B. 熔点   C. 伸长率   D. 韧性

81. 链传动是由链条和具有特殊齿形的( )组成的传递运动和动力的传动。

    A. 齿轮   B. 链轮   C. 蜗轮   D. 齿条

82. 梯形螺纹的车刀材料主要有( )合金和高速钢两种。

    A. 铝   B. 硬质   C. 高温   D. 铁碳

83. 平带传动主要用于两轴平行,转向( )的距离较远的传动。

    A. 相反   B. 相近   C. 垂直   D. 相同

84. 对刀面的刃磨要求是表面( ),粗糙度小。

    A. 凸起   B. 光洁   C. 精度高   D. 平整

85. 梯形螺纹的测量一般采用( )测量法测量螺纹的中径。

    A. 辅助   B. 法向   C. 圆周   D. 三针

86. 游标卡尺上端有两个爪是用来测量( )。

    A. 内孔   B. 沟槽   C. 齿轮公法线长度   D. 外径

87. 粗车时,使蜗杆( )基本成形;精车时,保证齿形螺距和法向齿厚尺寸。

    A. 精度   B. 长度   C. 内径   D. 牙型

88. 铣削是铣刀旋转作主运动,工件或铣刀作( )的切削加工方法。

    A. 进给运动   B. 辅助运动   C. 直线运动   D. 旋转运动

89. 中滑板丝杠与( )部分由前螺母、螺钉、中滑板、后螺母、丝杠和楔块组成。

    A. 齿轮   B. 挂轮   C. 螺母   D. 机床

90. 不属于链传动类型的有( )。

    A. 传动链   B. 运动链   C. 起重链   D. 牵引链

91. 手铰刀刀齿的齿距,在圆周上是( )分布的。

    A. 均匀   B. 不均匀   C. 均匀或不均匀   D. 等差数列

92. 低温回火主要适用于( )。

    A. 各种刃具   B. 各种弹簧   C. 各种轴   D. 高强度螺栓

93. 主轴箱内的多片摩擦心离合器中的摩擦片间隙过大,摩擦片之间的摩擦力较小,造成传递动力不足而造成( )现象。

    A. 扎刀   B. 漂移   C. 闷车   D. 磨损

94. 两拐曲轴颈的剖面图清楚地反映出两曲轴颈之间互成( )夹角。

    A. 120°   B. 90°   C. 60°   D. 180°

95. 加工 Tr44 × 8 的梯形外螺纹时,中径尺寸 $d = ($)mm。

    A. 40   B. 42   C. 38   D. 41

96. 对基本尺寸进行标准化是为了(　　)。

A. 简化设计过程　　　　　　　　B. 便于设计时的计算

C. 方便尺寸的测量　　　　　　　D. 简化定值刀具、量具、型材和零件尺寸的规格

97. 画装配图的步骤和画零件图不同的地方主要是：画装配图时要从整个装配体的(　　)、工作原理出发，确定恰当的表达方案，进而画出装配图。

A. 各部件　　　　B. 零件图　　　　C. 精度　　　　D. 结构特点

98. 左视图反映物体的(　　)的相对位置关系。

A. 上下和左右　　B. 前后和左右　　C. 前后和上下　　D. 左右和上下

99. 长度较短的偏心件，可在三爪自定心卡盘上加(　　)使工件产生偏心来车削。

A. 刀片　　　　B. 垫片　　　　C. 垫铁　　　　D. 量块

100. 分组装配法属于典型的不完全互换性，它一般使用在(　　)。

A. 加工精度要求很高时　　　　　B. 装配精度要求很高时

C. 装配精度要求较低时　　　　　D. 厂际协作或配件的生产

101. 使用正弦规测量时，在正弦规的一个(　　)下垫上一组量块，量块组的高度可根据被测工件的圆锥角通过计算获得。

A. 挡板　　　　B. 圆柱　　　　C. 端面　　　　D. 平板

102. 蜗杆量具主要有游标卡尺、千分尺、莫氏 NO.3 锥度塞规、万能角度尺、(　　)卡尺、量针、金属直尺等。

A. 齿轮　　　　B. 深度　　　　C. 数显　　　　D. 精密

103. 将工件圆锥套立在检验平板上，将直径为 D 的小钢球放入孔内，用深度千分尺测出钢球最高点距工件(　　)的距离。

A. 外圆　　　　B. 心　　　　C. 端面　　　　D. 孔壁

104. 夹紧要(　　)，可靠，并保证工件在加工中位置不变。

A. 正确　　　　B. 牢固　　　　C. 符合要求　　　　D. 适当

105. 垫片的厚度近似公式计算中 Δe 表示试车后，实测偏心距与所要求的偏心距(　　)，即：($\Delta e = e - e_{测}$)。

A. 误差　　　　B. 之和　　　　C. 距离　　　　D. 乘积

106. 为使用方便和减少积累误差，选用量块时应尽量选用(　　)的块数。

A. 很多　　　　B. 较多　　　　C. 较少　　　　D. 块以上

107. 套筒锁紧装置需要将套筒固定在某一位置时，可(　　)转动手柄，通过圆锥销带动拉紧螺杆旋转，使下夹紧套向上移动，从而将套筒夹紧。

A. 向左　　　　B. 逆时针　　　　C. 顺时针　　　　D. 向右

108. 粗车螺距大于 18 mm 的梯形螺纹时，由于螺距大、(　　)深、切削面积大，车削困难，可采用分层车削法。

A. 进刀　　　　B. 距离　　　　C. 牙槽　　　　D. 导程

109. 不符合岗位质量要求的内容是(　　)。

A. 对各个岗位质量工作的具体要求　B. 体现在各岗位的作业指导书中

C. 是企业的质量方向　　　　　　　D. 体现在工艺规程中

110. 俯视图反映物体的( )的相对位置关系。

    A. 上下和左右   B. 前后和左右   C. 前后和上下   D. 左右和上下

111. 极限偏差标注法适用于( )。

    A. 成批生产   B. 大批生产   C. 单间小批量生产   D. 生产批量不定

112. 高速钢具有制造简单、刃磨方便、刃口锋利、韧性好和( )等优点。

    A. 强度高   B. 耐冲击   C. 硬度高   D. 易装夹

113. 职业道德基本规范不包括( )。

    A. 爱岗敬业、忠于职守   B. 服务群众、奉献社会

    C. 搞好与他人的关系   D. 遵纪守法、廉洁奉公

114. 一般情况下,当錾削接近尽头时,( )以防尽头处崩裂。

    A. 掉头錾去余下部分   B. 加快錾削速度

    C. 放慢錾削速度   D. 不再錾削

115. 双柱立式车床加工直径较大,最大的已超过( )mm。

    A. 5 000   B. 2 500   C. 25 000   D. 8 000

116. 可能引起机械伤害的做法是( )。

    A. 转动部件停稳前不得进行操作   B. 不跨越运转的机轴

    C. 旋转部件上不得放置物品   D. 转动部件上可少放些工具

117. 夹紧力的作用点应尽量落在主要( )面上,以保证夹紧稳定可靠。

    A. 基准   B. 定位   C. 圆柱   D. 圆锥

118. 成形刀有普通成形刀、( )成形刀和圆形成形刀。

    A. 矩形   B. 棱形   C. 六棱形   D. 三角形

119. 加工蜗杆的刀具主要有:45°车刀、( )车刀、切槽刀、内孔车刀、麻花钻、蜗杆刀等。

    A. 75°   B. 90°   C. 60°   D. 40°

120. 职业道德的内容不包括( )。

    A. 职业道德意识   B. 职业道德行为规范

    C. 从业者享有的权利   D. 职业守则

121. 关于"旋转视图"的叙述,下列说法错误的是( )。

    A. 倾斜部分需先投影后旋转,投影要反映倾斜部分的实际长度

    B. 旋转视图仅适用于表达具有回转轴线的倾斜结构的实形

    C. 旋转视图不加任何标注

    D. 假想将机件的倾斜部分旋转到与某一选定的基本投影面平行后再向该投影面投影所得的视图称为旋转视图

122. 梯形外螺纹的大径用字母"( )"表示。

    A. Q   B. D   C. X   D. d

123. 具有高度责任心不要求做到( )。

    A. 方便群众,注重形象   B. 责任心强,不辞辛苦

    C. 尽职尽责   D. 工作精益求精

124. 车削飞轮时,将工件支顶在工作台上,找正夹牢并粗车一个端面为( )面。

    A. 基   B. 装夹   C. 基准   D. 测量

125. 使用万用表不正确的是( )。

    A. 测电压时,仪表和电路并联   B. 测电压时,仪表和电路串联

    C. 严禁带电测量电阻   D. 使用前要调零

126. 适用于制造渗碳件的材料是( )。

    A. 20Cr   B. 40Cr   C. 60Si2Mn   D. GCr15

127. 根据主轴箱传动链结构式,主轴可获得 24 级正转转速和( )级反转转速。

    A. 18   B. 12   C. 6   D. 10

128. 曲轴:装夹方法主要采用一夹一顶和( )装夹。

    A. 鸡心夹   B. 虎钳   C. 分度头   D. 两顶尖

129. 磨头主轴零件材料一般是( )。

    A. 40Gr   B. 45 钢   C. 65Mn   D. 38GrMAL

130. 带传动按传动原理分为( )和啮合式两种。

    A. 连接式   B. 摩擦式   C. 滑动式   D. 组合式

131. 为了减小曲轴的弯曲和扭转变,可采用两端传动或中间传动方式进行加工,并尽量采用有前后刀架的机床使加工过程中产生的( )互相抵消。

    A. 切削力   B. 抗力   C. 摩擦力   D. 夹紧力

132. 职业道德不鼓励从业者( )。

    A. 通过诚实的劳动改善个人生活   B. 通过诚实的劳动增加社会的财富

    C. 通过诚实的劳动促进国家建设   D. 通过诚实的劳动为个人服务

133. 测量偏心距时,用顶尖顶住基准部分的中心孔,指示表测头与( )部分外圆接触,用手转动工件,指示表读数最大值与最小值之差的一半就是偏心距的实际尺寸。

    A. 高度   B. 长度   C. 偏心   D. 夹持

134. 碳素工具钢和合金工具钢的特点是耐热性( ),但抗弯强度高,价格便宜等。

    A. 差   B. 好   C. 一般   D. 非常好

135. 蜗杆的法向齿厚应单独画出局部移出剖视,并标注尺寸及( )。

    A. 垂直度   B. 角度   C. 粗糙度   D. 位置度

136. 钢经过淬火热处理可以得到( )组织。

    A. 铁素体   B. 奥氏体   C. 珠光体   D. 马氏体

137. 用中心架时,须注意支撑爪与工件的接触压力不宜( )。

    A. 过大   B. 过小   C. 过松   D. 适当

138. 铰孔时两手用力不均匀会使( )。

    A. 孔径缩小   B. 孔径扩大   C. 孔径不变化   D. 铰刀磨损

139. 硬质合金是由碳化钨、碳化钛粉末,用钴作( ),经高压成形、高温煅烧而成。

    A. 黏结剂   B. 氧化剂   C. 催化剂   D. 燃烧剂

140. 蜗杆半精加工、精加工一般采用( )装夹,利用分度卡盘分线。

    A. 一夹一顶   B. 两顶尖   C. 专用夹具   D. 四爪单动卡盘

141. 梯形螺纹分( )梯形螺纹和英制梯形螺纹两种。

    A. 美制   B. 厘米制   C. 米制   D. 苏制

142. 关于"局部视图"的叙述,下列说法错误的是(　　)。

    A. 对称机件的视图可只画一半或四分之一,并在对称中心线的两端画出两条与其垂直的平行细实线

    B. 局部视图的断裂边界以波浪线表示,当它们所表示的局部结构是完整的,且外轮廓线又成封闭时,波浪线可省略不画

    C. 画局部视图时,一般在局部视图上方标出视图的名称"A",在相应的视图附近用箭头指明投影方向,并注上同样的字母

    D. 当局部视图按投影关系配置时,可省略标注

143. 千分尺微分筒上均匀刻有(　　)格。

    A. 50   B. 100   C. 150   D. 200

144. 聚酰胺(尼龙)属于(　　)。

    A. 热塑性塑料   B. 冷塑性塑料   C. 热固性塑料   D. 热柔性塑料

145. 套筒锁紧装置需要将套筒固定在某一位置时,可顺时针转动手柄,通过圆锥销带动拉紧螺杆(　　),使下夹紧套向上移动,从而将套筒夹紧。

    A. 向前   B. 平移   C. 旋转   D. 向后

146. 硬质合金的特点是耐热性(　　),切削效率高,但刀片强度、韧性不及工具钢,焊接刃磨工艺较差。

    A. 好   B. 差   C. 一般   D. 不确定

147. 普通三角螺纹的牙型角为(　　)。

    A. 30°   B. 40°   C. 55°   D. 60°

148. 下列量具中,不属于游标类量具的是(　　)。

    A. 游标深度尺   B. 游标高度尺   C. 游标齿厚尺   D. 外径千分尺

149. 双连杆在花盘上加工,首先要检验花盘盘面的平面度及花盘对主轴轴线的(　　)。

    A. 垂直度   B. 圆度   C. 径向跳动   D. 轴窜动

150. 蜗杆(　　)圆直径实际上就是中径,其测量的方法和三针测量普通螺纹中径的方法相同,只是千分尺读数值 M 的计算公式不同。

    A. 分度   B. 理想   C. 最大   D. 中间

151. 蜗杆的齿形角是(　　)。

    A. 40°   B. 20°   C. 30°   D. 15°

152. 线性尺寸一般公差规定了(　　)个等级。

    A. 三   B. 四   C. 五   D. 六

153. 夹紧时,应保证工件的(　　)正确。

    A. 定位   B. 形状   C. 几何精度   D. 位置

154. 测量非整圆孔工件可采用游标卡尺、千分尺、内径指示表、(　　)式指示表、划线盘、检验棒等。

    A. 杠杆   B. 卡规   C. 齿轮   D. 钟表

155. 不违反安全操作规程的是(　　)。

    A. 不按标准工艺生产   B. 自己制订生产工艺

    C. 使用不熟悉的机床   D. 执行国家劳动保护政策

156. 多孔插盘装在车床主轴上,转盘上有 12 个等分的、精度很高的(　　)插孔,它可以对 2、3、4、6、8、12 线蜗杆进行分线。

    A. 安装　　　　B. 定位　　　　　　C. 圆锥　　　　　　D. 矩形

157. 坐标系内几何点位置的坐标值均从坐标原点标注或(　　),这种坐标值称为绝对坐标。

    A. 填写　　　　B. 编程　　　　　　C. 计量　　　　　　D. 作图

158. 深孔加工时,由于刀杆细长,(　　),再加上冷却、排屑、观察、测量都比较困难,所以加工难度较大。

    A. 刚性差　　　B. 塑性差　　　　　C. 刚度低　　　　　D. 硬度低

159. 关于表面粗糙度对零件使用性能的影响,下列说法中错误的是(　　)。

    A. 零件的表面质量影响配合的稳定性或过盈配合的连接强度

    B. 零件的表面越粗糙,越易形成表面锈蚀

    C. 表面越粗糙,表面接触受力时,峰顶处的塑性变形越大,从而降低零件强度

    D. 降低表面粗糙度值,可提高零件的密封性能

160. CA6140 车床开合螺母机构由半螺母、(　　)、槽盘、楔铁、手柄、轴、螺钉和螺母组成。

    A. 圆锥销　　　B. 圆柱销　　　　　C. 开口销　　　　　D. 丝杠

161. 下列为铝青铜的牌号是(　　)。

    A. QSn4—3　　B. QAl9—4　　　　C. QBe2　　　　　D. QSi3—1

162. 强力车削时自动进给停止的原因之一是机动进给(　　)的定位弹簧压力过松。

    A. 机构　　　　B. 加工　　　　　　C. 齿轮　　　　　　D. 手柄

163. 两拐曲轴工艺规程采用工序集中有利于保证各加工表面间的(　　)精度。

    A. 形状　　　　B. 位置　　　　　　C. 尺寸　　　　　　D. 定位

164. 法向直廓蜗杆又称 ZN 蜗杆,这种蜗杆在法向平面内齿形为直线,而在垂直于轴线(　　)的内齿形为延长线渐开线,所以又称延长渐开线蜗杆。

    A. 水平面　　　B. 基面　　　　　　C. 剖面　　　　　　D. 前面

165. 使用万用表不正确的是(　　)。

    A. 测电压时,仪表和电路并联　　　　B. 严禁带电测量电阻

    C. 测直流时注意正负极性　　　　　　D. 使用前不用调零

166. 回火的目的之一是(　　)。

    A. 形成网状渗碳体　　　　　　　　　B. 提高钢的密度

    C. 提高钢的熔点　　　　　　　　　　D. 减少或消除淬火应力

167. 任何切削加工方法都必须有一个(　　),可以有一个或几个进给运动。

    A. 辅助运动　　B. 主运动　　　　　C. 切削运动　　　　D. 纵向运动

168. 基轴制配合中轴的基本偏差代号为(　　)。

    A. A　　　　　B. h　　　　　　　C. zc　　　　　　　D. f

169. 钨钛钴类硬质合金是由碳化钨、碳化钛和(　　)组成。

    A. 钒　　　　　B. 铌　　　　　　　C. 钼　　　　　　　D. 钴

170. 工件渗碳后进行淬火、( )处理。

    A. 高温回火　　B. 中温回火　　　　C. 低温回火　　　　D. 多次回火

171. 具有高度责任心应做到( )。

    A. 忠于职守,精益求精　　　　　　B. 不徇私情,不谋私利

    C. 光明磊落,表里如一　　　　　　D. 方便群众,注重形象

172. 万能角度尺是用来测量工件( )的量具。

    A. 内外角度　　B. 外圆弧度　　　　C. 内圆弧度　　　　D. 直线度

173. 车削中要经常检查支撑爪的( )程度,并进行必要的调整。

    A. 松紧　　　　B. 夹紧　　　　　　C. 支撑　　　　　　D. 定位

174. 45 钢属于( )。

    A. 普通钢　　　B. 优质钢　　　　　C. 高级优质钢　　　D. 最优质钢

175. 车床主轴箱齿轮毛坯为( )。

    A. 铸坯　　　　B. 锻坯　　　　　　C. 焊接　　　　　　D. 轧制

176. 精车矩形螺纹时,应保证螺纹各部分尺寸符合( )要求。

    A. 图纸　　　　B. 工艺　　　　　　C. 基本　　　　　　D. 配合

177. 加工连接盘时,用千斤顶和( )支撑,卡爪夹紧的方法。

    A. 量块　　　　B. 等高块　　　　　C. 螺母　　　　　　D. 中心架

178. 测量蜗杆时,齿厚卡尺的卡脚测量面必须与蜗杆的牙侧( ),所以无法对轴向齿厚直接测量,只能通过测量法向齿厚,再根据两者之间的关系换算出轴向齿厚。

    A. 垂直　　　　B. 平行　　　　　　C. 相交　　　　　　D. 重合

179. 对闸刀开关的叙述不正确的是( )。

    A. 用于照明及小容量电动机控制线路中　B. 结构简单,操作方便,价格便宜

    C. 是一种简单的手动控制电器　　　　　D. 用于大容量电动机控制线路中

180. 用于加工沟槽的铣刀有三面刃铣刀和( )。

    A. 立铣刀　　　B. 圆柱铣刀　　　　C. 端铣刀　　　　　D. 铲齿铣刀

181. 车削曲轴前应先将其进行( ),并根据划线找正。

    A. 划线　　　　B. 钻孔　　　　　　C. 夹紧　　　　　　D. 定位

182. 熔断器的种类可分为( )。

    A. 瓷插式和螺旋式两种　　　　　　B. 瓷保护式和螺旋式两种

    C. 瓷插式和卡口式两种　　　　　　D. 瓷保护式和卡口式两种

183. 离合器由端面带有螺旋齿爪的左、右两半组成,左半部由( )带动在轴上空转,右半部分和轴上花键联结。

    A. 主轴　　　　B. 光杠　　　　　　C. 齿轮　　　　　　D. 花键

184. 回火的目的之一是( )。

    A. 粗化晶粒　　B. 提高钢的密度　　C. 提高钢的熔点　　D. 防止工件变形

185. 加工连接盘的刀具有:立式车床用的外圆车刀、端面车刀、( )刀、内孔车刀等。

    A. 铣　　　　　B. 螺纹　　　　　　C. 切槽　　　　　　D. 刨

186. 用 46 块一套的量块,组合 95.552 的尺寸,其量块的选择为 1.002、( )、1.5、2、90 共五块。

    A. 1.005　　　　B. 20.5　　　　　　C. 2.005　　　　　　D. 1.05

187. 螺旋传动主要由( )、螺母和机架组成。
　　A. 螺栓　　　　B. 螺钉　　　　　　C. 螺杆　　　　　　D. 螺柱

188. Ra 数值越大,零件表面就越( );反之表面就越( )。
　　A. 粗糙,光滑平整　　　　　　　　B. 光滑平整,粗糙
　　C. 平滑,光整　　　　　　　　　　D. 圆滑,粗糙

189. 梯形螺纹牙型半角误差一般为( )。
　　A. ±40′　　　　B. ±20′　　　　C. 0.5°　　　　　　D. ±5′

190. 不爱护设备的做法是( )。
　　A. 保持设备清洁　　　　　　　　B. 正确使用设备
　　C. 自己修理设备　　　　　　　　D. 及时保养设备

191. 锉削内圆弧面时,锉刀要完成的动作是( )。
　　A. 前进运动和锉刀绕工件圆弧中心的转动
　　B. 前进运动和随圆弧面向左或向右移动
　　C. 前进运动和绕锉刀中心线转动
　　D. 前进运动、随圆弧面向左或向右移动和绕锉刀中心线转动

192. 多线蜗杆的各螺旋线沿轴向分布,从端面上看,在( )上是等角度分布的。
　　A. 圆周　　　　B. 齿形　　　　C. 内径　　　　　　D. 中心

193. 石墨以团絮状存在的铸铁称为( )。
　　A. 灰铸铁　　　　B. 可锻铸铁　　　　C. 球墨铸铁　　　　D. 蠕墨铸铁

194. 铁素体可锻铸铁的组织是( )。
　　A. 铁素体＋团絮状石墨　　　　　　B. 铁素体＋球状石墨
　　C. 铁素体＋珠光体＋片状石墨　　　D. 珠光体＋片状石墨

195. 通过切削刃选定点与切削刃相切并垂直于基面的平面是( )。
　　A. 基面　　　　B. 切削平面　　　　C. 正交平面　　　　D. 辅助平面

196. 用于加工平面的铣刀有圆柱铣刀和( )。
　　A. 立铣刀　　　　B. 三面刃铣刀　　　　C. 端铣刀　　　　D. 尖齿铣刀

197. 车削法向直廓蜗杆时,应采用垂直装刀法。即装夹刀时,应使车刀两侧刀刃组成的平面与齿面( )。
　　A. 相交　　　　B. 平行　　　　C. 垂直　　　　D. 重合

198. 当检验高精度轴向尺寸时量具应选择:检验平板、( )、指示表及活动表架等。
　　A. 千分尺　　　　B. 卡规　　　　C. 量块　　　　D. 样板

199. 前刀面与基面间的夹角是( )。
　　A. 后角　　　　B. 主偏角　　　　C. 前角　　　　D. 刃倾角

200. 双重卡盘装夹工件安装方便,不需调整,但它的刚性较差,不宜选择较大的( ),适用于小批量生产。
　　A. 车床　　　　B. 转速　　　　C. 切深　　　　D. 切削用量

201. 测量两平行非完整孔的中心距时,用内径指示表或杆式内径千分尺( )测出两孔间的最大距离,然后减去两孔实际半径之和,所得的差即为两孔的中心距。
　　A. 同时　　　　B. 间接　　　　C. 分别　　　　D. 直接

202. 箱体重要加工表面要划分(　　)两个阶段。
　　A. 粗、精加工　　B. 基准非基准　　　C. 大与小　　　　　D. 内与外

203. 加工矩形 42×6 的外螺纹时,其牙宽为(　　)mm + (0.02 ~ 0.04)mm。
　　A. 3.5　　　　　B. 4　　　　　　C. 3　　　　　　D. 2.5

204. 机动进给时,过载保护机构在(　　)力的作用下,使离合器左、右两部分啮合。
　　A. 切削　　　　　B. 外　　　　　　C. 内　　　　　　D. 弹簧

205. 圆柱被垂直于轴线的平面切割后产生的截交线为(　　)。
　　A. 圆形　　　　　B. 矩形　　　　　C. 椭圆　　　　　D. 直线

206. 偏心卡盘分(　　),低盘安装在主轴上,三爪自定心卡盘安装在偏心体上,偏心体与底盘燕尾槽配合。
　　A. 三层　　　　　B. 两层　　　　　C. 一层　　　　　D. 两部分

207. 圆度公差带是指(　　)。
　　A. 半径为公差值的两同心圆之间区域
　　B. 半径差为公差值的两同心圆之间区域
　　C. 在同一正截面上,半径为公差值的两同心圆之间区域
　　D. 在同一正截面上,半径差为公差值的两同心圆之间区域

208. 游标卡尺结构中,沿着尺身可移动的部分叫作(　　)。
　　A. 尺框　　　　　B. 尺身　　　　　C. 尺头　　　　　D. 内外测量爪

209. 高速钢的特点是高硬度、高耐磨性、高热硬性,热处理(　　)等。
　　A. 变形大　　　　B. 变形小　　　　C. 变形严重　　　　D. 不变形

210. 关于主令电器叙述不正确的是(　　)。
　　A. 行程开关分为按钮式、旋转式和微动式 3 种
　　B. 按钮分为常开、常闭和复合按钮
　　C. 按钮只允许通过小电流
　　D. 按钮不能实现长距离电器控制

211. 可锻铸铁的含碳量为(　　)。
　　A. 2.2% ~ 2.8%　　B. 2.9% ~ 3.6%　　C. 3.7% ~ 4.3%　　D. 4.4% ~ 4.8%

212. 零件加工时产生表面粗糙度的主要原因是(　　)。
　　A. 刀具装夹不准确而形成的误差
　　B. 机床的几何精度方面的误差
　　C. 机床 – 刀具 – 工件系统的振动、发热和运动不平衡
　　D. 刀具和工件表面间的摩擦、切屑分离时表面层的塑性变形及工艺系统的高频振动

213. CA6140 型车床尾座主视图将尾座套筒轴线(　　)。
　　A. 竖直放置　　　B. 水平放置　　　C. 垂直放置　　　D. 倾斜放置

214. 灰铸铁的孕育处理常用孕育剂有(　　)。
　　A. 锰铁　　　　　B. 镁合金　　　　C. 铬　　　　　　D. 硅铁

215. 磨削加工中所用砂轮的三个基本组成要素是(　　)。
　　A. 磨料、结合剂、孔隙　　　　　　B. 磨料、结合剂、硬度
　　C. 磨料、硬度、孔隙　　　　　　　D. 硬度、颗粒度、孔隙

216. 锯齿型螺纹常用于起重机和压力机械设备上,这种螺纹要求能承受较大的(　　)
　　压力。
　　　A. 冲击　　　　B. 双向　　　　　　C. 多向　　　　　　D. 单向

217. 对夹紧装置的要求是操作(　　),安全省力,夹紧速度快。
　　　A. 简单　　　　B. 方便　　　　　　C. 经济　　　　　　D. 适用

218. 中心架装上后,应逐个调整中心架的(　　)支撑爪,使三个支撑爪对工件支撑的松
　　紧程度适当。
　　　A. 任一个　　　B. 两个　　　　　　C. 三个　　　　　　D. 四个

219. 能防止漏气、漏水是润滑剂的(　　)。
　　　A. 密封作用　　B. 防锈作用　　　　C. 洗涤作用　　　　D. 润滑作用

220. 数控车床以主轴轴线方向为(　　)轴方向,刀具远离工件的方向为 Z 轴的正方向。
　　　A. Z　　　　　B. X　　　　　　　C. Y　　　　　　　D. 坐标

221. 使钢产生热脆性的元素是(　　)。
　　　A. 锰　　　　　B. 硅　　　　　　　C. 硫　　　　　　　D. 磷

222. 单件生产和修配工作需要铰削少量非标准孔应使用(　　)铰刀。
　　　A. 整体式圆柱　B. 可调节式　　　　C. 圆锥式　　　　　D. 螺旋槽

223. 主轴部件是车床的(　　)部分,在车削时承受很大的切削抗力。
　　　A. 关键　　　　B. 主要　　　　　　C. 开始　　　　　　D. 次要

224. 以下有关游标卡尺说法不正确的是(　　)
　　　A. 游标卡尺应平放　　　　　　　　B. 游标卡尺可用砂纸清理上面的锈迹
　　　C. 游标卡尺不能用锤子进行修理　　D. 游标卡尺使用完毕后应擦上油,放入盒中

225. 伺服驱动系统是数控车床切削工作的(　　)部分,主要实现主运动和进给运动。
　　　A. 定位　　　　B. 加工　　　　　　C. 动力　　　　　　D. 主要

226. (　　)是指材料在高温下能保持其硬度的性能。
　　　A. 硬度　　　　B. 高温硬度　　　　C. 耐热性　　　　　D. 耐磨性

227. 下列(　　)千分尺不存在。
　　　A. 深度　　　　B. 螺纹　　　　　　C. 蜗杆　　　　　　D. 公法线

228. 在花盘上加工非整圆孔工件时,转速若(　　),就会因离心力的影响易使工件飞出
　　而发生事故。
　　　A. 太高　　　　B. 太低　　　　　　C. 较慢　　　　　　D. 适中

229. 蜗杆两牙侧表面粗糙度一般为(　　)。
　　　A. $Ra3.2$　　　B. $Ra1.6$　　　　　C. $Ra0.8$　　　　　D. $Ra1.25$

230. 离合器的种类较多,常用的有:啮合式离合器、摩擦离合器和(　　)离合器三种。
　　　A. 叶片　　　　B. 齿轮　　　　　　C. 超越　　　　　　D. 无级

231. 灰铸铁的含碳量为(　　)。
　　　A. 2.11%～2.6%　B. 2.7%～3.6%　C. 3.7%～4.3%　　D. 4.4%～4.8%

232. 工业企业对环境污染的防治不包括(　　)。
　　　A. 防治大气污染　　　　　　　　　B. 防治绿化污染
　　　C. 防治固体废弃物污染　　　　　　D. 防治噪声污染

233. 曲轴划线时,将工件放在( )架上,在两端面分别划主轴颈部分和曲轴颈部分十字中心线。

    A. 尾   B. V 形   C. 中心   D. 跟刀

234. 当定位点( )工件的应该限制自由度,使工件不能正确定位的,称为欠定位。

    A. 不能在   B. 多于   C. 等于   D. 少于

235. 主轴零件图中长度方向以( )为主要尺寸的标注基准。

    A. 轴肩处   B. 台阶面   C. 轮廓线   D. 轴两端面

236. 图样上符号⊥是( )公差叫作( )。

    A. 位置,垂直度   B. 形状,直线度   C. 尺寸,偏差   D. 形状,圆柱度

237. 齿轮泵的壳体属于( )孔工件。

    A. 难加工   B. 深   C. 小   D. 非整圆

238. 不符合熔断器选择原则的是( )。

    A. 根据使用环境选择类型   B. 根据负载性质选择类型

    C. 根据线路电压选择其额定电压   D. 分断能力应小于最大短路电流

239. 属于防锈铝合金的牌号是( )。

    A. 5A02(LF21)   B. 2A11(LY11)   C. 7A04(LC4)   D. 2A70(LD7)

240. 长度较短的偏心件,可在三爪自定心卡盘上加( )使工件产生偏心来车削。

    A. 垫片   B. 刀片   C. 垫铁   D. 量块

241. 应用较多的螺纹是普通螺纹和( )。

    A. 矩形螺纹   B. 梯形螺纹   C. 锯齿形螺纹   D. 管螺纹

242. 使钢产生冷脆性的元素是( )。

    A. 锰   B. 硅   C. 磷   D. 硫

243. 加工细长轴一般采用( )的装夹方法。

    A. 一夹一顶   B. 两顶尖   C. 鸡心夹   D. 专用夹具

244. 机床原点为机床上的一个固定点,一般是主轴旋转中心线与车头( )的交点。

    A. 端面   B. 外圆   C. 锥孔   D. 卡盘

245. ( )装置作为控制部分是数控车床的控制核心,其主体是一台计算机(包括 CPU、存储器、CRT 等)。

    A. 数控   B. 自动   C. CPU   D. PLC

246. 下列说法中错误的是( )。

    A. 对于机件的肋、轮辐及薄壁等,如按纵向剖切,这些结构都不画剖面符号,而用粗实线将它与其邻接部分分开

    B. 当零件回转体上均匀分布的肋、轮辐、孔等结构不处于剖切平面上时,可将这些结构旋转到剖切平面上画出

    C. 较长的机件(轴、杆、型材、连杆等)沿长度方向的形状一致或按一定规律变化时,可断开后缩短绘制。采用这种画法时,尺寸可以不按机件原长标注

    D. 当回转体零件上的平面在图形中不能充分表达平面时,可用平面符号(相交的两细实线)表示

247. 接触器不适用于(   )。

    A. 频繁通断的电路   B. 电动机控制电路

    C. 大容量控制电路   D. 室内照明电路

248. 属于金属物理性能的参数是(   )。

    A. 强度   B. 硬度   C. 密度   D. 韧度

249. 蜗杆零件图中,其齿形的分头误差在(   )mm。

    A. 0.2   B. ±0.02   C. ±0.05   D. ±0.1

250. 按螺旋副的摩擦性质分,螺旋传动可分为滑动螺旋和(   )两种类型。

    A. 移动螺旋   B. 滚动螺旋   C. 摩擦螺旋   D. 传动螺旋

251. 车槽法是先用车槽刀采用直进法车出螺旋直槽,然后用梯形螺纹粗车刀粗车螺纹(   )。

    A. 牙顶   B. 两侧面   C. 中径   D. 牙高

252. 以机床原点为坐标原点,建立一个 Z 轴与 X 轴的直角坐标系,此坐标系称为(   )坐标系。

    A. 工件   B. 编程   C. 机床   D. 空间

253. 分度手柄转动一周,装夹在分度头上的工件转动(   )周。

    A. 1/20   B. 1/30   C. 1/40   D. 1/50

254. 当平面倾斜于投影面时,平面的投影反映出正投影法的(   )基本特性。

    A. 真实性   B. 积聚性   C. 类似性   D. 收缩性

255. 锯齿形外螺纹的牙型高度:$h_3 = ($ $)$。

    A. $0.581\ 2P$ B. $0.867\ 8P$ C. $0.815H$ D. $d - P$

256. 用于制造机械零件和工程构件的合金钢称为(   )。

    A. 碳素钢   B. 合金结构钢   C. 合金工具钢   D. 特殊性能钢

257. 粗车时,使蜗杆牙型基本成形;精车时,保证齿形螺距和(   )尺寸。

    A. 角度   B. 外径   C. 公差   D. 法向齿厚

258. 钢为了提高强度应选用(   )热处理。

    A. 退火   B. 正火   C. 淬火 + 回火   D. 回火

259. 铝具有的特性之一是(   )。

    A. 较差的导热性   B. 较差的导电性

    C. 较高的强度   D. 较好的塑性

260. 车削细长轴时一般选用 45° 车刀、75° 左偏刀、90° 左偏刀、切槽刀、(   )刀和中心钻等。

    A. 钻头   B. 螺纹   C. 锉   D. 铣

261. 对不允许有接刀痕迹的工件,应采用(   )。

    A. 花盘   B. 中心架   C. 跟刀架   D. 弯板

262. 增大装夹时的接触面积,可采用特制的(   )和开缝套筒,这样可使夹紧力分布均匀,减小工件的变形。

    A. 夹具   B. 三爪   C. 四爪   D. 软卡爪

263. 粗车削梯形螺纹时,应首先把螺纹的(   )及牙高尽快车出。

    A. 中径   B. 大径   C. 牙型   D. 螺距

264. 刃磨高速钢梯形螺纹精车刀后,用油石加机油研磨前、后刀面至刃口平直,刀面光洁( )为止。

    A. 平滑　　　　B. 无划伤　　　　　　C. 无蹦刃　　　　　D. 无磨痕

265. 通常工件原点选择在工件的右端面、左端面或( )的前端面。

    A. 法兰盘　　　　B. 刀架　　　　　　C. 卡爪　　　　　D. 切刀

266. 外径千分尺测量精度比游标卡尺高,一般用来测量( )精度的零件。

    A. 高　　　　B. 低　　　　　　C. 较低　　　　　D. 中等

267. 测量外圆锥体时,将工件的小端立在检验平板上,两量棒放在平板上紧靠工件,用千分尺测出两量棒之间的距离,通过( )即可间接测出工件小端直径。

    A. 换算　　　　B. 测量　　　　　　C. 比较　　　　　D. 调整

268. 在同一尺寸段内,尽管基本尺寸不同,但只要公差等级相同,其标准公差值就( )。

    A. 可能相同　　　B. 一定相同　　　　C. 一定不同　　　　D. 无法判断

269. 不属于电伤的是( )。

    A. 与带电体接触的皮肤红肿　　　　　B. 电流通过人体内的击伤

    C. 熔丝烧伤　　　　　　　　　　　　D. 电弧灼伤

270. 测量高精度轴向尺寸时应将工件两端面擦净,放在检验( )上。

    A. 平板　　　　B. 平台　　　　　　C. 仪器　　　　　D. 量棒

271. 加工连接盘时,用( )和等高块支撑,卡爪夹紧的方法。

    A. 斜铁　　　　B. 垫块　　　　　　C. 千斤顶　　　　　D. 螺钉

272. 测量表面粗糙度参数值必须确定评定长度的理由是( )。

    A. 考虑到零件加工表面的不均匀性　　　B. 减少表面波度对测量结果的影响

    C. 减少形状误差对测量结果的影响　　　D. 使测量工作方便简捷

273. 车削螺距较大($p > 8$ mm)的梯形螺纹时,为防止切削力过大齿部变形,最好采用( )把车刀依次进行车削。

    A. 四　　　　B. 两　　　　　　C. 三　　　　　D. 一

274. 飞轮零件图采用( )视图表达其各部尺寸及形状。

    A. 主、俯　　　B. 主、左　　　　　C. 俯、左　　　　　D. 局部

275. 麻花钻顶角大小可根据加工条件由钻头刃磨决定,标准麻花钻顶角为$118° \pm 2°$,且两主切削刃呈( )形。

    A. 凸　　　　B. 凹　　　　　　C. 圆弧　　　　　D. 直线

276. 齿轮的花键宽度$8 (0.065 \quad 0.035)$,最大极限尺寸为( )。

    A. 8.035　　　B. 8.065　　　　　C. 7.935　　　　　D. 7.965

277. 表面粗糙度反映的是零件被加工表面上的( )。

    A. 宏观几何形状误差　　　　　　　B. 微观几何形状误差

    C. 宏观相对位置误差　　　　　　　D. 微观相对位置误差

278. 表面热处理的主要方法包括表面淬火和( )热处理。

    A. 物理　　　　B. 化学　　　　　　C. 电子　　　　　D. 力学

279. 使主运动能够继续切除工件多余的金属,以形成工作表面所需的运动,称为(　　)。

　　A.进给运动　　　B.主运动　　　　　C.辅助运动　　　　D.切削运动

280. 车细长轴的关键技术问题是合理使用中心架和跟刀架,解决工件的(　　)伸长及合理选择车刀的几何形状等。

　　A.弯曲变形　　　B.应力变形　　　　C.长度　　　　　　D.热变形

281. 硬质合金的特点是耐热性好,(　　),但刀片强度、韧性不及工具钢,焊接刃磨工艺较差。

　　A.切削效率低　　B.切削效率高　　　C.耐磨　　　　　　D.不耐磨

282. 偏心工件的主要装夹方法有(　　)装夹、四爪单动卡盘装夹、三爪自定心卡盘装夹、偏心卡盘装夹、双重卡盘装夹、专用偏心夹具装夹等。

　　A.虎钳　　　　　B.一夹一顶　　　　C.两顶尖　　　　　D.分度头

283. 梯形螺纹车刀两侧刃后角应考虑螺纹升角的影响,加工右螺纹时左侧刃磨后角为(　　)。

　　A.$(3°\sim5°)+\phi$　　B.$(3°\sim5°)+\phi$　　C.$(6°\sim8°)-\phi$　　D.$(6°\sim8°)+\phi$

284. (　　)主要由螺杆、螺母和机架组成。

　　A.齿轮传动　　　B.螺纹传动　　　　C.螺旋传动　　　　D.链传动

285. 当车好一条螺旋槽之后,把车刀沿蜗杆的(　　)的轴线方法移动一个蜗杆齿距,再车下一个螺旋槽。

　　A.法向　　　　　B.圆周　　　　　　C.轴向　　　　　　D.齿形

286. 粗车螺距大于4 mm的梯形螺纹时,可采用(　　)切削法或车直槽法。

　　A.左右　　　　　B.直进　　　　　　C.直进　　　　　　D.自动

287. 双重卡盘装夹工件安装方便,不需调整,但它的(　　)较差,不宜选择较大的切削用量,适用于小批量生产。

　　A.韧性　　　　　B.刚性　　　　　　C.精度　　　　　　D.形状

288. 深缝锯削时,当锯缝的深度超过锯弓的高度应将锯条(　　)。

　　A.从开始连续锯到结束　　　　　　B.转过90°重新装夹

　　C.装得松一些　　　　　　　　　　D.装得紧一些

289. 不属于岗位质量要求的内容是(　　)。

　　A.对各个岗位质量工作的具体要求　　B.市场需求走势

　　C.工艺规程　　　　　　　　　　　　D.各项质量记录

290. 链传动是由链条和具有特殊齿形的链轮组成的传递(　　)和动力的传动。

　　A.运动　　　　　B.扭矩　　　　　　C.力矩　　　　　　D.能量

291. 车削螺距小于4 mm的矩形螺纹时,一般不分粗车、精车,用一把车刀采用(　　)法完成车削。

　　A.斜进　　　　　B.直进　　　　　　C.间接　　　　　　D.左右切削

292. 不属于刀具几何参数的是(　　)。

　　A.切削刃　　　　B.刀杆直径　　　　C.刀面　　　　　　D.刀尖

293. 车床电气控制线路不要求(　　)。

A. 主电动机进行电气调速　　　　　B. 必须有过载、短路、欠压、失压保护

C. 具有安全的局部照明装置　　　　D. 主电动机采用按钮操作

294. 根据多线蜗杆在轴向各圆周上等距分布的特点,分线方法有轴向分线法和(　　)分线法两种。

A. 圆周　　　　B. 角度　　　　C. 齿轮　　　　D. 自动

295. 蜗杆量具主要有(　　)、千分尺、莫氏 NO.3 锥度塞规、万能角度尺、齿轮卡尺、量针、金属直尺等。

A. 游标卡尺　　　B. 量块　　　C. 指示表　　　D. 角尺

296. 加工梯形螺纹一般采用一夹一顶和(　　)装夹。

A. 偏心　　　　B. 专用夹具　　　C. 两顶尖　　　D. 花盘

297. 铁素体灰铸铁的组织是(　　)。

A. 铁素体 + 片状石墨　　　　　　B. 铁素体 + 球状石墨

C. 铁素体 + 珠光体 + 片状石墨　　D. 珠光体 + 片状石墨

298. 蜗杆的工件材料一般选用(　　)。

A. 不锈钢　　　B. 45# 钢　　　C. 40Gr　　　D. 低碳钢

299. 游标卡尺结构中,有刻度的部分叫做(　　)。

A. 尺框　　　　B. 尺身　　　C. 尺头　　　D. 内外测量爪

300. 利用指示表和量块分线时,将指示表固定在(　　)上,并在床鞍上安装一固定挡块。

A. 刀架　　　　B. 主轴箱　　　C. 尾座　　　D. 主轴

301. 用(　　)的压力将两个量块的测量面相推合,就可牢固地黏合成一体。

A. 一般　　　　B. 较大　　　C. 很大　　　D. 较小

302. 已知直角三角形一直角边为 66.556 mm,它与斜边的夹角为(　　),另一直角边的长度是 28.95 mm。

A. 26°54′33″　　B. 23°36′36″　　C. 26°33′54″　　D. 23°30′17″

303. 细长轴图样端面处的2—B3.15/10 表示两端面中心孔为 B 型,前端直径为(　　)mm,后端最大直径为 10 mm。

A. 3.5　　　　B. 3　　　　C. 4　　　　D. 3.15

304. 不符合安全生产一般常识的是(　　)。

A. 按规定穿戴好防护用品　　　　B. 清除切屑要使用工具

C. 随时清除油污积水　　　　　　D. 通道上下少放物品

305. 图形符号文字符号 KA 表示(　　)。

A. 线圈操作器件　　B. 线圈　　C. 过电流线圈　　D. 欠电流线圈

306. 万能角度尺在(　　)应装上角尺。

A. 0°～50°　　B. 50°～140°　　C. 140°～230°　　D. 230°～320°

307. 表面粗糙度符号长边的方向与另一条短边相比(　　)。

A. 总处于顺时针方向　　　　　　B. 总处于逆时针方向

C. 可处于任何方向　　　　　　　D. 总处于右方

308. 使用电动机前不必检查(　　)。
　　A. 电动机是否清洁　　　　　　　B. 绝缘是否良好
　　C. 接线是否正确　　　　　　　　D. 铭牌是否清晰

309. 画零件图时可用标准规定的统一画法来代替真实的(　　)。
　　A. 零件图　　　B. 断面图　　　　C. 立体图　　　　　D. 投影图

310. 通常将深度与(　　)之比大于 5 倍以上的孔称为深孔。
　　A. 长度　　　B. 半径　　　　C. 直径　　　　　D. 角度

311. 测量连接盘的量具有游标卡尺、金属直尺、千分尺、塞尺、(　　)尺、内径指示表等。
　　A. 深度　　　B. 高度　　　　C. 万能角度　　　　D. 直角

312. 不属于形位公差代号的是(　　)。
　　A. 形位公差特征项目符号　　　　B. 形位公差框格和指引线
　　C. 形位公差数值　　　　　　　　D. 基本尺寸

313. 下列说法中错误的是(　　)。
　　A. 对于机件的肋、轮辐及薄壁等,如按纵向剖切,这些结构都不画剖面符号,而用粗
　　　　实线将它与其邻接部分分开
　　B. 即使当零件回转体上均匀分布的肋、轮辐、孔等结构不处于剖切平面上时,也不能
　　　　将这些结构旋转到剖切平面上画出
　　C. 较长的机件(轴、杆、型材、连杆等)沿长度方向的形状一致或按一定规律变化时,
　　　　可断开后缩短绘制。采用这种画法时,尺寸应按机件原长标注
　　D. 当回转体零件上的平面在图形中不能充分表达平面时,可用平面符号(相交的两
　　　　细实线)表示

314. 两顶尖装夹的优点是安装时不用找正,(　　)精度较高。
　　A. 定位　　　B. 加工　　　　C. 位移　　　　　D. 回转

315. 保持工作环境清洁有序不正确的是(　　)。
　　A. 毛坯、半成品按规定堆放整齐　　B. 随时清除油污和积水
　　C. 通道上少放物品　　　　　　　　D. 优化工作环境

316. 工件坐标系的 Z 轴一般与主轴轴线(　　),X 轴随工件原点位置不同而异。
　　A. 垂直　　　B. 平行　　　　C. 相交　　　　　D. 重合

317. 螺旋传动主要由螺杆、(　　)和机架组成。
　　A. 螺栓　　　B. 螺钉　　　　C. 螺柱　　　　　D. 螺母

318. 刀头宽度粗车刀的刀头宽度应为 1/3 螺距宽,精车刀的刀头宽应(　　)牙槽底宽。
　　A. 小于　　　B. 大于　　　　C. 等于　　　　　D. 为 1/2

319. 多孔插盘装在车床主轴上,转盘上有(　　)个等分的、精度很高的定位插孔,它可以
　　对 2、3、4、6、8、12 线蜗杆进行分线。
　　A. 10　　　B. 24　　　　C. 12　　　　　D. 20

320. 电流对人体的伤害程度与(　　)无关。
　　A. 通过人体电流的大小　　　　B. 通过人体电流的时间
　　C. 触电电源的电位　　　　　　D. 电流通过人体的部位

321. 碳素工具钢和合金工具钢用于制造中、（　　）速成形刀具。

  A. 低   B. 高   C. 一般   D. 不确定

322. 企业的质量方针不是（　　）。

  A. 工艺规程的质量记录   B. 每个职工必须贯彻的质量准则

  C. 企业的质量宗旨   D. 企业的质量方向

323. 曲轴的加工原理类似（　　）的加工。

  A. 偏心轴   B. 偏心套   C. 蜗杆   D. 主轴

324. 铝具有的特性之一是（　　）。

  A. 良好的导热性 B. 较差的导电性 C. 较高的强度   D. 较高的硬度

325. 基孔制配合中（　　）一定与基本尺寸相等。

  A. 轴的上偏差 B. 轴的下偏差   C. 孔的上偏差   D. 孔的下偏差

326. 直角尺在划线时常用作划（　　）的导向工具。

  A. 平行线   B. 垂直线   C. 直线   D. 平行线、垂直线

327. 高速钢刀具的刃口圆弧半径最小可磨到（　　）。

  A. $10 \sim 15 \ \mu m$ B. $1 \sim 2 \ mm$ C. $0.1 \sim 0.3 \ mm$ D. $50 \sim 100 \ \mu m$

328. 车削螺距小于（　　）mm 的矩形螺纹时，一般不分粗、精车，用一把车刀采用直进法完成车削。

  A. 4   B. 5   C. 3   D. 6

329. 链传动是由（　　）和具有特殊齿形的链轮组成的传递运动和动力的传动。

  A. 齿条   B. 齿轮   C. 链条   D. 主动轮

330. 下列说法正确的是（　　）。

  A. 两个基本体表面平齐时，视图上两基本体之间无分界线

  B. 两个基本体表面不平齐时，视图上两基本体之间无分界线

  C. 两个基本体表面相切时，两表面相切处应画出切线

  D. 两个基本体表面相交时，两表面相交处不应画出交线

331. 电动机的分类不正确的是（　　）。

  A. 异步电动机和同步电动机   B. 三相电动机和单相电动机

  C. 主动电动机和被动电动机   D. 交流电动机和直流电动机

332. 下列（　　）不存在。

  A. 公法线千分尺 B. 深度千分尺   C. 内径千分尺   D. 轴承千分尺

333. 图形符号文字符号 SQ 表示（　　）。

  A. 常开触头   B. 长闭触头   C. 复合触头   D. 常闭辅助触头

334. 图形符号文字符号 SA 表示（　　）。

  A. 单极控制开关 B. 手动开关   C. 三极控制开关   D. 三极负荷开关

335. 数控车床具有自动（　　）功能，根据报警信息可迅速查找机床事故。而普通车床则不具备上述功能。

  A. 报警   B. 控制   C. 加工   D. 定位

336. 当工件在两顶尖之间装夹时,如用卡盘代替(　　),就可以对多线的蜗杆进行分线。
　　A. 顶尖　　　　B. 夹具　　　　C. 拨盘　　　　D. 工件

337. 蜗杆的齿形角是在通过蜗杆的剖面内,轴线的(　　)面与齿侧之间的夹角。
　　A. 垂直　　　　B. 水平　　　　C. 平行　　　　D. 相交

338. 高速钢车刀耐热性较差,不宜(　　)车削。
　　A. 低速　　　　B. 高速　　　　C. 变速　　　　D. 正反车

339. 后顶尖相当于两个支撑点,限制了(　　)个自由度。
　　A. 零　　　　　B. 一　　　　　C. 两　　　　　D. 三

340. 形状(　　)的零件可以利用在盘和角铁等附件在车床上加工。
　　A. 规则　　　　B. 特殊　　　　C. 完整　　　　D. 不规则

341. 数控车床在出厂的时候均设定为直径编程,所以在编程时与(　　)轴有关的各项尺寸一定要用直径值编程。
　　A. U　　　　　B. Y　　　　　C. Z　　　　　D. X

342. 副偏角能减少(　　)与已加工表面之间的摩擦。
　　A. 过渡刃　　　B. 刀尖　　　　C. 主刀刃　　　D. 副刀刃

343. 用指示表测量偏心距时,表上指示出的最大值和最小值(　　)的一半应等于偏心距。
　　A. 之比　　　　B. 之和　　　　C. 之差　　　　D. 之积

344. 车床必须具有两种运动,即(　　)运动和进给运动。
　　A. 向上　　　　B. 剧烈　　　　C. 主　　　　　D. 辅助

345. 切削平面是通过切削刃选定点与切削刃相切并垂直于(　　)的平面。
　　A. 基面　　　　B. 正交平面　　C. 辅助平面　　D. 主剖面

346. 万能角度尺在0°~50°应装上(　　)。
　　A. 角尺和直尺　B. 角尺　　　　C. 直尺　　　　D. 夹块

347. 扁錾主要用来錾削平面、去毛刺和(　　)。
　　A. 錾削沟槽　　　　　　　　　　B. 分割曲线形板料
　　C. 錾削曲面上的油槽　　　　　　D. 分割板料

348. 一般情况下(指工件圆整,切削厚度均匀),刃倾角可选(　　)。
　　A. 8°　　　　　B. 正值　　　　C. 负值　　　　D. 零值

349. 测量偏心距时,用顶尖顶住基准部分的(　　),指示表测头与偏心部分外圆接触,用手转动工件,指示表读数最大值与最小值之差的一半就是偏心距的实际尺寸。
　　A. 中心孔　　　B. 外径　　　　C. 端面　　　　D. 轴肩

350. 两拐曲轴工艺规程中的工艺路线短、工序少则属于(　　)。
　　A. 工序集中　　B. 工序分散　　C. 工序安排不合理　D. 工序重合

351. 使用万用表不正确的是(　　)。
　　A. 测电流时,仪表和电路并联　　　B. 测电压时,仪表和电路并联
　　C. 使用前要调零　　　　　　　　　D. 测直流时注意正负极性

352. Q235—A·F 中的 Q 表示(　　)。
　　A. 青铜　　　　B. 钢轻金属　　C. 球铁　　　　D. 屈服点

353. 高速钢的特点是高硬度、高耐热性、高（　　），热处理变形小等。

    A. 强度　　　　　B. 塑性　　　　　　C. 热硬性　　　　　D. 韧性

354. 调整跟刀架时，应综合运用手感、耳听、（　　）等方法控制支撑爪，使其轻轻接触到工件。

    A. 调整　　　　　B. 鼻闻　　　　　　C. 目测　　　　　　D. 敲打

355. C630 型车床主轴部件前端采用（　　）轴承。

    A. 双列圆柱滚子　B. 双列向心滚子　C. 单列向心滚子　D. 圆锥滚子

356. 纯铝中加入适量的（　　）等合金元素，可以形成铝合金。

    A. 碳　　　　　　B. 硅　　　　　　　C. 硫　　　　　　　D. 磷

357. 环境不包括（　　）。

    A. 大气　　　　　B. 水　　　　　　　C. 气候　　　　　　D. 土地

358. 主轴箱内油泵循环供油不足，不仅使主轴轴承润滑不良，还使主轴轴承产生的（　　）不能传散而造成主轴轴承温度过高。

    A. 旋转　　　　　B. 动力　　　　　　C. 摩擦　　　　　　D. 热量

359. 主、副切削刃相交的一点是（　　）。

    A. 顶点　　　　　B. 刀头中心　　　　C. 刀尖　　　　　　D. 工作点

360. 减速器箱体加工过程第一阶段完成（　　）、连接孔、定位孔的加工。

    A. 侧面　　　　　B. 端面　　　　　　C. 轴承孔　　　　　D. 主要平面

361. 梯形螺纹的大径和小径精度一般要求都（　　），大径可直接用游标卡尺测出。小径可用大径减去两个实际牙型高度。

    A. 很高　　　　　B. 精确　　　　　　C. 不高　　　　　　D. 不低

362. 轴承座可以在角铁上安装加工，角铁装上后，首先要检验角铁平面对（　　）的平行度，检验合格后，即可装夹工件。

    A. 工件　　　　　B. 主轴轴线　　　　C. 机床　　　　　　D. 夹具

363. 伺服驱动系统由伺服驱动电路和驱动装置组成，驱动装置主要有（　　）电动机、进给系统的步进电动机或交、支流伺服电动机等。

    A. 异步　　　　　B. 三相　　　　　　C. 主轴　　　　　　D. 进给

364. 工件原点设定的依据是：既要符合图样尺寸的标注习惯，又要便于（　　）。

    A. 操作　　　　　B. 计算　　　　　　C. 观察　　　　　　D. 编程

365. 齿轮传动是由主动齿轮、（　　）和机架组成的。

    A. 从动齿轮　　　B. 主动带轮　　　　C. 从动齿条　　　　D. 齿条

366. 加工蜗杆前，先将蜗杆（　　）尺寸精车至尺寸要求。

    A. 中径　　　　　B. 内径　　　　　　C. 牙型　　　　　　D. 外圆

367. 梯形螺纹的代号用"Tr"及公称直径和（　　）表示。

    A. 牙顶宽　　　　B. 导程　　　　　　C. 角度　　　　　　D. 螺距

368. 工件坐标系的（　　）轴一般与主轴轴线重合，X 轴随工件原点位置不同而异。

    A. 附加　　　　　B. Y　　　　　　　C. Z　　　　　　　D. 4

369. 铣削加工时挂架一般安装在（　　）上。

    A. 主轴　　　　　B. 床身　　　　　　C. 悬梁　　　　　　D. 挂架

370. 梯形螺纹牙顶宽的计算公式:$f = f' = ($ $)P$。
    A. 0.366 B. 0.866 C. 0.536 D. 0.414

371. 加工飞轮量具有大型及一般游标卡尺各一把、($ $)mm 千分尺、内径指示表等。
    A. 0～25 B. 125～150 C. 25～50 D. 50～75

372. 齿轮零件的剖视图表示了内花键的($ $)。
    A. 几何形状 B. 相互位置 C. 长度尺寸 D. 内部尺寸

373. 不锈钢1Cr13的平均含铬量为($ $)。
    A. 13% B. 1.3% C. 0.13% D. 0.013%

374. 确定两个基本尺寸的精确程度,是根据两尺寸的($ $)
    A. 公差大小 B. 公差等级 C. 基本偏差 D. 基本尺寸

375. 中滑板丝杠与($ $)部分由前螺母、螺钉、中滑板、后螺母、($ $)和楔块组成。
    A. 圆锥销 B. 丝杠 C. 圆柱销 D. 光杠

376. 矩形外螺纹牙高公式是:$h_1 = ($ $)$。
    A. $P + b$ B. $2P + a$ C. $0.5P + a_c$ D. $0.5P$

377. 车削矩形螺纹的量具有游标卡尺、千分尺、金属直尺、($ $)等。
    A. 指示表 B. 卡钳 C. 水平仪 D. 样板

378. 当剖切平面通过非圆孔,导致出现完全分离的断面时,这些结构应按($ $)绘制。
    A. 视图 B. 剖视图 C. 断面图 D. 局部放大图

379. 不爱护工、卡、刀、量具的做法是($ $)。
    A. 按规定维护工、卡、刀、量具 B. 工、卡、刀、量具要放在工作台上
    C. 正确使用工、卡、刀、量具 D. 工、卡、刀、量具要放在指定地点

380. 对于"一般公差——线性尺寸的未注公差",下列说法中错误的是($ $)。
    A. 图样上未标注公差的尺寸,表示加工时没有公差要求及相关的加工技术要求
    B. 零件上的某些部位在使用功能上无特殊要求时,可给出一般公差
    C. 线性尺寸的一般公差是在车间普通工艺条件下,机床设备一般加工能力可保证的公差
    D. 一般公差主要用于较低精度的非配合尺寸

381. 錾削时,当发现手锤的木柄上沾有油应($ $)。
    A. 不用管 B. 及时擦去 C. 在木柄上包上布 D. 戴上手套

382. 重复定位能提高工件的刚性,但对工件($ $)有影响,一般是不允许的。
    A. 尺寸精度 B. 位置精度 C. 定位精度 D. 加工

383. 在螺纹底孔的孔口倒角,丝锥开始切削时($ $)。
    A. 容易切入 B. 不易切入 C. 容易折断 D. 不易折断

384. 球墨铸铁的组织可以是($ $)。
    A. 铁素体 + 团絮状石墨 B. 铁素体 + 球状石墨
    C. 铁素体 + 珠光体 + 片状石墨 D. 珠光体 + 片状石墨

385. 蜗杆的车削与车削梯形螺纹很相似,但由于蜗杆的($ $)较深,切削面积大,车削时比车削梯形螺纹困难些。
    A. 沟槽 B. 齿型 C. 螺距 D. 导程

386. 为了减小曲轴的弯曲和扭转变形,可采用(　　)传动或中间传动方式进行加工。并尽量采用有前后刀架的机床使加工过程中产生的切削力互相抵消。
　　　A. 一端　　　　　B. 螺纹　　　　　　C. 两端　　　　　　　D. 齿轮

387. 若蜗杆加工工艺规程中的工艺路线长、工序多则属于(　　)。
　　　A. 工序基准　　　B. 工序集中　　　C. 工序统一　　　　D. 工序分散

388. 常用高速钢的牌号有(　　)。
　　　A. YG8　　　　　B. A3　　　　　　C. W18Cr4V　　　　D. 20

389. 主轴零件图的键槽采用局部剖和(　　)的方法表达,这样有利于标注尺寸。
　　　A. 移出剖面　　　B. 断面图　　　　C. 旋转剖视图　　　D. 全剖视图

390. 电流对人体的伤害程度与(　　)无关。
　　　A. 通过人体电流的大小　　　　　　B. 触电时电源的相位
　　　C. 通过人体电流的时间　　　　　　D. 电流通过人体的部位

391. 三相同步电动机适用于(　　)。
　　　A. 不要求调速的场合　　　　　　　B. 恒转速的场合
　　　C. 起动频繁的场合　　　　　　　　D. 平滑调速的场合

392. 划线基准一般可用(　　),以两中心线为基准,以一个平面和一条中心线为基准三种类型。
　　　A. 两个相互垂直的平面　　　　　　B. 两条相互垂直的线
　　　C. 两个相垂直的平面或线　　　　　D. 一个平面和圆弧面

393. 化学热处理是将工件置于一定的(　　)中保温,使一种或几种元素渗入工件表层,改变其化学成分,从而使工件获得所需组织和性能的热处理工艺。
　　　A. 耐热材料　　　B. 活性介质　　　C. 冷却介质　　　　D. 保温介质

394. 进给方向与主切削刃在基面上的投影之间的夹角是(　　)。
　　　A. 前角　　　　　B. 后角　　　　　C. 主偏角　　　　　D. 副偏角

395. 关于"斜视图"的叙述,下列说法错误的是(　　)。
　　　A. 画斜视图时,必须在视图的上方标出视图的名称"A",在相应的视图附近用箭头指明投射方向,并注上同样的字母
　　　B. 斜视图一般按投影关系配置,必要时也可配置在其他适当位置。在不致引起误解时,允许将图形旋转摆正
　　　C. 斜视图主要是用来表达机件上倾斜部分的实形,所以其余部分就不必全部画出而用波浪线断开
　　　D. 将机件向平行于任何基本投影面的平面投影所得的视图称为斜视图

396. 刀头宽度粗车刀的刀头宽度应为(　　)螺距宽,精车刀的刀头宽应等于牙槽底宽。
　　　A. 1/3　　　　　B. 1/4　　　　　　C. 1/2　　　　　　　D. 相同

397. 对于薄壁管子的锯削应该(　　)。
　　　A. 分几个方向锯下　　　　　　　　B. 快速地锯下
　　　C. 从开始连续锯到结束　　　　　　D. 缓慢地锯下

398. 精车矩形螺纹时,应采用(　　)法加工。
　　　A. 直进　　　　　B. 左右切削　　　C. 切直槽　　　　　D. 分度

399. (　　)耐热性高,但不耐水,用于高温负荷处。
　　A. 钠基润滑脂　　　　　　　　B. 钙基润滑脂
　　C. 锂基润滑脂　　　　　　　　D. 铝基及复合铝基润滑脂

400. 常用固体润滑剂可以在(　　)下使用。
　　A. 低温高压　　　B. 高温低压　　　C. 低温低压　　　D. 高温高压

401. 在碳素钢中加入适量的合金元素形成了(　　)。
　　A. 硬质合金　　　B. 高速钢　　　C. 合金工具钢　　　D. 碳素工具钢

402. 錾削是指用手锤打击錾子对金属工件进行(　　)。
　　A. 清理　　　B. 修饰　　　C. 切削加工　　　D. 辅助加工

403. 螺母的间隙过大,将造成横向进给刻度不准,影响(　　)精度。
　　A. 尺寸　　　B. 形状　　　C. 位置　　　D. 几何

404. 划线时,应从(　　)开始。
　　A. 设计基准　　　B. 测量基准　　　C. 找正基准　　　D. 划线基准

405. 双连杆在花盘上加工,首先要检验花盘盘面的(　　)及花盘对主轴轴线的垂直度。
　　A. 平面度　　　B. 直线度　　　C. 平行度　　　D. 对称度

406. 表面粗糙度对零件使用性能的影响不包括(　　)。
　　A. 对配合性质的影响　　　　　　B. 对摩擦、磨损的影响
　　C. 对零件抗腐蚀性的影响　　　　D. 对零件塑性的影响

407. 如用一夹一顶装夹工件,当卡盘夹持部分较长时,相当于(　　)个支撑点。
　　A. 两　　　B. 三　　　C. 四　　　D. 五

408. 在齿形角正确的情况下,蜗杆分度圆(中径)处的轴向齿厚和蜗杆齿槽宽度相等,即等于齿距的(　　)。
　　A. 1 倍　　　B. 1/2　　　C. 1/3　　　D. 2 倍

409. 属于硬铝合金的牌号是(　　)。
　　A. 5A02(LF21)　　B. 2A11(LY11)　　C. 7A04(LC4)　　D. 2A70(LD7)

410. 车床主轴的工作性能有(　　)、刚度,热变形、抗振性等。
　　A. 回转精度　　　B. 硬度　　　C. 强度　　　D. 塑性

411. 主轴上的滑移齿轮 $Z = 50$ 向右移,使(　　)式离合器 M2 接合时,使主轴获得中、低转速。
　　A. 摩擦　　　B. 齿轮　　　C. 超越　　　D. 叶片

412. (　　)梯形螺纹精车刀的径向后角为0°。
　　A. 高速钢　　　B. 工具钢　　　C. 高锰钢　　　D. 合金钢

413. 用"几个相交的剖切平面"画剖视图,下列说法错误的是(　　)。
　　A. 相邻的两剖切平面的交线应垂直于某一投影面
　　B. 应先剖切后旋转,旋转到与某一选定的投影面平行再投射
　　C. 旋转部分的结构必须与原图保持投影关系
　　D. 位于剖切平面后的其他结构一般仍按原位置投影

414. 细长轴热变形伸长量的计算公式为(　　)。
　　A. $\Delta L = \alpha \cdot L \cdot \Delta t$ 　　　　　　B. $L = \alpha \cdot L \cdot t$
　　C. $L = \alpha \cdot L \cdot \Delta$ 　　　　　　D. $\Delta L = \alpha \cdot L$

415. 制定箱体零件的工艺过程应遵循(　　　)原则。

A. 先孔后平面　　B. 先平面后孔　　　　C. 先键槽后外圆　　　D. 先内后外

416. 一般情况下采用远起锯较好,因为远起锯锯齿是(　　　)切入材料,锯齿不易卡住。

A. 较快　　　　　B. 缓慢　　　　　　　C. 全部　　　　　　　D. 逐步

417. 用指示表测圆柱时,测量杆应对准(　　　)。

A. 圆柱轴中心　　B. 圆柱左端面　　　　C. 圆柱右端面　　　　D. 圆柱最下边

418. 常用润滑油有机械油及(　　　)等。

A. 齿轮油　　　　B. 石墨　　　　　　　C. 二硫化钼　　　　　D. 冷却液

419. 铅基轴承合金是以(　　　)为基的合金。

A. 铅　　　　　　B. 锡　　　　　　　　C. 锑　　　　　　　　D. 镍

420. 乳化液是将(　　　)加水稀释而成的。

A. 切削油　　　　B. 润滑油　　　　　　C. 动物油　　　　　　D. 乳化油

421. 立式车床在结构布局上的一个特点是不仅在(　　　)上装有侧刀架,而且在横梁上还装有立刀架。

A. 滑板　　　　　B. 导轨　　　　　　　C. 立柱　　　　　　　D. 床身

422. 麻花钻的导向部分有两条螺旋槽,作用是形成切削刃和(　　　)。

A. 排除气体　　　B. 排除切屑　　　　　C. 排除热量　　　　　D. 减轻自重

423. 丝杠零件图中梯形螺纹各部分尺寸采用(　　　)图表示。

A. 俯视　　　　　B. 旋转剖视　　　　　C. 全剖视　　　　　　D. 局部牙型放大

424. 硬质合金的特点是耐热性好,切削效率高,但刀片强度、韧性不及工具钢,焊接刃磨(　　　)。

A. 工艺较差　　　B. 工艺较好　　　　　C. 工艺很好　　　　　D. 工艺一般

425. 齿轮画法中,分度圆用(　　　)线表示。

A. 直　　　　　　B. 尺寸　　　　　　　C. 细实　　　　　　　D. 点画

426. 粗车蜗杆时,背刀量过大,会发生“啃刀”现象,所以在车削过程中,应控制(　　　),防止“扎刀”。

A. 切深　　　　　B. 转速　　　　　　　C. 进给量　　　　　　D. 切削用量

427. 普通黄铜分为单相黄铜和(　　　)两类。

A. 多相黄铜　　　B. 复杂相黄铜　　　　C. 复相黄铜　　　　　D. 双相黄铜

428. 离合器的作用是使(　　　)轴线的两根轴,或轴与轴上的空套传动件随时接通或断开,以实现机床的启动、停止、变速和换向等。

A. 平行　　　　　B. 不同　　　　　　　C. 同一　　　　　　　D. 相交

429. 三针测量蜗杆分度圆直径时千分尺读数值 M 的计算公式:$M = d_2 + ($　　　$)dD - 4.31$ ms。

A. 3.924　　　　B. 3.699　　　　　　C. 3.566　　　　　　D. 3.147

430. Q235—A·F 中的 235 表示(　　　)。

A. 屈服点 23.5MPa　　　　　　　　　B. 屈服点 235MPa

C. 含碳量 2.35%　　　　　　　　　　D. 序号

431. 铝是银白色金属,密度为(　　　)g/cm^3。

A. 1.56　　　　　B. 2.72　　　　　　　C. 3.68　　　　　　　D. 4.58

432. 车削细长轴前应先校直毛坯,使其直线度小于( )mm。

　　A. 0.05　　　　B. 0.15　　　　C. 0.5　　　　D. 1.5

433. 关于表面粗糙度对零件使用性能的影响,下列说法中错误的是( )。

　　A. 零件表面越粗糙,表面间的实际接触面积就越小

　　B. 零件表面越粗糙,单位面积受力就越大

　　C. 零件表面越粗糙,峰顶处的塑性变形会减小

　　D. 零件表面粗糙,会降低接触刚度

434. 电动机的分类不正确的是( )。

　　A. 交流电动机和直流电动机　　　　B. 异步电动机和同步电动机

　　C. 三相电动机和单相电动机　　　　D. 控制电动机和动力电动机

435. 车削细长轴时量具应选用游标卡尺、千分尺、钢板尺、螺纹、( )等。

　　A. 塞规　　　　B. 环规　　　　C. 千分尺　　　　D. 扣规

436. 关于转换开关的叙述,下列不正确的是( )。

　　A. 倒顺开关常用于电源的引入开关　　B. 倒顺开关手柄有倒顺停3个位置

　　C. 组合开关结构较为紧凑　　　　D. 组合开关常用于机床控制线路中

437. 金属材料下列参数中,( )不属于力学性能。

　　A. 强度　　　　B. 塑性　　　　C. 冲击韧性　　　　D. 热膨胀性

438. 用正弦规检验锥度的量具有检验平板、正弦规、( )、指示表、活动表架等。

　　A. 楔块　　　　B. 垫铁　　　　C. 量块　　　　D. 触头

439. 锡基轴承合金是向锡中加入( )等合金元素组成的合金。

　　A. 碳、氮　　　　B. 铁、镍　　　　C. 锑、铜　　　　D. 铬、钼

440. 橡胶制品是以( )为基础加入适量的配合剂组成的。

　　A. 再生胶　　　　B. 熟胶　　　　C. 生胶　　　　D. 合成胶

441. ( )梯形螺纹粗车刀的牙型角为29.5°。

　　A. 高速钢　　　　B. 硬质合金　　　　C. YT15　　　　D. YW2

442. 夹紧力的方向应尽量与切向力的方向( )。

　　A. 重合　　　　B. 相反　　　　C. 垂直　　　　D. 保持一致

443. 测量精度为0.02 mm的游标卡尺,当两测量爪并拢时,尺身上49 mm对正游标上的( )格。

　　A. 20　　　　B. 40　　　　C. 50　　　　D. 49

444. 装配图由于零件较多,在画图时要考虑有关零件的( )和相互遮盖的问题,一般先画前面看得见的零件,被挡住的零件不必画出,可在有关断面图中显示。

　　A. 夹紧　　　　B. 定位　　　　C. 尺寸　　　　D. 位置

445. 加工矩形48×6的内螺纹时,其小径D_1为( )mm。

　　A. 40　　　　B. 42　　　　C. 41　　　　D. 41.5

446. HT200表示是一种( )。

　　A. 黄铜　　　　B. 合金钢　　　　C. 灰铸铁　　　　D. 化合物

447. 当定位心轴的位置确定后,可将心轴取下,在定位心轴上套上工件,然后以工件( )找正后夹紧,即可车削第二个孔。

    A. 侧面　　　　　B. 前面　　　　　　C. 正面　　　　　　D. 右面

448. 车削非整圆孔工件刀具有45°车刀、90°车刀、( )车刀、麻花钻、中心钻等。

    A. 滚花　　　　　B. 圆弧　　　　　　C. 螺纹　　　　　　D. 内孔

449. 蜗杆的法向齿厚应单独画出( )剖视,并标注尺寸及粗糙度。

    A. 旋转　　　　　B. 半　　　　　　　C. 局部移出　　　　D. 全

450. 在尺寸符号$\phi50F8$中,用于判断基本偏差是上偏差还是下偏差的符号是( )。

    A. 50　　　　　　B. F8　　　　　　　C. F　　　　　　　　D. 8

451. 如果工件的( )及夹具中的定位元件精度很高,重复定位也可采用。

    A. 定位基准　　　B. 机床　　　　　　C. 测量基准　　　　D. 位置

452. 主运动的速度最高,消耗功率( )。

    A. 最小　　　　　B. 最大　　　　　　C. 一般　　　　　　D. 不确定

453. 曲轴颈、主轴颈的长度以各自的( )为主要基准,右端面为辅助基准。

    A. 左端面　　　　B. 右端面　　　　　C. 中心孔　　　　　D. 轴心线

454. 梯形螺纹( )测量中径的方法与测普通螺纹中径的方法相同,只是千分尺读数值M的计算公式不同。

    A. 单针　　　　　B. 三针　　　　　　C. 量针　　　　　　D. 千分尺

455. 当工件数量较少,长度较短,不便于用两顶尖安装时,可在四爪( )卡盘上装夹。

    A. 偏心　　　　　B. 单动　　　　　　C. 专用　　　　　　D. 定心

456. 职业道德基本规范不包括( )。

    A. 爱岗敬业,忠于职守　　　　　　B. 诚实守信,办事公道

    C. 发展个人爱好　　　　　　　　　D. 遵纪守法,廉洁奉公

457. 车床主轴材料为( )

    A. T8A　　　　　B. YG3　　　　　　C. 45钢　　　　　　D. A2

458. 当卡盘本身的精度较高,装上主轴后圆跳动大的主要原因是主轴( )过大。

    A. 转速　　　　　B. 旋转　　　　　　C. 跳动　　　　　　D. 间隙

459. 用铰杠攻螺纹时,当丝锥的切削部分全部进入工件,两手用力要( )地旋转,不能有侧向的压力。

    A. 较大　　　　　B. 很大　　　　　　C. 均匀、平稳　　　D. 较小

460. 圆柱齿轮的结构分为齿圈和轮体两部分,在( )上切出齿形。

    A. 齿圈　　　　　B. 轮体　　　　　　C. 齿轮　　　　　　D. 轮廓

461. 硬质合金的特点是耐热性好,切削效率高,但刀片( )、韧性不及工具钢,焊接刃磨工艺较差。

    A. 塑性　　　　　B. 耐热性　　　　　C. 强度　　　　　　D. 耐磨性

462. 测量法向齿厚时,应使尺杆与蜗杆轴线之间的夹角等于蜗杆的( )角。

    A. 牙型　　　　　B. 螺距　　　　　　C. 压力　　　　　　D. 导程

463. 按齿轮形状不同可将齿轮传动分为( )传动和圆锥齿轮传动两类。

    A. 斜齿轮　　　　B. 圆柱齿轮　　　　C. 直齿轮　　　　　D. 齿轮齿条

464. 轴承座可以在( )上安装加工,角铁安装后,首先要检验角铁平面对主轴轴线的平行度,检验合格后,即可装夹工件。

    A. 平面   B. 角铁   C. 花盘   D. 卡盘

465. 圆锥齿轮理论交点的间接测量方法是先测量( )锥角,若此角正确,再测量背锥面与齿面之间的夹角。

    A. 内圆   B. 齿面   C. 后   D. 侧面

466. 指示表的分度值是( )。

    A. 0.1   B. 0.01   C. 0.001   D. 1

467. 锪孔时,进给量为钻孔的 2~3 倍,切削过程与钻孔时比应( )。

    A. 减小   B. 增大   C. 减小或增大   D. 不变

468. 抗拉强度最高的是( )。

    A. HT200   B. HT250   C. HT300   D. HT350

469. 制动不灵主要表现在车床( )过程中,主轴不能迅速停止,影响工作效率,还易发生事故。

    A. 调试   B. 加工   C. 停车   D. 维修

470. 减少或补偿工件( )变形伸长的措施之一,是加注充分的切削液。

    A. 受力   B. 内应力   C. 热   D. 弹性

471. 錾削时所用的工具主要是( )。

    A. 錾子   B. 手锤   C. 錾子或手锤   D. 錾子和手锤

472. 偏心轴零件图样上符号◎是( )公差叫作( )。

    A. 同轴度,位置   B. 位置,同轴度   C. 形状,圆度   D. 尺寸,同轴度

473. 飞轮的车削属于( )类大型回转表面的加工。

    A. 轮盘   B. 轴   C. 套   D. 螺纹

474. 下列( )千分尺不存在。

    A. 分度圆   B. 深度   C. 螺纹   D. 内径

475. 高速钢梯形螺纹粗车刀径向后角为( )。

    A. $10° \sim 15°$ B. $8°$ C. $1° \sim 2°$ D. $0°$

476. 职业道德不体现( )。

    A. 从业者对所从事职业的态度   B. 从业者的工资收入

    C. 从业者的价值观   D. 从业者的道德观

477. 曲轴实际上是一种偏心工件,但曲轴的偏心距比一般偏心工件的偏心距( )。

    A. 少   B. 小   C. 大   D. 低

478. 属于合金弹簧钢的是( )。

    A. 20CrMnTi   B. Q345   C. 35CrMo   D. 60Si2Mn

479. 车削曲轴刀具有 45°车刀、90°车刀、圆头刀、切槽刀、螺纹车刀、( )等。

    A. 镰刀   B. 钻头   C. 手锯   D. 中心钻

480. 轴类零件加工顺序安排时应按照( )的原则。

    A. 先粗车后精车   B. 先精车后粗车   C. 先内后外   D. 基准后行

481. 在满足加工要求的前提下,少于(   )个支撑点的定位,称为部分定位。

    A. 六　　　　　B. 五　　　　　　　C. 四　　　　　　　　D. 七

482. 跟刀架的种类有(   )跟刀架和三爪跟刀架。

    A. 一爪　　　　B. 两爪　　　　　　C. 铸铁　　　　　　　D. 铜

483. 纯铝中加入适量的(   )元素,不能形成铝合金。

    A. 铜　　　　　B. 镁　　　　　　　C. 硫　　　　　　　　D. 锌

484. 几个定位点同时限制(   )自由度的,称为重复定位。

    A. 三个　　　　B. 几个　　　　　　C. 同一个　　　　　　D. 全部

485. 正弦规是利用三角函数关系,与量块配合测量工件角度和锥度的(   )量具。

    A. 精密　　　　B. 一般　　　　　　C. 普通　　　　　　　D. 比较

486. 切削时切削液可以冲去细小的切屑,可以防止加工表面(   )。

    A. 变形　　　　B. 擦伤　　　　　　C. 产生裂纹　　　　　D. 加工困难

487. 环境保护法的基本原则不包括(   )。

    A. 预防为主,防治结合　　　　　　　　B. 政府对环境质量负责

    C. 开发者保护,污染者负责　　　　　　D. 环保和社会经济协调发展

488. 千分尺微分筒转动一周,测微螺杆移动(   )mm。

    A. 0.1　　　　B. 0.01　　　　　　C. 1　　　　　　　　D. 0.5

489. 立式车床结构布局上的主要特点是主轴(   )布置,一个直径较大的圆形工作台呈水平布置,供装夹工件用。

    A. 横向　　　　B. 水平　　　　　　C. 竖直　　　　　　　D. 斜向

490. 硬质合金车刀加工高碳钢和合金钢是前角一般为(   )。

    A. 7°~12°　　B. 5°~10°　　　　C. 0°　　　　　　　D. -5°

491. 偏心轴的结构特点是两轴线平行而(   )。

    A. 重合　　　　B. 不重合　　　　　C. 倾斜30°　　　　　D. 不相交

492. 长方体工件的侧面靠在两个支撑点上,限制(   )个自由度。

    A. 三　　　　　B. 两　　　　　　　C. 一　　　　　　　　D. 四

493. 当检验高精度轴向尺寸时量具应选择:检验(   )、量块、指示表及活动表架等。

    A. 弯板　　　　B. 平板　　　　　　C. 量规　　　　　　　D. 水平仪

494. 锯削运动一般采用(   )的上下摆动式运动。

    A. 大幅度　　　B. 较大幅度　　　　C. 小幅度　　　　　　D. 较小幅度

495. 偏心距(   )的工件,因受指示表量程的限制,无法在两顶尖间直接测出偏心距,可采用间接测量的方法。

    A. 较小　　　　B. 较大　　　　　　C. 很小　　　　　　　D. 难测

496. 偏心夹紧装置中偏心轴的转动中心与几何中心(   )。

    A. 垂直　　　　B. 不平行　　　　　C. 平行　　　　　　　D. 不重合

497. 退火可分为完全退火、(   )退火和去应力退火等。

    A. 片化　　　　B. 团絮化　　　　　C. 球化　　　　　　　D. 网化

498. 刀具从何处切入工件,经过何处,又从何处(　　　)等加工路径必须在程序编制前确定好。

    A. 变速　　　　　B. 进给　　　　　　　C. 变向　　　　　　　D. 退刀

499. 测量偏心距时的量具有指示表、(　　　)表架、检验平板、V 形架、顶尖等。

    A. 活动　　　　　B. 固定　　　　　　　C. 杠杆　　　　　　　D. 方

500. V 带的截面形状为梯形,与轮槽相接触的(　　　)为工作面。

    A. 所有表面　　　B. 底面　　　　　　　C. 两侧面　　　　　　D. 单侧面

数控车削加工工艺及编程实践操作题库

（1）零件图

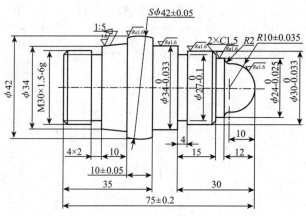

技术要求：

1. 未注倒角处去毛刺；

2. 未注公差按 IT11 级精度加工。

数控加工工艺卡片

工步号	工步内容	刀具号	刀具规格	主轴转速	进给速度	背吃刀量	备注

数控加工程序

评分标准

①中级数控车工操作技能考核总成绩表。

② 现场操作规范评分表。

序号	项目	考核内容	配分	考场表现	得分
1		工具的正确使用	2		
2		量具的正确使用	2		
3		刃具的合理使用	2		
4		设备正确操作和维护保养	4		
合计			10		

③ 工序制定及编程评分表。

序号	项目	考核内容	配分	实际情况	得分
1	工序制定	工序制定合理,选择刀具正确	5		
2	编程	程序指令正确,工艺合理	10		
合计			15		

④ 操作技能评分表。

序号	项目	考核内容		配分 IT	配分 Ra	检测结果	得分
1	球径	$S\phi 42 \pm 0.05$	$Ra1.6$				
2	外圆	$\phi 34_{-0.033}^{0}$	$Ra1.6$				
3	外圆	$\phi 30_{-0.033}^{0}$	$Ra1.6$				
4	槽	$\phi 27_{-0.1}^{0}$	$Ra3.2$				
5	外圆	$\phi 24_{-0.025}^{0}$	$Ra1.6$				
6	锥度	$1:5$	$Ra1.6$				
7	圆弧	$R10 \pm 0.035$、$R2$ 自然过渡	$Ra1.6$				
8	外螺纹	$M30 \times 1.5 - 6g$	$Ra1.6$	6	2		
9	长度	10 ± 0.2		3			
10		75 ± 0.05		3			
11	倒角	$C1.5$(2 处)		2			
12	倒圆	$R2$		1			
13	退刀槽	4×2		2			
14	未注公差			5			
合计				75			

（2）零件图

其余 $\sqrt{Ra3.2}$

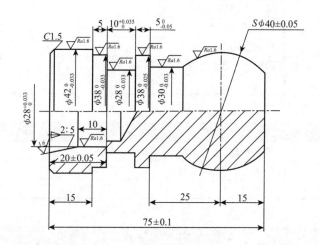

技术要求：

1. 未注倒角处去毛刺；

2. 未注公差按 IT11 级精度加工。

数控加工工艺卡片

工步号	工步内容	刀具号	刀具规格	主轴转速	进给速度	背吃刀量	备注

数控加工程序

评分标准

①中级数控车工操作技能考核总成绩表。

②现场操作规范评分表。

序号	项目	考核内容	配分	考场表现	得分
1		工具的正确使用	2		
2		量具的正确使用	2		
3		刃具的合理使用	2		
4		设备正确操作和维护保养	4		
合计			10		

③工序制定及编程评分表。

序号	项目	考核内容	配分	实际情况	得分
1	工序制定	工序制定合理,选择刀具正确	5		
2	编程	程序指令正确,工艺合理	10		
合计			15		

④操作技能评分表。

序号	项目	考核内容		配分 IT	配分 Ra	检测结果	得分
1	球径	$S\phi40 \pm 0.05$	$Ra1.6$				
2	外圆	$\phi42_{-0.033}^{0}$	$Ra1.6$				
3	外圆	$\phi38_{-0.033}^{0}$	$Ra1.6$				
4	外圆	$\phi38_{-0.025}^{0}$	$Ra1.6$				
5	外圆	$\phi30_{-0.033}^{0}$	$Ra1.6$				
6	外圆	$\phi28_{-0.033}^{0}$	$Ra1.6$				
7	内孔	$\phi28_{0}^{+0.033}$	$Ra1.6$				
8	锥度	$1:5$	$Ra1.6$				
9	长度	$10_{0}^{+0.035}$		3			
10		$5_{-0.05}^{0}$		3			
11		20 ± 0.05		3			
12		75 ± 0.1		3			
13	倒角	$C1.5$		2			
14	未注公差			5			
合计				75			

第3章 数控铣削加工工艺及编程

3.1 数控铣床基础知识

数控铣削机床是机床设备中应用较为广泛的机床。其可以进行外形轮廓铣削、平面型腔铣削、三维及以上复杂型面铣削,还可以进行钻削、镗削、螺纹切削和孔加工。加工中心、柔性制造单元等都是在数控铣床的基础上发展起来的。下面主要介绍数控铣床的选择、铣削加工工艺分析及刀具、夹具、量具等。

3.1.1 数控铣床的选择

1. 数控铣床的结构与组成

数控铣床是在通用铣床的基础上发展起来的,两者的加工工艺基本相同,结构也有些相似,但数控铣床是靠程序控制的自动加工机床,所以其结构也与普通铣床有很大区别。

数控铣床一般由机床主机、控制部分、驱动部分、辅助部分等组成,如图 3.1 所示。

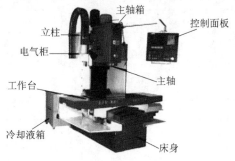

图3.1 数控铣床结构图

机床主机是数控机床的机械本体,包括床身、工作台、主轴箱、立柱、进给机构等,如图3.1所示。

(1)主轴箱包括主轴箱体和主传动系统,用于装夹刀具并带动刀具旋转,主轴转速范围和输出扭矩对加工有直接的影响。

(2)进给伺服系统由进给电动机和进给执行机构组成。按照程序设定的进给速度实现刀具和工件之间的相对运动,包括直线进给运动和旋转运动。

（3）控制系统是数控铣床运动控制的中心,执行数控加工程序,控制机床进行加工。

（4）辅助装置。如液压、气动、润滑、冷却系统和排屑、防护等装置。

（5）机床基础件通常是指底座、立柱、横梁等,它是整个机床的基础和框架。

2. 数控铣床的分类

1）按控制系统分类

（1）开环控制系统数控铣床。

开环控制系统数控铣床没有位置测量装置,信号流是单向的(数控装置→进给系统),因此系统稳定性好。开环控制系统数控铣床没有位置反馈,精度相对闭环控制系统而言较低,其精度主要取决于伺服驱动系统及机械传动机构的性能和精度,一般以功率步进电动机作为伺服驱动元件,如图 3.2 所示。

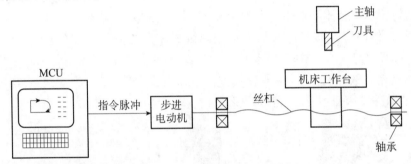

图 3.2　开环控制系统数控铣床

（2）半闭环控制系统数控铣床。

半闭环环路不包括或只包括少量机械传动环节,因此,可获得稳定的控制性能,其系统的稳定性比开环系统差,但比闭环控制系统要好,如图 3.3 所示。

半闭环控制系统数控铣床精度较闭环控制系统差,较开环控制系统好。

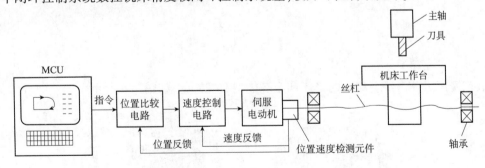

图 3.3　半闭环控制系统数控铣床

（3）闭环控制系统数控铣床。

闭环控制系统数控铣床直接对运动部件的实际位置进行检测。从理论上讲,它可以消除整个驱动和传动环节的误差、间隙和失动量,具有很高的位置控制精度,如图 3.4 所示。

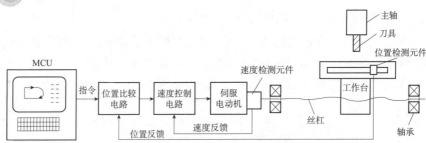

图 3.4　闭环控制系统数控铣床

2）按主轴位置分

数控铣床可分为立式、卧式和龙门式，除此之外，还有立卧两用式，如图 3.5 所示。

（1）立式数控铣床：其主轴处于垂直位置，它适用于加工高度、方向、尺寸相对较小的工件。图 3.5（a）所示为立式数控铣床。

（2）卧式数控铣床：其主轴处于水平设置，结构比立式数控铣床复杂，占地面积较大，且价格较高，它适用于加工箱体类零件。图 3.5（b）所示为卧式数控铣床。

（3）龙门式数控铣床：其是具有门式框架和卧式床身的铣床，主要用于特大型零件的加工。图 3.5（c）所示为龙门式数控铣床。

（4）立卧两用式数控铣床：其主轴轴线方向可以变换，既可以作为立式数控铣床使用，又可以作为卧式数控铣床使用，加工范围广泛。

(a)　　　　　　　　(b)　　　　　　　　(c)

图 3.5　数控铣床

（a）立式；（b）卧式；（c）龙门式

3）按功能水平分

数控铣床可分为经济型数控铣床和全功能型数控铣床，如图 3.6 所示。

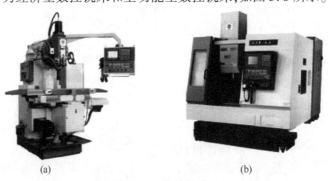

(a)　　　　　　　　　　(b)

图 3.6　数控铣床

（a）经济型数控铣床；（b）全功能型数控铣床

3. 数控铣床的工作原理

在数控铣床上加工零件时,一般根据被加工零件的工作图样,用规定的数字代码和程序格式编制数控程序,将编制好的数控程序记录在控制介质上,通过阅读器将控制介质上的代码转变为电信号,并输送到数控装置中,数控装置将接收的信号进行处理后,将处理结果以脉冲信号的形式向伺服驱动装置和辅助控制装置发出执行指令,以驱动铣床各进给机构按规定的加工顺序、速度和位移完成对零件的加工,如图 3.7 所示。

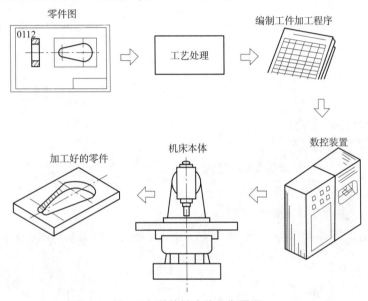

图 3.7　数控铣床的工作原理

4. 数控铣床的特点

1)能加工形状复杂的零件

因为数控铣床能实现多坐标联动,所以可以实现许多普通铣床难以完成或无法加工的空间曲线、曲面,如复杂型面的模具加工。

2)具有高度柔性

使用数控铣床,当加工的零件改变时,只需要重新编写(或修改)数控加工程序即可实现对新的零件的加工,而不需要重新设计模具、夹具等工艺装备。

3)加工精度高、质量稳定

数控铣床按照预定的加工程序自动加工工件,加工过程中消除了操作人员人为的操作误差,能保证零件加工质量的一致性,而且还可以利用反馈系统进行校正及补偿加工精度。

4)自动化程度高、工人劳动强度低

在数控铣床上加工零件时,操作人员除进行输入程序、装卸工件、对刀、关键工序的中间检测及观察铣床运行外,不需要进行其他复杂手工操作。

5)生产效率高

数控铣床结构刚性好,主轴转速高,可以进行大切削用量的强力切削。另外,铣床移动部件的空行程运动速度快,加工时所需要的切削时间和辅助时间均比普通铣床少,生产效率比普通铣床高 2~3 倍,加工形状复杂的零件,生产效率可高达十几倍到几十倍。

6)经济效益高

使用数控铣床加工零件时,分摊在每个零件上的设备费用是较昂贵的,但在单件、小批生产情况下,可以节省许多其他方面的费用,如减少划线、调整、检验时间而直接减少生产费用;节省工艺装备,减少装备费用;加工精度稳定,减少了废品率;一机多用,减小厂房占地面积,节省建厂投资等。

7)有利于生产管理的现代化

用数控铣床加工零件,能准确地计算出零件的加工工时,并有效地简化检验和管理工具、夹具、半成品的工作。

5. 数控铣床的应用场合

(1)多品种、小批量生产的零件。

(2)结构比较复杂的零件。

(3)需要频繁改型的零件。

(4)价值昂贵,不允许报废的关键零件。

(5)设计制造周期短的急需零件。

(6)批量较大、精度要求较高的零件。

对于三种机床,零件批量与综合费用、零件复杂程度之间的关系如图 3.8 所示。

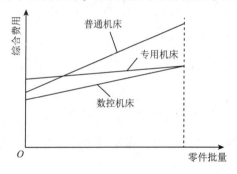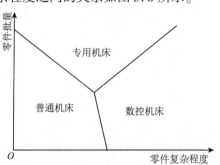

图 3.8 数控铣床的应用场合

6. 数控铣削的对象

铣削是被广泛应用的一种切削加工方法,是在铣床上利用铣刀的旋转(主运动)和零件的移动(进给运动)来加工零件的。铣削加工可以在卧式铣床、立式铣床、龙门铣床、工具铣床及各种专用铣床上进行,对于单件小批量生产的中小型零件,以卧式铣床和立式铣床最为常用。在切削加工中,铣床的工作量仅次于车床。

铣削加工的范围比较广泛,可以加工平面、台阶面、沟槽和成形面等。另外,还可以进行孔加工和分度工作,铣削后平面的尺寸公差等级可达 IT9~IT6,表面粗糙度可达 $Ra3.2~Ra16$。铣削的加工范围如图 3.9 所示。铣削主要适用于下列几类零件的加工。

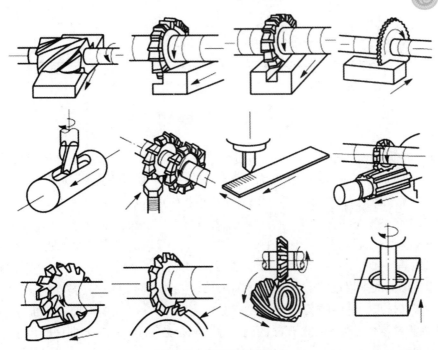

图3.9 数控铣削的对象

1)平面类零件

平面类零件是指加工面平行或垂直于水平面，以及加工面与水平面的夹角为一定值的零件，这类加工面可展开为平面。

如图3.10所示，三个零件均为平面类零件。其中，曲线轮廓面 A 垂直于水平面，可采用圆柱形立铣刀加工。凸台侧面 B 与水平面成一定角度，这类加工面可以采用专用的角度成形铣刀来加工。对于斜面 C，当零件尺寸不大时，可用斜板垫平后加工；当零件尺寸很大，斜面坡度又较小时，也常用行切加工法加工，这时会在加工面上留下进刀时的刀锋残留痕迹，最后可钳工修理清除。

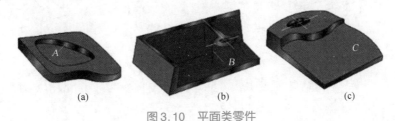

图3.10 平面类零件

(a)轮面 A；(b)轮面 B；(c)轮底面 C

2)直纹曲面类零件

直纹曲面类零件是指由直线依某种规律移动所产生的曲面类零件，零件的加工面就是一种直纹曲面，如图3.11所示，当直纹曲面从截面 A 至截面 B 变化时，其与水平面间的夹角从 $3°10'$ 均匀变化为 $2°32'$；从截面 B 到截面 C 时，又均匀变化为 $1°20'$，最后到截面 D，斜角均匀变化为 $0°$。直纹曲面类零件的加工面不能展开为平面。

当采用四坐标或五坐标数控铣床加工直纹曲面类零件时，加工面在与铣刀圆周接触的瞬间为一条直线。这类零件也可在三坐标数控铣床上采用行切加工法实现近似加工。

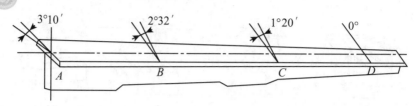

图 3.11　直纹曲面类零件

3)立体曲面类零件

加工面为空间曲面的零件称为立体曲面类零件。这类零件的加工面不能展成平面,一般使用球头铣刀切削,加工面与铣刀始终为点接触,若采用其他刀具加工,易于产生干涉而铣伤邻近表面。加工立体曲面类零件一般使用三坐标数控铣床,采用以下两种加工方法。

(1)行切加工法。

采用三坐标数控铣床进行二轴半坐标控制加工,即行切加工法。球头铣刀沿 XZ 平面的曲线进行直线插补加工,当一段曲线加工完成后,沿 Y 方向进给 ΔY,再加工相邻的另一曲线,如此依次用平面曲线来逼近整个曲面。相邻两曲线间的距离 ΔY 应根据表面粗糙度的要求及球头铣刀的半径选取。球头铣刀的球半径应尽可能选得大一些,以增加刀具刚度,提高散热性,降低表面粗糙度值。加工凹圆弧时的铣刀球头半径必须小于被加工曲面的最小曲率半径,如图 3.12(a)所示。

(2)三坐标联动加工。

采用三坐标联动加工,即进行空间直线插补。半球形零件可用行切加工法加工,也可用三坐标联动的方法加工,这时,数控铣床用 X、Y、Z 三坐标联动的空间直线插补,实现球面加工,如图 3.12(b)所示。

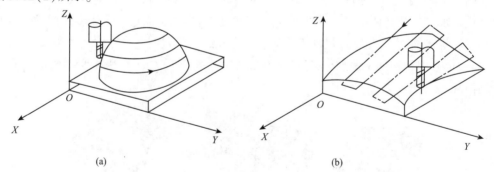

图 3.12　立式曲面类零件

(a)行切加工法;(b)三坐标联动加工

3.1.2　数控铣削加工工艺分析

数控铣削加工的工艺设计是在普通铣削加工工艺设计的基础上,考虑和利用数控铣床的特点,充分发挥其优点。其关键在于合理安排工艺路线,协调数控铣削工序与其他工序之间的关系,确定数控铣削工序的内容和步骤,并为程序编制准备必要的条件。

1.数控铣削加工部位及内容的选择与确定

一般情况下,某个零件并不是所有的表面都需要采用数控加工,应根据零件的加工要求和企业的生产条件进行具体分析,确定具体的加工部位、内容及要求。具体而言,以下情况适宜采用数控铣削加工。

(1)由直线、圆弧、非圆曲线及列表曲线构成的内外轮。

(2)空间曲线或曲面。

(3)形状虽然简单,但尺寸繁多、检测困难的部位。

(4)用普通机床加工时难以观察、控制及检测的内腔、箱体内部等。

(5)有严格位置尺寸要求的孔或平面。

(6)能够在一次装夹中顺带加工出来的简单表面或形状。

(7)采用数控铣削加工能有效提高生产率,减轻劳动强度的一般加工内容。

而像简单的粗加工面,需要用专用工装协调的加工内容等,则不宜采用数控铣削加工。在具体确定数控铣削的加工内容时,还应结合企业设备条件、产品特点及现场生产组织管理方式等具体情况进行综合分析,以优质、高效、低成本完成零件的加工为原则。

2.数控铣削加工零件的工艺性分析

零件的工艺性分析是制定数控铣削加工工艺的前提,其主要内容如下。

1)零件图及结构工艺性分析

关于数控加工零件图和结构工艺性分析,在前面已作了介绍,下面结合数控铣削加工的特点作进一步说明。

(1)仔细阅读图样,明确加工内容,分析零件的形状、结构及尺寸的特点,确定零件上是否有妨碍刀具运动的部位,是否有会产生加工干涉或加工不到的区域,零件的最大形状尺寸是否超过机床的最大行程,零件的刚性随着加工的进行是否有太大的变化等。

(2)详细了解图样所标注的几何尺寸、尺寸精度、形位公差、表面粗糙度等技术要求;了解零件的材料、毛坯类型、生产批量等,这些都是合理安排数控铣削加工工艺中各基本参数的主要依据。如果零件的某些加工部位经数控铣削加工达不到精度要求时,还需要安排最后的精加工(如磨削),应注意为后续工序保留加工余量。检查零件的加工要求,如尺寸加工精度、几何公差及表面粗糙度在现有加工条件下是否可以得到保证、是否还有更经济的加工方法或方案。

(3)注意在零件上是否存在对刀具形状及尺寸有限制的部位和尺寸要求,如过渡圆角、倒角、槽宽等,这些尺寸是否过于凌乱或统一。尽量使用最少的刀具进行加工,减少刀具规格、换刀及对刀次数和时间,以缩短总的加工时间。

(4)对于零件加工中使用的工艺基准应当着重考虑,它不仅决定了各个加工工序的前后顺序,还将对各个工序加工后各个加工表面之间的位置精度产生直接的影响。应分析零件上是否有可以利用的工艺基准,对于一般加工精度要求,可以利用零件上现有的一些基准或基准孔,或者专门在零件上加工出工艺基准;当零件的加工精度要求很高时,必须采用先进的统一基准定位装夹系统才能保证加工要求。

(5)分析零件材料的种类、牌号及热处理要求,了解零件材料的切削加工性能,才能合理选择刀具材料和切削参数。同时要考虑热处理对零件的影响,如热处理变形,并在工艺路线中安排相应的工序消除这种影响。而零件的最终热处理状态也会影响工序的前后顺序。

(6)当零件上的部分内容已经加工完成,这时应充分了解零件的已加工状态,数控铣削加工的内容与已加工内容之间的关系,尤其是位置尺寸关系。明确这些内容之间在加工时如何协调,采用什么方式或基准保证加工要求,如对其他企业的外协零件的加工。

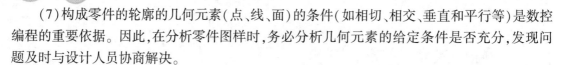

（7）构成零件的轮廓的几何元素（点、线、面）的条件（如相切、相交、垂直和平行等）是数控编程的重要依据。因此，在分析零件图样时，务必分析几何元素的给定条件是否充分，发现问题及时与设计人员协商解决。

2）零件毛坯的工艺性分析

零件在进行数控铣削加工时，由于加工过程的自动化，使余量的大小、如何装夹等问题在设计毛坯时就要被仔细考虑好；否则，如果毛坯不适合数控铣削，加工将很难进行。根据实践经验，下列几个方面应作为毛坯工艺性分析的重点。

（1）毛坯应有充分、稳定的加工余量。毛坯主要是指锻件、铸件。因模锻时的欠压量与允许的错模量会造成余量的多少不等，铸造时也会因砂型误差、收缩量及金属液体的流动性差不能充满型腔等造成余量不等，另外，锻造、铸造后，毛坯的挠曲与扭曲变形量的不同也会造成加工余量的不充分、不稳定，因此，除板料外，无论是锻件、铸件还是型材，只要准备采用数控铣削加工，其加工面均应有较充分的余量。经验表明，数控铣削中最难保证的是加工面与非加工面之间的尺寸，这一点应该特别引起重视。如果已确定或准备采用数控铣削加工，就应事先对毛坯的设计进行必要更改或在设计时就加以充分考虑，即在零件图样注明的非加工面处也增加适当的余量。

（2）分析毛坯的装夹适应性。主要考虑毛坯在加工时定位和夹紧的可靠性与方便性，以便在一次安装中加工出较多表面。对不便于装夹的毛坯，可考虑在毛坯上另外增加装夹余量或工艺凸台、工艺凸耳等辅助基准。如图3.13所示，该工件缺少合适的定位基准，在毛坯上铸造出两个工艺凸耳，在凸耳上绘制出定位基准孔（图3.13）。

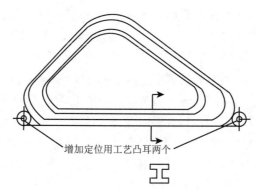

增加定位用工艺凸耳两个

图3.13　零件毛坯的工艺性分析

（3）分析毛坯的余量大小及均匀性。主要是考虑在加工时是否分层切割及分几层切割。也要分析加工中与加工后的变形程度，考虑是否应采取预防性措施与补救措施。如对于热轧中、厚铝板，因淬火失效后很容易在加工中与加工后变形，最好采用经预拉伸处理的火板坯。

3. 数控铣削加工工艺路线的拟定

随着数控加工工艺的发展，在不同设备和技术条件下，同一个零件的加工工艺路线会有较大的差别。但关键的都是从现在加工条件出发，根据工件形状结构特点合理选择加工方法，划分加工工序，确定加工路线和工件各个加工表面的加工顺序，协调车、铣削工序和其他工序之间的关系及考虑整个工艺方案的经济性等。

1）加工方法的选择

数控铣削加工对象的主要加工表面一般可采用表3.1所示的加工方案。

表3.1 加工方法的选择

序号	加工表面	加工方案	所使用的的刀具
1	平面内外轮廓	X、Y、Z 方向粗铣→内外轮廓方向分层半精铣→轮廓高度方向分层半精铣→内外轮廓精铣	整体高速钢或硬质合金立铣刀；机夹可转位硬质合金立铣刀
2	空间曲面	X、Y、Z 方向粗铣→曲面 Z 方向分层粗铣→曲面半精铣→曲面精铣	整体高速钢或硬质合金立铣刀、球头铣刀；机夹可转位硬质合金立铣刀、球头铣刀
3	孔	定尺寸刀具加工铣削	麻花钻、扩孔钻、铰刀、镗刀整体高速钢或硬质合金立铣刀；机夹可转位硬质合金立铣刀
4	外螺纹	螺纹铣刀铣削	螺纹铣刀
5	内螺纹	攻螺纹 螺纹铣刀铣削	丝锥 螺纹铣刀

（1）平面加工方法的选择。

在数控铣床上加工平面主要采用端铣刀和立铣刀加工。粗铣的尺寸精度和表面粗糙度一般可达 IT11～IT13，$Ra6.3～Ra25$；精铣的尺寸精度和表面粗糙度一般可达 IT8～IT10，$Ra1.6～Ra6.3$。需要注意的是，当零件表面粗糙度要求较高时，应采用顺铣方式。

（2）平面轮廓加工方法的选择。

平面轮廓多由直线和圆弧或各种曲线构成，通常采用三坐标数控铣床进行两轴半坐标加工。如图 3.14（a）所示，位置直线和圆弧构成的零件平面轮廓 ABCDEA，采用半径为 R 的立铣刀沿周向加工，虚线 A'B'C'D'E'A' 为刀具中心的运动轨迹，为保证加工面光滑，刀具沿 PA' 切入，沿 A'K' 切出。

（3）固定斜角平面加工方法的选择。

固定斜角平面是与水平面成一固定夹角的斜面。当零件尺寸不大时，可用斜垫板垫平加工。如果机床主轴可以摆角，则可以摆成适当的定角，用不同的刀具来加工。当零件尺寸很大，斜面斜度又较小，常用行切削加工，但加工后，会在加工面上留下残留面积，需要用钳修方法加以清除。用三坐标数控铣床加工飞机整体壁板零件时常用此法。当然，加工斜面的最佳方法是采用五坐标数控铣床，主轴摆角加工，可以不留残留面积，如图 3.14（b）所示。

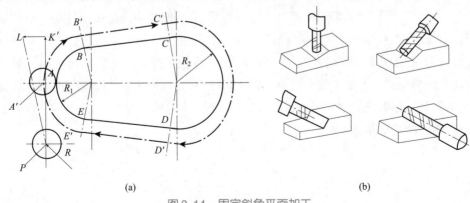

(a)   (b)

图 3.14 固定斜角平面加工

（a）三坐标数控铣床；（b）五坐标数控铣床

（4）变斜角面加工方法的选择。

①对曲率变化较小的变斜角面，选用 X、Y、Z 和 A 四坐标联动的数控铣床，如图 3.15（a）所示，采用立铣刀（但当零件斜角过大，超过机床主轴摆角范围时，可用角度成形铣刀加以弥补）以插补方式摆角加工。加工时，为保证刀具与零件型面上在全长上始终贴合，刀具绕 A 轴摆动角度 a。

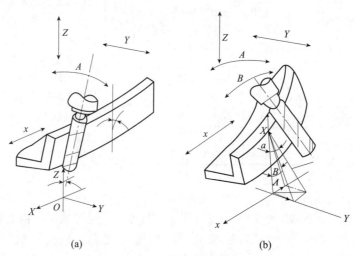

(a)   (b)

图 3.15　变斜角面加工

(a)曲率变化较小的；(b) 曲率变化较大的

②对曲率变化较大的变斜角面，如图 3.15（b）所示，用四坐标联动加工难以满足加工要求，最好有 X、Y、Z、A 或 B（或 C 转轴）的五坐标联动数控铣床以圆弧插补方式摆角加工。

③采用三坐标数控铣床两坐标联动，利用球头铣刀和鼓形铣刀，以直线或圆弧插补方式进行分层铣削加工，加工后的残留面积用钳修方法消除。由于鼓形铣刀的鼓径可以做得比球头铣刀的球径大，所以加工后的残面积小，加工效果比球头铣刀好。

（5）曲面轮廓加工方法的选择。

立体曲面的加工应根据曲面形状、刀具形状及精度要求采用不同的铣削加工方法，如图 3.16 所示，两轴半、三轴、四轴及五轴等联动加工。

①对曲率变化不大和精度要求不高的曲面的粗加工，常用两轴半坐标行切加工（所谓行切法，是指刀具与零件轮廓的切点轨迹是一行一行的，而行间的距离是按零件加工精度的要求确定的）。即 X、Y、Z 三轴中任意两轴作联动插补、第三轴作单独的周期进给。将 X 向分成若干段，球头铣刀沿 YOZ 面所截的曲线进行铣削，每一段加工完成后进给 ΔX，再加工另一相邻曲线，如此依次切削即可加工出整个曲面。在行切法中，要根据轮廓表面粗糙度的要求及刀头不干涉相邻表面的原则选取 ΔX。球头铣刀的刀头半径应选得大一些，有利于散热，但刀头半径应小于内凹面的最小曲率半径。

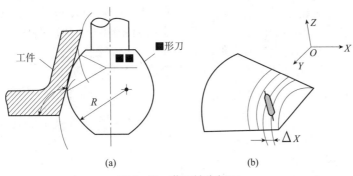

图 3.16 曲面轮廓加工

(a)曲率变化不大;(b)曲率变化较大

②对曲率变化较大和精度要求较高的曲面的精加工,常用 X、Y、Z 三轴联动插补的行切法加工。

③对于叶轮、螺旋桨这样的零件,因其叶片形状复杂,刀具容易与相邻表面发生干涉,常用五坐标联动加工。

2)工序的划分

在确定加工内容和加工方法的基础上,根据加工部分的性质、刀具使用情况及现有的加工条件,参照工序划分原则和方法,将这些加工内容安排在一个或几个数控铣削加工工序中。

(1)当加工中使用的刀具较多时,为了减少换刀次数,缩短辅助时间,可以将一把刀具所加工的内容安排在一个工序(或工步)中。

(2)按照工件加工表面的性质和要求,可将粗加工、精加工分为依次进行的不同工序(或工步)。首先进行所有表面的粗加工,然后进行所有表面的精加工。

一般情况下,为了减少工件加工中的周转时间,提高数控铣床的利用率,保证加工精度要求,在数控铣削工序划分时,应尽量使工序集中。当数控铣床的数量比较多,同时有相应的设备技术措施保证工件的定位精度时,为了更合理地使机床的负荷均匀,协调生产组织,也可以将加工内容适当分散。

3)加工顺序的安排

在确定了某个工序的加工内容后,要进行详细的工步设计,即安排这些工序内容的加工顺序,同时,考虑顺序编制时刀具运动轨迹的设计。一般将一个工步编制为一个加工程序,因此,工步顺序实际上也就是加工顺序的执行顺序。

一般数控铣削采用工序集中的方式,这时工步的顺序就是工序分散时的工序顺序,可以参照相关原则进行安排,通常按照从简单到复杂的原则,先加工平面、沟槽、孔,再加工外形、内腔,最后加工曲面;先加工精度要求低的表面,再加工精度高的部位等。

4)加工路线的确定

在确定走刀路线时,除遵循相关原则外,对于数控铣削应重点考虑以下几个方面。

(1)应能保证零件的加工精度和表面粗糙度要求。

如图 3.17(a)所示,当铣削平面零件外轮廓时,一般采用立铣刀侧刃切削。刀具切入工件时,应避免沿零件外轮廓的法线方向切入,而应沿外轮廓曲线延长线的切向切入,以避免在切入处产生刀具的刻痕而影响表面质量,保证零件外轮廓曲线平滑过渡。同理,在切离工件时,也应避免在工件的轮廓处直接退刀,而应该沿零件轮廓延长线的切向逐渐切离工件。

147

如图 3.17(b)所示,铣削封闭的内轮廓表面时,若内轮廓曲线允许外延,则应沿切线方向切入切出。若内轮廓曲线不允许外延,则刀具只能沿内轮廓曲线的法向切入、切出,此时刀具的切入、切出点应尽量选择在内轮廓曲线两几何元素的交点处。当内部几何元素相切无交点时,如图 3.18 所示,为防止刀补取消时在轮廓拐角处留下凹口,刀具切入、切出点应远离拐角。

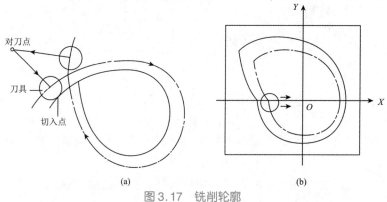

图 3.17 铣削轮廓

(a)铣削外轮廓;(b)铣削内轮廓

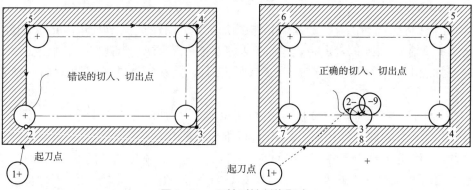

图 3.18 刀补对铣削的影响

图 3.19(a)所示为以圆弧插补方式铣削外整圆时的走刀路线。当整圆加工完毕时,不要在切点直接退刀,而应让刀具切线方向多运动一段距离,以免取消刀补时,刀具与工件表面相碰,造成工件报废。如图 3.19(b)所示,铣削内圆弧时也要遵循从切向切入的原则,安排从圆弧过渡到圆弧的加工路线,这样可以提高内孔表面的加工精度和加工质量。

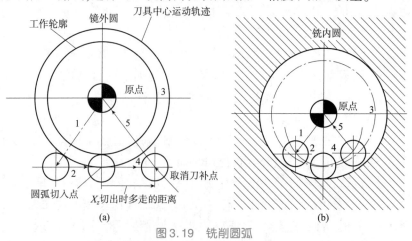

图 3.19 铣削圆弧

(a)铣削外整圆;(b)铣削内圆弧

对于孔位置精度要求较高的零件,在精镗孔系时,镗孔路线一定要注意各孔的定位方向一致,即采用单相近定位点的方法,如图 3.20 所示,避免传动系统反向间误差或测量系统的误差对定位精度的影响。

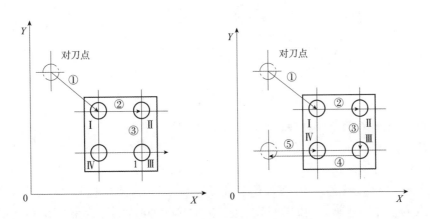

图 3.20　镗孔的定位方向

铣削曲面时,常采用球头刀行切法进行加工,对于边界敞开的曲面加工,可采用两种走刀路线。如图 3.21 所示,当采用行切法的加工方案时,每次沿直线加工,刀位点计算简单,程序少,加工过程符合直纹面的形成,可以准确保证母线的直线度;当采用仿形法加工方案时,符合这类零件数据给出情况,便于加工后检验,叶形的准确度较高,但程序较多。由于曲面零件的边界是敞开的,没有其他表面限制,所以边界曲面可以延伸,球头刀应从边界外开始加工。

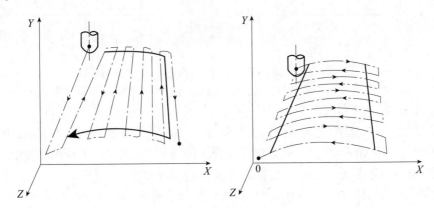

图 3.21　球头铣刀的铣削方法

此外,轮廓加工中应避免进给停动,因为加工过程中的切削力会使工艺系统产生弹性变形并处于相对平衡状态,进给停动时,切削力突然减小,会改变系统的平衡状态,刀具会在进给停动处的零件轮廓上留下刻痕。

为提高工件表面的精度和减小粗糙度,可以采用多次走刀的方法,精加工余量一般为 0.2 ~ 0.5 m 为宜。而且精铣时宜采用顺铣,以减小零件被加工表面粗糙度。

(2)应使走刀路线最短,如图 3.22 所示,减小刀具空行程时间,提高加工效率。

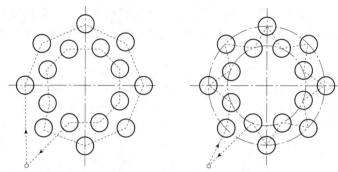

图 3.22　走刀路线的选择

（3）应使数值计算简单，程序段数量少，以减少编程工作量。

（4）顺铣与逆铣。

①顺铣和逆铣的概念。

沿着刀具的进给方向看，如果零件位于铣刀进给方向的右侧，那么进给方向称为顺时针；反之，当零件位于铣刀进给方向的左侧时，进给方向称为逆时针。如果铣刀旋转方向与零件进给方向相同，称为顺铣，如图 3.23（a）所示；铣刀旋转方向与零件进给方向相反，称为逆铣，如图 3.23（b）所示。

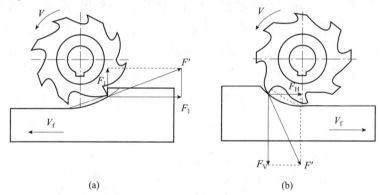

图 3.23　铣削方法的选择
（a）顺铣；（b）逆铣

②顺铣和逆铣的选择。

逆铣时，切削由薄变厚，刀齿从已加工表面切入，对铣刀的使用有利。逆铣时，当铣刀刀齿接触零件后不能马上切入金属层，而是在零件表面滑动一小段距离，在滑动过程中，由于强烈的摩擦，就会产生大量的热量，同时，在待加工表面易形成硬化层，降低了刀具的耐用度，影响零件表面质量，给切削带来不利。顺铣时，刀齿开始和零件接触时切削厚度最大，且从表面硬质层开始切入，刀齿受很大的冲击负荷，铣刀变钝较快，但刀齿切入过程中没有滑移现象。

顺铣的功率消耗要比逆铣时小，在同等切削条件下，顺铣功率消耗要低 $5\% \sim 15\%$，同时，顺铣也更加有利于排屑。一般应尽量采用顺铣法加工，以提高被加工零件表面的质量（降低粗糙度），保证尺寸精度。但是在切削面上有硬质层、积渣、零件表面凹凸不平较显著时，如加工锻造毛坯，应采用逆铣法。

3.1.3　数控铣床刀具、夹具、量具

数控铣床上所采用的刀具要根据被加工零件的材料、几何形状、表面质量要求、热处理状

态、切削性能及加工余量等,选择刚性好、耐用度高的刀具。

(1)铣刀刚性要好。在数控铣削加工中,一是大切削用量可提高生产效率;二是数控铣床加工过程中难以调整切削用量。因此,在数控铣削中,因为铣刀刚性较差而断刀并造成零件损失的事例是经常有的,所以注意提高数控铣刀的刚性是很重要的。

(2)铣刀耐用度要高。当一把铣刀加工的内容很多时,如果刀具磨损较快,不仅会影响零件的表面质量和加工精度,而且会增加换刀与对刀次数,从而导致零件加工表面留下因对刀误差而形成的接刀台阶,降低零件的表面质量。

除上述两点外,铣刀切削刃几何角度参数的选择与排屑性能也非常重要,切屑黏刀形成积屑留在数控铣削中是必须避免的。总之,根据被加工零件材料的热处理状态、切性能及加工余量,选择刚性好、耐用度高的铣刀,是充分发挥数控铣床生产效率并获得满意加工质量的前提条件。

1. 数控铣床常用刀具的分类

1)按直径分类

(1)公制铣床刀具。

公制铣床刀具的常用直径为 ϕ0.5 mm,ϕ1 mm,ϕ1.5 mm,ϕ2 mm,ϕ2.5 mm,ϕ3 mm,ϕ4 mm,ϕ5 mm,ϕ6 mm,ϕ8 mm,ϕ10 mm,ϕ12 mm,ϕ16 mm,ϕ20 mm,ϕ25 mm,ϕ28 mm,ϕ30 mm,ϕ32 mm,ϕ35 mm,ϕ40 mm,ϕ50 mm 和 ϕ63 mm 等。

(2)英制铣床刀具。

英制铣床刀具的常用直径为 ϕ1/8 in,ϕ1/4 in, ϕ1/2 in,ϕ3/16 in,ϕ5/16 in,ϕ3/8 in,ϕ5/8 in,ϕ3/4 in,ϕ1 in,ϕ1.5 in 和 ϕ2 in 等。

2)按刀具材料分类

(1)高速工具钢刀具。

高速工具钢刀具是最常见的刀具,价格便宜、购买方便,但易磨损、损耗较大。

(2)合金刀具。

合金刀具由合金材料制成,具有耐高温、耐磨损、加工效率高和加工质量高等优点。

(3)舍弃式刀具。

舍弃式刀具由合金材料制成,刀片可更换、耐磨性较好、价格适中,因此被广泛用于加工钢料的场合。

3)按加工用途分类

(1)铣削刀具。

常用的铣削刀具包括面铣刀、立铣刀、键槽铣刀、模具铣刀、成形铣刀(如球头铣刀)、鼓形铣刀、锯片铣刀等,如图3.24所示。

| (a) | (b) | (c) |

图 3.24　铣削刀具

(a)面铣刀;(b)直柄立铣刀;(c)锥柄立铣刀

(d)   (e)

图 3.24　铣削刀具(续)

(d)键槽铣刀;(e)球头铣刀

(2)孔加工刀具。

常用的孔加工刀具有中心钻、钻头、铰刀等,如图 3.25 所示。

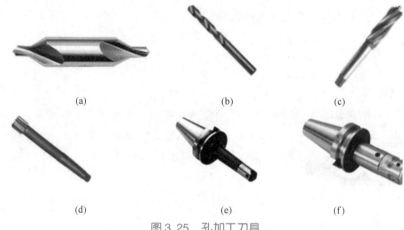

图 3.25　孔加工刀具

(a)中心钻;(b)标准麻花钻;(c)标准扩孔钻;(d)机用铰刀;(e)单刃粗镗刀;(f)可调精镗刀

①面铣刀。面铣刀圆周方向切削刃为主切削刃,端部切削刃为副切削刃,面铣刀多制成套式齿结构,刀刃为高速钢或硬质合金,刀体为 40Cr。高速钢面铣刀直径 $d = 80 \sim 250$ mm,螺旋角 $\beta = 10°$,刀齿数 $Z = 10 \sim 26$。

硬质合金面铣刀的铣削速度、加工效率和零件表面质量均高于高速钢铣刀,并可加工带有硬皮和淬硬层的零件,因而在数控加工中得到了广泛应用。常用的硬质合金面铣刀中使用最广泛的是转位式面铣刀。

《可转位面铣刀 第 1 部分:套式面铣刀》(GB/T 5342.1—2006)规定,面铣刀采用公比1.25的标准直径(mm)系列:16、20、25、32、50、63、80、100、125、160、200、250、315、400、500、630。

可转位面铣刀有粗齿、细齿和密齿三种。粗齿铣刀容屑空间大,常用于粗铣钢件;粗铣带断续表面的铸件和在平稳条件下铣削钢件时,可选用细齿铣刀;密齿铁刀的每齿进给量小,主要用于加工薄壁零件。

面铣刀主要参数的选择:标准可转位面铣刀直径为 $d(16 \sim 630$ m),应根据侧吃刀量选择适当的铣刀直径,铣刀尽量包容零件整个加工宽度,以提高加工精度和效率,减少相临两次进给之间的接刀痕迹,保证铣刀的耐用度。

加工较大的平面时,为了提高生产效率和提高加工表面质量,一般采用刀片镶嵌式盘形面铣刀,采用粗铣和精铣两次走刀。粗铣刀的直径要小一些,以减小切削的扭矩;精铣刀的直径大一些,以减少接刀刀痕,提高表面加工质量。

②立铣刀。立铣刀是数控机床上用得最多的一种刀,立铣刀的圆柱表面和端面上都有切削

刃,可同时进行切削,也可单独进行切削。圆柱表面的切刃为主切削刃,端面上的切削刃为副切刃。主切削刃一般为螺旋齿,这样可以增加切削平稳性,提高加工精度。由于普通立铣刀端面中心处无切削刃,所以立铣刀不能作轴向进给,端面刃主要用来加工与侧面相垂直的底平面。

为了能够加工较深的沟槽,并保证有足够的被磨量,立铣刀的轴向长度一般较长,为改善切削卷曲情况,增大容屑空间,防止切屑堵塞,刀齿数比较少,容屑槽圆弧半径较大。一般粗齿立铣刀刀齿数 $Z = 3 \sim 4$,适用于粗加工;细齿立铣刀齿数 $Z = 5 \sim 8$,适用于半精加工;套式结构 $Z = 10 \sim 20$,容屑槽圆弧半径 $r = 2 \sim 5$ mm。立铣刀直径较大时,可被制成不等齿面结构,以增强抗振作用,使切削过程平稳。

立铣刀的直径范围是 $2 \sim 80$ mm,柄部有直柄、莫氏锥柄、7:24 锥柄等多种形式。高速钢立铣刀应用较广,但切削效率较低。硬质合金可转位式立铣刀基本结构与高速钢铣刀相似,但切削效率是高速钢立铣刀的 $2 \sim 4$ 倍,且适用于数控铣床、加工中心上的加工。

如果条件允许,尽量不用高速钢立铣刀加工毛坯面,防止刀具的磨损和崩刃,毛坯面可用硬质合金立铣刀加工。

③模具铣刀。模具铣刀由立铣刀发展而来,可分为圆锥形立铣刀(圆锥半角取 $3°$、$5°$、$7°$、$10°$)、圆柱形球头立铣刀和圆锥形球头立铣刀三种。其中柄部有直柄、削平型直柄和莫氏锥柄。其结构特点是球头或端面上布满了切削刃,圆周刃与球头刃圆弧连接,可以作径向和轴向进给。铣刀工作部分用高速钢或硬质合金制造,小规格的硬质合金模具铣刀多制成整体结构,直径在 16 mm 以上的模具铣刀制成焊接或机夹可转位刀片结构。

④键槽铣刀。键槽铣刀有两个刀齿,圆柱面和端面都有切削刃,端面刃延至中心,既像立铣刀,又像钻头。加工时先轴向进给达到槽深,然后沿键槽方向铣出键槽全长。

直柄键槽铣刀直径一般取 $2 \sim 22$ mm,锥柄键槽铣刀直径一般取 $14 \sim 50$ mm。键槽铣刀直径的偏差有 e8 和 d8 两种。键槽铣刀的圆周切削刃仅在靠近端面的一小段长度内发生磨损,重磨时,只需要刃磨端面切削刃,因此重磨后铣刀直径不变。

键槽铣刀主要用于立式铣床上加工圆头封闭键槽等。键槽铣刀圆柱面和端面都有切削刃,端面刃延伸至轴心,螺旋角较小,使端面刀齿强度得到了增强,外形既像立铣刀,又像钻头。端面刀齿上的切削刃为主切削刃,圆柱面上的切削刃为副切削刃。加工键槽时,每次先沿铣刀轴向进给较小的量,然后再沿径向进给,这样反复多次,可完成键槽的加工。

⑤鼓形铣刀。鼓形铣刀的切削刃分布在半径为 R 的圆弧面上,端面无切削刃。鼓形铣刀多用来对飞机结构件等零件中与安装面倾斜的零件表面进行三坐标加工。在单件或小批量生产中可用鼓形铣刀加工来取代多坐标加工,加工时控制刀具上下位置,相应改变刀刃的切削部位,可以在零件上切出从负到正的不同斜角。R 越小,鼓形刀所能加工的斜角范围越广,但所获得的表面质量也越差。这种刀具的缺点是刃磨困难、切削条件差,而且不适合加工有底的轮廓表面。

⑥锯片铣刀。锯片铣刀可分为中小规格的锯片铣刀和大规格锯片铣刀。数控铣床及加工中心主要用中小规格的锯片铣刀。目前国外有可转位锯片铣刀。锯片铣刀主要被用于大多数材料的切断、内外槽铣削、组合铣削、齿轮的粗加工等。

总之,选择铣刀时首先要注意根据加工零件材料的热处理状态、切削性能及加工余量,选择刚性好、寿命长的铣刀,同时,铣刀类型应与零件表面形状和尺寸相适应。

加工较大的平面应选择面铣刀;加工凹槽、较小的台阶面及平面轮廓应选择立铣刀;加工空间曲面、模具形腔或凸模成形表面等多选用模具铣刀;加工封闭的键槽选择键槽铣刀;加工变斜角类零件的变斜角面应选用鼓形铣刀;加工各种直径或圆弧形的凹槽、斜角面、特殊孔等应选用成形铣刀。

2. 数控铣床刀柄

数控铣床使用的刀具通过刀柄与主轴相连,刀柄通过拉钉紧固在主轴上,由刀柄夹持铣刀传递转速和扭矩。刀柄与主轴的配合面锥度一般为 7:24。工厂中应用最广的是 BT40 和 BT50 系列刀柄与拉钉,通常有弹簧夹头刀柄和莫氏锥度刀柄两种。

1)弹簧夹头刀柄

弹簧夹头刀柄由夹套夹头、弹性夹套、拉钉和夹紧螺母组成。其主要用于装夹各种直柄的立铣刀、麻花钻、丝锥等,如图 3.26 所示。

(a)   (b)   (c)   (d)

图 3.26　弹簧夹头刀柄

(a)夹套夹头;(b)弹性夹套;(c)拉钉;(d)夹紧螺母

2)莫氏锥度刀柄

莫氏锥度刀柄可装夹相应的莫氏钻夹头、立铣刀、攻螺纹夹头等。图 3.27(a)所示为带扁尾莫氏圆锥孔刀柄;图 3.27(b)所示为无扁尾莫氏锥孔刀柄。

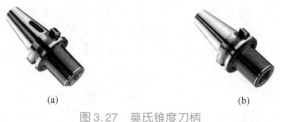

(a)   (b)

图 3.27　莫氏锥度刀柄

(a)带扁尾莫氏圆锥孔刀柄;(b)无扁尾莫氏锥孔刀柄

3. 数控铣床刀具的安装顺序

(1)将弹性夹套装在夹紧螺母内。

(2)将刀具装在弹簧夹套内。

(3)将之前安装的刀具整体放到与主刀柄配合的位置上,用扳手将夹紧螺母拧紧使刀具夹紧。

(4)将刀柄安装到机床的主轴上。

4. 数控铣床对刀具材料的要求

(1)高的硬度和好的耐磨性。

(2)有足够的抗弯强度和冲击韧性。

(3)耐热性高。

(4)经济性。

5. 数控铣床的对刀

1）对刀点的选择原则

（1）所选择的对刀点应便于编程。

（2）对刀点应选择在容易找正、便于确定零件加工原点的位置。

（3）对刀点应选择在加工时检验方便、可靠的位置。

（4）对刀点的选择应有利于提高加工精度。

2）对刀方法

（1）试切对刀法。

试切对刀法是用已经安装在主轴上的刀具，通过手轮调整各轴，使旋转刀具与工件表面做微量的接触。其主要适用于加工毛坯零件或工件外轮廓时的对刀。

（2）寻边器法对刀法。

寻边器法对刀法是在主轴上安装寻边器，通过手动操作读取数据，确定工件坐标系原点位置的方法。其主要适用于已经进行粗加工、不允许在表面出现痕迹的工件。

3）对刀仪器

（1）机械式寻边器。

如图 3.28 所示，机械式寻边器主要由夹持部分和测量部分组成。夹持部分一般装夹在铣刀刀柄上，夹持部分与测量部分用弹簧连接。当主轴旋转时，寻边器产生离心力，使测量部分不停抖动。当寻边器与工件的位置关系合适时，可以看到测量部分停止抖动。

在使用机械式寻边器时，应注意控制主轴的转速。如果主轴转速过低，由于没有足够大的离心力，则会观察不到抖动现象；如果主轴转速过高，由于离心力过大，则会损坏寻边器。所以，应该将主轴转速控制在 600 r/min 左右。

图 3.28 机械式寻边器

（2）光电式寻边器。

如图 3.29 所示，光电式寻边器由柄体和测量部分组成。柄体和测量部分之间用绝缘垫隔开，当测量头与工件位置关系合适时，寻边器与工件和机床之间形成回路，此时寻边器的灯亮并报警。在使用光电式寻边器时，主轴不需要转动，但要控制寻边器与工件的接触力度，避免因接触力度过大，导致寻边器的精度降低，甚至损坏寻边器。

图 3.29 光电式寻边器

注意:使用寻边器时,只能对 X 轴和 Y 轴进行对刀,而不能对 Z 轴进行对刀。对 Z 轴对刀时,一般换上当前的刀具,使用试切法或塞尺对 Z 轴进行对刀找正,当精度要求较高时,一般采用 Z 轴设定器对工件进行对刀。

(3)验棒。

验棒是具有一定精度的圆棒,通常使用的验棒是铣刀的刀柄。验棒通常需要与塞尺或者量块配合使用,使用时应将塞尺或者量块放在工件与验棒之间,移动工件,当感觉似紧非紧时最为合适。

(4) Z 轴设定器。

在使用 Z 轴设定器前,需要用千分尺等对其进行校表。使用时将 Z 轴设定器平放在工件表面,用当前刀具的底面推动设定器上面的探测面,直到指针指到零位时,这时刀具底面与工件上表面的距离刚好是 50 mm。 Z 轴设定器如图 3.30 所示。

图 3.30 Z 轴设定器

4)对刀操作步骤

以图 3.31 所示的零件图为例, X 轴、 Y 轴原点位于工件中心位置, Z 轴原点位于工件的上表面,采用寻边器及 Z 轴设定器进行以下对刀操作。

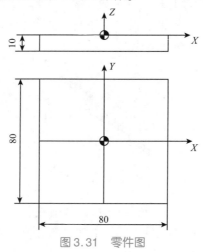

图 3.31 零件图

(1)安装工件及寻边器。

(2)主轴正转。

(3)触碰工件。

(4)运用手轮移动方式将工件移动到步骤(3)所得的坐标位置,再将相对坐标系中的 X 轴坐标值归零。

(5)运用步骤(3)和步骤(4)的方法校对 Y 轴的工件坐标系零点位置。

(6)卸下寻边器,将加工所用的刀具安装到主轴上,将 Z 轴设定器放置于工件上表面。

(7)快速移动主轴,让刀具端面接近 Z 轴设定器上表面。

（8）改用微调操作，让刀具端面慢慢接触到 Z 轴设定器上表面，直到 Z 轴设定器的指针指示到零位。

（9）将机床坐标系中 X 轴、Y 轴、Z 轴相应的坐标值输入到 G54 中即可。

5）对刀过程中的注意事项

（1）装夹工件时，工件的 4 个侧面都应留出寻边器的测量位置。

（2）在对刀过程中，可通过改变微调进给量提高对刀精度。

（3）对刀时应小心谨慎，尤其要注意移动方向，避免发生碰撞。

（4）对刀数据一定要存入与程序对应的存储地址，防止因调用错误而产生严重的后果。

6. 数控铣床常用夹具

在铣床加工零件时，为了在零件上加工出符合工艺规程和技术要求的表面，零件在加工前需要在数控铣床上占有一个正确的位置，在加工过程中，零件受到切削力、重力、振动、离心力、惯性力等作用，所以，还要采用一定的机构，让零件在加工过程中始终保持在设定的正确位置上，在铣床上使零件占有正确的加工位置，并使其在加工过程中始终保持不变的工艺装备称为铣床夹具。数控铣床上最常用的有机用平口虎钳和工艺压板。

1）机用平口虎钳

机用平口虎钳是数控铣床上常用夹具之一。铣削零件的平面、台阶、斜面和铣削轴类零件的键槽等，都可以用平口虎钳装夹零件，如图 3.32 所示。

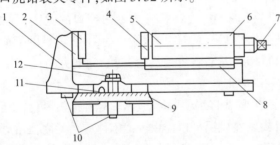

图 3.32 机用平口虎钳结构

1—钳体；2—固定钳口；3—固定钳口铁；4—活动钳口铁；5—活动钳口座；
6—活动钳身；7—丝杠方头；8—压板；9—底座；10—定位键；11—钳体零线；12—螺栓

机用平口虎钳的规格是按照钳口的宽度划分的。

机用平口虎钳的钳口可以制成多种形式，如图 3.33 所示，更换不同形式的钳口，可以扩大平口虎钳的使用范围。

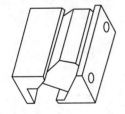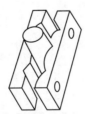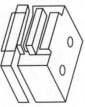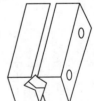

图 3.33 机用平口虎钳钳口的不同形状

用机用平口虎钳装夹零件,如图3.34所示。

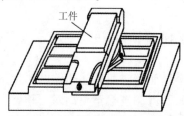

工件

图3.34　机用平口虎钳装夹零件

机用平口虎钳的虎钳体与回转底盘由铸铁制成,使用回转底盘时,各贴合面之间应保持清洁,否则会影响虎钳的定位精度。在使用回转盘上的刻度前,应首先找正固定钳口与工作台某一进给方向平行,然后在调整中使用回转刻度。

由于铣削振动等因素影响,机用平口虎钳各紧固螺钉,如固定钳口和活动钳口的紧固螺钉、活动座的压板紧固螺钉、丝杠的固定板和螺母的紧固螺钉,以及定位键的紧固螺钉等在工作时会松动,应注意检查和及时紧固。

在对机用虎钳进行夹紧操作时,应使用定制的机用平口虎钳扳手,在限定的力臂范围内用手扳紧施力,不得使用自制加长手柄、加套管接长力臂或用重物敲击手柄,否则可能造成虎钳传动部分的损坏,如丝杠弯曲、螺母过早磨损或损坏,甚至会使螺母内螺纹崩牙、丝杠固定端产生裂纹等,严重的还会损坏虎钳活动座和虎钳体。

利用机用平口虎钳装夹的零件尺寸一般不能超过钳口的宽度,所加工的部位不得与钳口发生干涉,安装好机用平口虎钳后,将零件放入钳口内,并在零件的下面垫上比零件窄、厚度适当且加工精度较高的等高垫块,然后将零件夹紧(对于高度方向尺寸较大的零件,不需要加等高垫块而直接装入机用平口虎钳)。

为了使零件紧密地靠在垫块上,应用铜锤或木槌轻轻敲击零件,直到用手不能轻易推动等高垫块时,最后再将零件夹紧在机用平口虎钳内。零件应当紧固在钳口中间的位置,装夹高度以铣削尺寸高出钳口平面3～5 mm为宜,用机用平口虎钳装夹表面粗糙度较差的零件时,应在两钳口与零件表面之间垫一层铜皮,以免损坏钳口,同时增加被装夹零件与虎钳钳口的接触面积。使用机用平口虎装夹零件有几种情况,如图3.35所示。

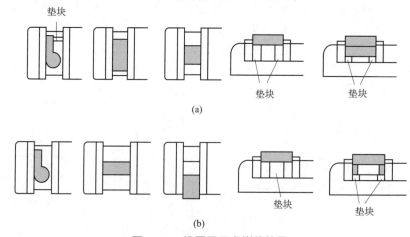

垫块

(a)

(b)

图3.35　机用平口虎钳的使用

(a)正确的安装;(b)错误的安装

机用平口虎钳装夹零件,可进行高出钳口 3~5 mm 以上部分的外形加工、非贯通的型腔及孔加工(注意加等高垫块时,铣刀不能切到等高垫块,如有可能切到,可考虑更窄的垫块)。

准确校正平口虎钳,才能够保证加工零件相对位置精度的准确。平口虎钳的校正方法如下。

(1)利用划针盘或大头针对平口虎进行粗找正。找一个大头针,在其后面涂抹少量黄油后黏在刀头上,然后将平口虎钳的固定钳口靠向大头针的尖部,使大头针或划针头距离固定钳口 1 mm 左右,然后用手慢慢摇动纵向工作台,注意观察大头针针尖和固定钳口面之间的距离是否均匀,如果不均匀,松开平口虎钳两侧的紧固螺钉进行调整,调整缝隙直到较均匀为止。

(2)利用指示表精确找正。校正时,将磁性表座吸附在横梁导轨面上或立铣头主轴部分,安装指示表,使表的测量杆与固定钳口平面垂直,测量触头触到钳口平面,测量杆压缩 0.3~0.5 mm,纵向移动工作台,观察指示表读数,在固定钳口全长内一致,则固定钳口与工作台进给方向平行,这样才能在加工时获得一个好的位置精度。

(3)固定钳口与工作台进给方向平行校正好后,用相同的方法,升降工作台,校正固定钳口与工作台平面的垂直度。

2)工艺压板

用压板装夹零件是铣床上常用的一种方法,尤其是在卧式铣床上,用端铣刀铣削时用得最多。在铣床上用压板安装零件时,所用的工具比较简单,主要有压板、垫铁、T 形螺栓(或 T 形螺母)及螺母等,为了满足安装不同形状零件的需要,压板的形状也被做成很多种。零件直接装夹在工作台面上的方法如图 3.36 所示。

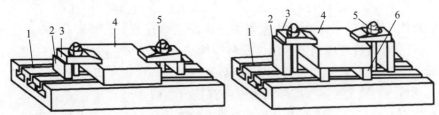

图 3.36　零件直接装夹在工作台上的方法

1—工作台;2—支撑块;3—压板;4—零件;5—双头螺柱;6—等高垫块

使用压板时的注意事项如下:

(1)必须将工作台面和零件底面清理干净,不能在台面上拖拉粗糙的铸件、锻件等,以免划伤台面。

(2)在零件的光洁表面或材料硬度较低的表面与压板之间必须安置垫片(如铜片或厚纸片),这样可以避免零件表面因受压力而损伤。

(3)压板的位置要安排妥当,要压在零件刚性最好的地方;不得与刀具发生干涉,夹紧力的大小也要适当,不然会产生变形。

(4)支撑压板的支撑块高度要与零件相同或略高于零件,压板螺栓必须尽量靠近零件,并且螺栓到零件的距离应小于螺栓到支撑块的距离,以便增大压紧力。

(5)螺母必须被拧紧,否则将会因压力不够而使零件移动,以致损坏零件、机床和刀具,甚至发生意外事故。

3）精密夹具和组合夹具

（1）精密夹具板。

对于除底面外的其他表面需要全部加工的情况，一般的装夹方式就无法满足，此时可采用精密夹具板的装夹方式。

精密夹具板具有较高的平面度、平行度与较小的表面粗糙度值，可根据加工零件尺寸大小选择不同的型号或系列，如图 3.37 所示。有些零件在装夹后必须同时完成整个表面、外形、型腔及孔的加工才能保证其精度要求时，须采用 HP、HH、HM 系列精密夹具板安装。

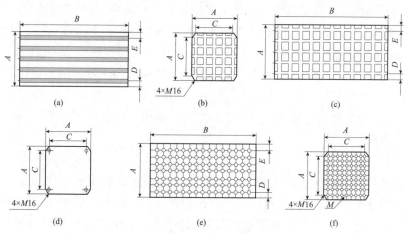

图 3.37　精密夹具板的各种系列

（a）HT 系列；（b）HL 系列；（c）HC 系列；（d）HP 系列；（e）HH 系列；（f）HM 系列

装夹前必须在零件底平面合适的位置加工出深度适宜的工艺螺钉孔（在加工模具零件时，其工艺螺钉孔位置应考虑到今后模具安装时能被利用）。利用内六角螺钉将零件锁紧在精密夹具板上（在加工贯通的型腔及通孔时，必须在零件与精密夹具板之间合适的位置放入等高垫块），然后再将精密夹具板安装在工作台面上。

一些零件在使用组合压板装夹，工作台面上的 T 形槽不能满足安装要求时，需要用 HT、HL、HC系列精密夹具板安装。利用组合压板将零件装夹在精密夹具板上，然后再将精密夹具板安装在工作台面上，这些系列的精密夹具板还适用于零件尺寸较小时的多件一次性装夹加工。

（2）精密夹具筒。

在加工表面相互垂直度要求较高的零件时，多采用精密夹具筒装夹加工零件。如图 3.38所示，精密夹具筒具有较高的平面度、垂直度、平行度与较小的表面粗糙度值。

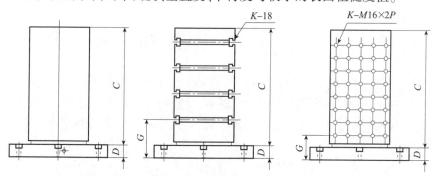

图 3.38　精密夹具筒的各种系列

（3）组合夹具。

组合夹具是由一套结构已经标准化、尺寸已经规格化的通用元件、组合元件所构成的，可以按零件的加工需要组成各种功用的夹具，组合夹具有孔系组合夹具和槽系组合夹具，如图3.39所示。

组合夹具具有标准化、系列化、通用化的特点，具有组合性、可调性、模拟性、柔性、应急性和经济性，使用寿命长，能适应产品加工中的周期短、成本低等要求，比较适合在加工中心上被应用。在加工中心上应用组合夹具，有下列优点。

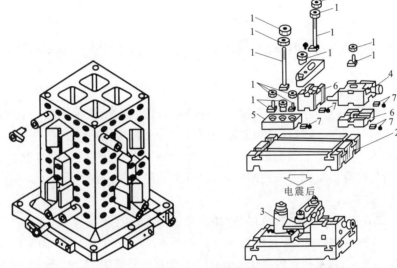

图3.39　组合夹具

1—紧固件;2—基础板;3—零件;4—活动V形铁组合件;

5—支撑板;6—垫铁;7—定位键及其紧定螺钉

①节约夹具的设计制造成本。

②缩短生产准备周期。

③节约钢材。

④提高企业工艺装备系数。

但是，由于组合夹具是由各种通用标准元件组合而成的，各元件之间相互配合环节较多，夹具精度、刚性仍比不上专用夹具，尤其是元件连接的接合面刚度，对加工精度影响较大。通常，采用组合夹具时其加工尺寸精度只能达到 IT8～IT9 级，这就使组合夹具在应用范围上受到一定限制。另外，使用组合夹具首次投资大，总体显得笨重，还有排屑不便等不足，对中、小批量，单件(如新产品试制)等或加工精度要求不是很高的零件在中心上加工时，应尽可能选择组合夹具。

7. 常用量具

1）游标卡尺

游标卡尺是一种中等精度的量具，根据用途不同，游标卡尺可分为普通游标卡尺、深度游标卡尺、高度游标卡尺等，如图3.40所示。

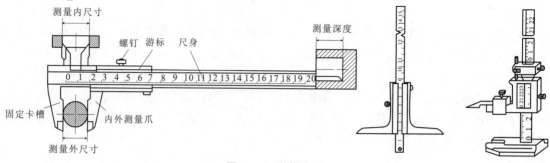

图 3.40　游标卡尺

（1）游标卡尺的刻线原理。

游标卡尺的读数部分由尺身和游标组成。其利用尺身刻线间距和游标刻线间距之差进行小数读数。

（2）游标卡尺的读数方法。

用游标卡尺测量时，首先应知道游标卡尺的测量精度和测量范围。游标卡尺的零线是读毫米的基准。读数时，应看清楚尺身和游标的刻线，二者结合起来读。

读整数：读出尺身上靠近游标零线左边最近的刻线数值，该数值即被测量的整数值。

读小数找出与尺身刻线相对准的游标刻线，将其顺序号乘以游标卡尺的测量精度所得的积，即被测量的小数值。

求和：将整数值和小数值相加，所得的数值即测量结果。

如图 3.41（a）所示，测量精度为 0.10 mm 的游标卡尺的数值为 $2 + 0.10 \times 3 = 2.30(\mathrm{mm})$。

如图 3.41（b）所示，测量精度为 0.05 mm 的游标卡尺的数值为 $72 + 0.05 \times 9 = 72.45(\mathrm{mm})$。

如图 3.41（c）所示，测量精度为 0.02 mm 的游标卡尺的数值为 $0 + 0.02 \times 4 = 0.08(\mathrm{mm})$。

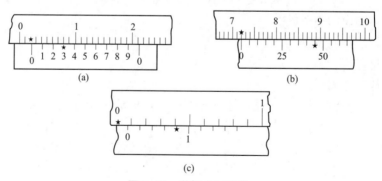

图 3.41　游标卡尺读数

（a）测量精度为 0.10 mm；（b）测量精度为 0.05 mm；（c）测量精度为 0.02 mm

2）千分尺

千分尺，即螺旋测微器，是一种比游标卡尺更为精密的量具，其测量精度为 0.01 mm。常用的千分尺有外径千分尺（图 3.42）和内径千分尺（图 3.43）。

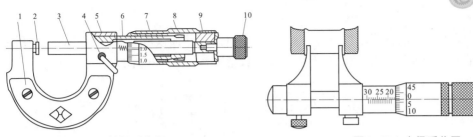

图 3.42　外径千分尺　　　　　　　　　图 3.43　内径千分尺

1—尺架;2—砧座;3—测微螺杆;4—锁紧装置;5—螺纹轴套;

　6—固定套筒;7—微分筒;8—螺母;9—接头;10—棘轮

(1)千分尺的工作原理。

千分尺是根据螺旋放大的原理制成的,即螺杆在螺母中旋转一周,螺杆便沿着旋转轴线方向前进或后退一个螺距的距离。因此,沿轴线方向移动的微小距离就能用圆周上的读数表示出来。

(2)千分尺的使用方法。

使用前应先检查零点。转动微分筒使测微螺杆和砧座相互靠近,当测微螺杆和砧座将要接触时,改为缓缓转动棘轮,直到棘轮发出"咔咔"的响声后,此时微分筒上的零刻线应与固定套筒上的基准线(长横线)对正,否则有零误差。

左手持尺架,右手转动微分筒使测微螺杆与砧座之间的距离稍大于被测物,放入被测物,转动微分筒使千分尺两测量面与工件相互接近,当千分尺两测量面快与工件接触时,改为缓缓转动棘轮,直到棘轮发出"咔咔"的响声后,即可进行读数,如图 3.44 所示。

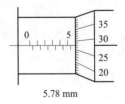　　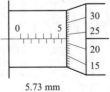　　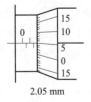

(a)　　　　　　　　　　(b)　　　　　　　　　　(c)

图 3.44　千分尺的使用方法

(a)旋转微分筒;(b)将要接触时,改为转动棘轮;(c)测量圆柱体

(3)千分尺的读数方法。

读毫米和半毫米数:读出微分筒边缘固定在尺身的毫米数和半毫米数。

读不足半毫米数:找出微分筒上与固定套管上基准线对齐的那一格,并读出相应的不足半毫米数。

求和:将两组读数相加,所得结果即被测尺寸,如图 3.45 所示。

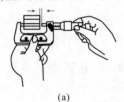　　　　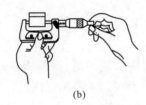　　　　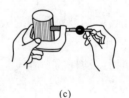

5.78 mm　　　　　　　5.73 mm　　　　　　　2.05 mm

图 3.45　千分尺的读数方法

3)内径量表

内径量表是将测头的直线位移转变为指针的角位移,从而读取数据的计量器具。其主要被用于测量或检验零件的内孔、深孔直径及其形状精度,如图 3.46 所示。

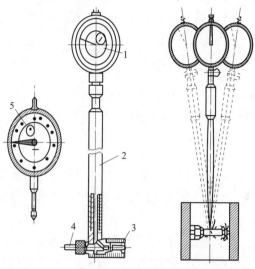

图 3.46 内径量表

1,5—指示表;2—传动杆;3—活动测量头;4—可换测量头

(1)内径量表的使用方法。

测量前,检查表头的相互作用和稳定性,检查活动测量头和可换测量头表面是否光洁,连接是否稳固。

测量前,根据被测孔径的大小选择合适的测量头,在专用的环规或千分尺上调整好尺寸范围后才能使用。

测量时,传动杆的中心线与工件中心线平行,不得歪斜,同时,应在圆周上多测几个点,找出孔径的实际尺寸,比较实际尺寸是否在公差范围以内。

(2)内径量表的注意事项。

①内径量表应远离液体,避免让冷却液、切削液、水或油与内径量表接触。

②当内径量表不使用时,应摘下指示表,解除其所有负荷,让传动杆测量头处于自由状态。

③为避免热源影响读数,测量时应手握隔热装置。

④测杆、测头、指示表等配套使用,不要与其他表混用。

⑤内径量表应被成套保存于盒内,避免丢失与混用。

3.1.4 数控铣削切削用量的选择

如图 3.47 所示,铣削加工切削用量包括背吃刀量和侧吃刀量、进给速度、主轴转速(切削速度),切削用量的大小对切削力、切削速度、刀具磨损、加工质量和加工成本均有显著影响。数控加工中选择切削用量时,就是在保证加工质量和刀具耐用度的前提下,充分发挥机床的性能和刀具切削性能,使切削效率最高,加工成本最低。

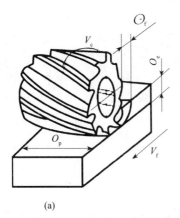
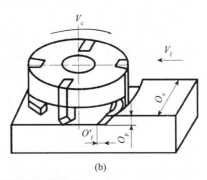

图3.47 数铣加工切削用量

(a)圆周铣;(b)端铣

依照切削用量的选择原则,为保证刀具的耐用度,铣削用量的选择方法是:首先选背吃刀量或侧吃刀量,其次确定进给速度,最后确定切削速度。

1. 背吃刀量(端铣或圆周铣侧吃刀量)的选择

背吃刀量 a_p 为平行于铣刀轴线测量的铣切尺寸(mm),端铣时,a_p 为切削层深度;而圆周铣时,a_p 为被加工表面的宽度。侧吃刀量 a_e 为垂直于铣刀轴线测量的切削层尺寸(mm),端铣时,a_e 为被加工表面度;而圆周铣时,a_e 为切削层的深度。

背吃刀量或侧吃刀量的选取主要由加工余量和被加工表面的质量要求决定。

(1)在被加工表面的表面粗糙度要求为 $Ra12.5 \sim Ra25$ 时,如果圆周铣的加工余量小于端铣的加工余量,则粗铣一次进给就可以达到要求。但在余量较大、工艺系统刚性较差或机床动力不足时,可分两次进给完成。

(2)在零件表面粗糙度要求为 $Ra3.2 \sim Ra12.5$ 时,可分为粗铣和半精铣两步进行,粗铣后留 $0.5 \sim 1$ mm 余量,在半精铣时切除。

(3)在零件表面粗糙度要求为 $Ra0.8 \sim Ra3.2$ 时,可分为粗铣、半精铣、精铣三步进行。半精铣时背吃刀量或侧吃刀量取 $1.5 \sim 2$ mm;精铣时圆周铣侧吃刀量取 $0.3 \sim 0.5$ mm;面铣刀背吃刀量取 $0.5 \sim 1$ mm。

2. 进给量与进给速度的选择

进给量 f(mm/r)与进给速度 v_f(mm/min)的选择如下:

铣削加工的进给量是指刀具转一周,零件与刀具沿进给运动方向的相对位移量;进给速度是单位时间内零件与铣刀沿进给方向的相对位移量。进给量与进给速度是数控铣床加工切削用量中的重要参数,根据零件的表面粗糙度、加工精度要求、刀具及零件材料等因素,参考切削用量手册选取或参考表选取,零件刚性差或刀具强度低时,应取小值,如表3.2所示。

铣刀为多齿刀具,其进给速度 v_f、刀具转速 n、刀具齿数 Z 及每齿进给量 f_z 的关系为

$$v_f = nZf_z$$

表3.2　每齿进给量

零件材料	每齿进给量 f_z/(mm·z^{-1})			
	粗铣		精铣	
	高速钢铣刀	硬质合金铣刀	高速钢铣刀	硬质合金铣刀
钢	0.10～0.15	0.10～0.25	0.02～0.05	0.10～0.15
铸铁	0.12～0.20	0.15～0.30		

3. 切削速度的选择

切削速度 v_c(m/min)的选择,根据已经选定的背吃刀量、进给量及刀具耐用度选择切削速度。可用经验公式计算,也可根据生产实践经验,在机床说明书允许的切削速度范围内查阅有关手册或参考表选取。铣削速度参考值如表3.3所示。

表3.3　铣削速度参考值

零件材料	硬度/HBS	铣削速度 v_c/(m·min^{-1})	
		高速钢铣刀	硬质合金铣刀
钢	<225	18～42	66～150
	225～325	12～36	54～120
	325～425	6～21	36～75
铸铁	<190	21～36	66～150
	190～260	9～18	45～90
	160～320	4.5～10	21～30

在实际编程中,切削速度 v_c 确定后,还要按公式计算出铣床主轴转速 n(r/min),对有级变速的铣床,须按铣床说明书选择与所计算转速 n 接近的转速,并填入程序单中。

对于高速铣削机床(主轴转速在 10 000 r/min 以上),为发挥其高速旋转的特性、减少主轴的重载磨损,其切削用量的选择顺序是 $v_c \rightarrow f$(进给速度)$\rightarrow a_p(a_e)$。

3.2　数控铣床编程概述

在数控铣床上加工零件,要建立工件坐标系对零件进行数控编程,确定工件坐标系和机床坐标系之间的关系,从而确定零件、刀具在机床中的位置,这样才能正确加工零件。

3.2.1 数控编程的内容、方法

1.数控编程的内容(图3.48)

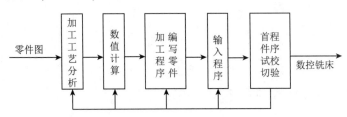

零件图 → 加工工艺分析 → 数值计算 → 编写加工程序 → 输入程序 → 首件程序试切校验 → 数控铣床

图3.48 数控编程的内容

1)加工工艺分析

编程人员应先根据零件图样,对零件的材料、形状、尺寸、精度和热处理工艺要求等进行加工工艺分析,然后合理选择加工方案,确定加工顺序、加工路线、装夹方式、刀具及切削参数等,同时,还应考虑所用数控铣床的指令功能。

2)数值计算

在完成工艺分析处理后,应根据零件图样确定工艺路线及设定坐标系,计算零件粗、精加工运动的轨迹,得到刀位数据。

3)编写零件加工程序

加工路线、工艺参数及刀位数据确定后,编程人员应根据数控系统规定的功能指令代码及程序段格式,逐段编写加工程序,并且还要附上必要的加工示意图、刀具布置图、机床调试卡、工序卡和说明。

4)输入程序

数控程序可以通过控制器键盘输入计算机中。对于具有通信控制功能的数控铣床,程序可以由计算机接口传送,数控铣床直接从服务器下载程序。

5)程序校验及首件试切

数控程序必须经过校验和试切才能被正式使用。校验的方法是将程序输入数控装置中,让铣床空运转,检测刀具的运动轨迹是否正确。如果数控铣床上有图形显示功能,则用模拟刀具与工件切削过程的方法进行校验更加方便。

程序校验只能检验刀具的运动是否正确,不能检验被加工零件的加工精度。用零件的首件试切方法可以发现加工是否有误差,如果有,则应分析误差产生原因,找出问题所在,并加以修正。

2.数控编程的方法

1)手动编程

手动编程就是整个程序的编制过程全部由人工完成,它对编程人员的专业知识和计算机技能有很高的要求。手工编程适用于加工形状简单、计算量小、程序不多的零件,因此,在点位加工或由直线与圆弧组成的轮廓加工中应用较广。

2）自动编程

自动编程是利用计算机专用软件编制数控加工程序的过程。

自动编程适用于手工编程较困难、形状复杂的零件，它具有速度快、精度高、主观性好等优点，并且使用简便、便于检查修改。

3.2.2　数控铣床坐标系

在数控铣床上，为确定机床运动的方向和距离，必须建立一个坐标系才能实现，这种机床固有的坐标系称为机床坐标系，如图3.49所示。

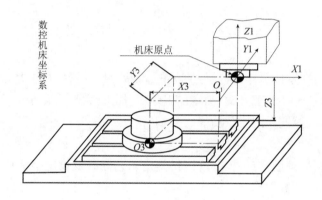

图3.49　数控铣机床坐标系

1. 机床坐标系的确定

1）机床坐标系的确定原则

（1）假定刀具相对于静止的工件运动。无论数控铣床是刀具运动还是工件运动，均以刀具的运动为准，将工件看成静止不动的，这样可以按照零件轮廓直接确定数控铣床刀具的加工运动轨迹。

（2）采用右手笛卡尔坐标系。数控机床坐标系采用右手笛卡尔坐标系。如图3.50所示，张开食指、中指与拇指，三指相互垂直，中指指向 +Z 轴，拇指指向 +X 轴，食指指向 +Y 轴。坐标轴的正方向规定为增大工件与刀具之间距离的方向。旋转坐标轴 A、B、C 的正方向根据右手螺旋法则确定。

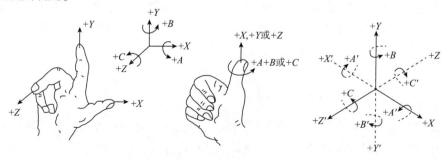

图3.50　笛卡尔坐标系

2）机床坐标轴的确定方法

Z 轴的方向由传递切削力的主轴确定,对于数控铣床,带动刀具旋转的主轴为 Z 轴;X 轴一般是水平方向,它垂直于 Z 轴且平行于工件的装夹平面;最后根据右手笛卡尔坐标系确定 Y 轴的方向。

2. 常见坐标系及其原点

1）机床坐标系、机床原点和机床参考点

机床坐标系是以机床原点建立的坐标系,是机床上固有的坐标系。常见的坐标体系如图 3.51、图 3.52 所示。

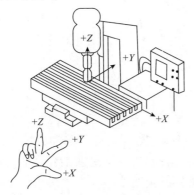
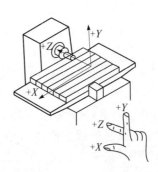

图 3.51　常见坐标系　　　　图 3.52　常见坐标系

机床原点又称机床绝对原点,就是数控机床坐标系的原点,是机床制造商设置在数控机床上的一个固定点。

机床参考点在机床出厂时已被调好,并将数据输入数控系统中。对于大多数数控机床,开机时必须首先进行刀架返回机床参考点的操作,以确定机床参考点,建立数控机床坐标系。

机床参考点通常与机床原点重合,因此,回机床参考点操作也可以称为回机床零点操作,简称"回零"。

2）工件坐标系和工件原点

工件坐标系又称编程坐标系,是编程人员在编写零件加工程序时在零件上选择的一个坐标系,使编程人员不用考虑工件上各点在机床坐标系下的位置。

工件坐标系的原点一般被称为工件原点,通常宜选择在工件的定位基准、尺寸基准或夹具的适当位置上。选择工件原点的位置时应注意以下几点。

（1）工件原点应选择在零件图样的尺寸基准上,以便于坐标值的计算,方便编程。

（2）工件原点应尽量选择在精度较高的加工表面上,以提高被加工零件的加工精度。

（3）对于对称的零件,工件原点一般设在对称中心上。

（4）对于一般零件,工件原点一般设在工件外轮廓的某一角上。

（5）工件原点在 Z 轴方向时,一般设在工件表面上。选择工件原点的位置如图 3.53 所示。

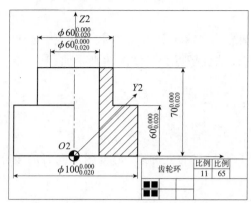

图 3.53　工件设定原点图

3.2.3　数控编程的格式和指令代码

1.数控编程的格式及内容

1)字符

字符是组织、控制或表示数据的各种符号,如字母、数字、标点符号和数学运算符号等。在功能上,字符是计算机进行存储或传递的信号;在结构上,字符是加工程序的最小组成单位。字符可分为字母字符、数字字符、符号字符和功能字符4类。

2)地址和地址符

地址又称地址符,一般是指位于字头的字符或字符组,用于识别其后的数据。常用的程序地址有 N,G,X,Z,U,W,I,K,R,F,S,T 和 M 等。

3)数控程序的结构

一个完整的数控程序是由程序号、程序内容和程序结束三部分组成的。

例如:

%

O0029;…………………………………………………… 程序号

N10 G15 G17 G21 G40 G49 G80;

N20 G91 G28 Z0;

N30T1M6;

N40 G90 G54 S500 M03;

.

.

.

.

.

.

程序内容

N100 M30;………………………………………………程序结束

2.数控系统的常用指令代码

1)准备功能 G

准备功能又称 G 功能或 G 代码,由字母 G 和两位数字组成。G 功能指令用于规定坐标平面、坐标系、刀具和工件的相对运动轨迹、刀具补偿、单位选择、坐标偏置等操作。G 功能指令可分为若干组(指令群),包括非模态功能指令和模态功能指令。

(1)非模态 G 功能:只在所规定的程序段中有效,程序段结束时被注销。

(2)模态 G 功能:一组可相互注销的 G 功能,这些功能一旦被执行,则一直有效,直到被同一组的 G 功能注销。

2)辅助功能 M

辅助功能又称 M 功能,用于控制机床辅助动作或系统的开关功能,如主轴的旋转、切削液的开和关等。在 ISO 标准中,M 功能从 M00 到 M99,共有 100 种,常用的如表 3.4 所示。

表3.4　辅助功能 M

M 代码	用于数控铣床的功能	附注	M 代码	用于数控铣床的功能	附注
M00	程序停止	非模态	M30	程序结束并返回	非模态
M01	程序选择停止	非模态	M31	旁路互锁	非模态
M02	程序结束	非模态	M52	自动门打开	模态
M03	主轴顺时针旋转	模态	M53	自动门关闭	模态
M04	主轴逆时针旋转	模态	M74	错误检测功能打开	模态
M05	主轴停止	模态	M75	错误检测功能关闭	模态
M06	换刀	非模态	M98	子程序调用	模态
M08	切削液打开	模态	M99	子程序调用返回	模态
M09	切削液关闭	模态			

3)刀具功能 T

刀具功能又称 T 功能,主要用于指定加工时所用刀具的编号。在进行多道工序加工时,必须选取合适的刀具。每把刀具应对应一个刀号,刀号在程序中指定。刀具功能用字母 T 和零位数字表示,从 T00 到 T99,最多可换 100 把刀。

4)进给功能 F

进给功能表示进给速度,用字母 F 和其后的数字表示。进给速度是指刀具向工件进给的相对速度,其单位一般为 mm/min。当进给速度与主轴速度有关时,其单位为 mm/r,称为进给量。

5)主轴功能 S

主轴功能用于指定主轴的转速,单位为 r/min。其由字母 S 和其后的数字表示。例如,"S1500;"表示主轴转速为 1 500 r/min。

6)绝对值编程和增量值编程(G90,G91)

(1)指令格式:

G90 X __ Y __ Z __ ;

G91 X __ Y __ Z __ ;

(2)说明(图 3.54):

G90:绝对坐标编程(G90 为开机默认指令,编程时可省略)。

G91:增量坐标编程。

X __ Y __ Z __ :表示坐标值。在 G90 中表示编程终点的坐标值;在 G91 中表示编程移动的距离。

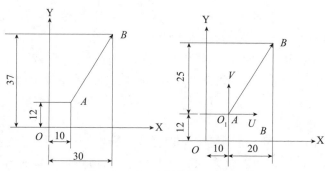

图 3.54　绝对坐标和增量坐标

·····. G90·········;　　　　　　　　　　·····. G91·········;

G00 X30 Y37;　　　　　　　　　　　　G00 X20 Y25;

7）平面选择指令

当机床坐标系及工件坐标系确定后,对应地就确定了三个坐标平面,即 *XY* 平面、*ZX* 平面和 *YZ* 平面,可分别用 G 代码 G17、G18 、G19 表示这三个平面,如图 3.55 所示。

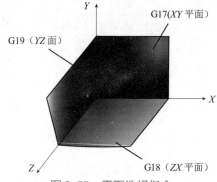

图 3.55　平面选择指令

即:

G17——*XY* 平面;

G18——*ZX* 平面;

G19——*YZ* 平面。

8）回参考点控制指令

（1）自动返回参考点 G28。

格式:G28 X_Y_Z_;

参数含义:X、Y、Z 为中间点坐标。

该指令用于使控制轴自动返回参考点。

运动过程:从当前点,先经过 G28 程序段中规定的中间点,然后再自动返回参考点。

（2）自动从参考点返回 G29。

格式:G29 X_Y_Z_;

参数含义:X、Y、Z 为目标点坐标。

该指令用于从参考点返回,先经过中间点,再到达目标点(一般要先运行 G28)。

3.3 平面零件的外轮廓加工

图 3.56 所示为凸台零件图,凸台毛坯为 74 mm × 74 mm × 25 mm 的方料,材料为 45#钢。要求对单件平面外轮廓进行工艺分析,并完成数控加工程序的编制。

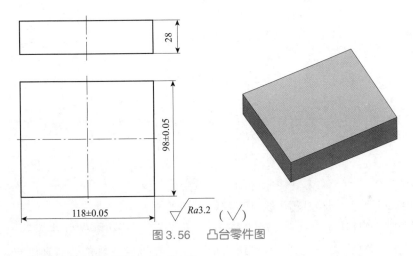

图 3.56 凸台零件图

3.3.1 常用指令的格式及含义

1. 快速点定位指令 G00

一般用于加工前快速定位或加工后快速退刀。

格式:G00 X_ Y_ Z_;

(1)X、Y、Z 对于绝对指令是指终点的坐标,对于相对指令是指刀具相对于前一点的向量。本书中以下进给功能 G 指令中的 X、Y、Z 含义相同,以后省略。G90 方式下,其为刀具终点的绝对坐标;G91 方式下其为刀具终点相对于刀具起始点的增量坐标。

(2)该指令命令刀具的刀位点快速移动到 X、Y、Z 所指定的坐标位置。其移动速率可由执行操作面板上的"快速进给率"旋钮调整,并非由 F 功能指定。

(3)指令说明。

①刀具以各轴内定的速度由始点(当前点)快速移动到目标点。

②刀具运动轨迹与各轴快速移动速度有关。

③刀具在起始点开始加速至预定的速度,到达目标点前减速定位。

[例 3 – 1] 如图 3.57 所示,刀具从 A 点快速移动至 C 点,使用绝对坐标方式编程。

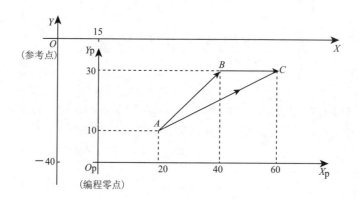

图 3.57　绝对值坐标编程

解：

| G92 X0 Y0 Z0 | 设工件坐标系原点，换刀点 O 与机床坐标系原点重合 |

G92 X0 Y0 Z0　　　　　　设工件坐标系原点，换刀点 O 与机床坐标系原点重合

G90 G00 X15 Y - 40　　　刀具快速移动至 O_p 点

G92 X0 Y0　　　　　　　重新设定工件坐标系，换刀点 O_p 与工件坐标系原点重合

G00 X20 Y10　　　　　　刀具快速移动至 A 点定位

X60 Y30　　　　　　　　刀具从始点 A 快移至终点 C

在上例题中，刀具从 A 点移动至 C 点，若机床内定的 X 轴和 Y 轴的快速移动速度是相等的，则刀具实际运动轨迹为一折线，即刀具从始点 A 按 X 轴与 Y 轴的合成速度移动至点 B，然后再沿 X 轴移动至终点 C。

2. 直线插补指令（G01）

格式：G01 X_ Y_ Z_；

（1）X、Y、Z 为终点，在 G90 时其为终点在零件坐标系中的坐标；在 G91 时其为终点相对于起点的位移量。

（2）刀具以指定的进给速度 F 沿直线移动到指定的位置。

（3）进给速度 F 有效直到被赋予新值，不需要在每个单段都指定。F 码指定的进给速度是沿刀具轨迹测量的。如果不指定 F 值，则认为进给速度为零。

（4）指令说明。

①G01 指令命令刀具在两坐标或三坐标间以插补联动的方式按指定的进给速度作任意斜率的直线运动。

②执行 G01 指令的刀具轨迹是直线形轨迹，它是连接起点和终点的一条直线。

③在 G01 程序段中必须含有 F 指令。如果在 G01 程序段中没有 F 指令，而在 G01 程序段前也没有指定 F 指令，则机床不运动，有的系统还会出现系统报警。

零件如图 3.58 所示。

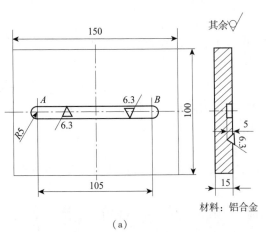

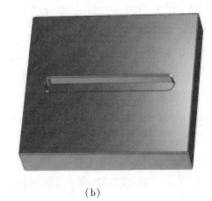

（a）　　　　　　　　　　　　　　　　（b）

图 3.58　零件图
(a)零件图；(b)立体图

例如：

O2010；

N10 G90 G94 G21 G40 G17 G54；

N20 G91 G28 Z0；

N30 M03 S800；

N40 G90 G00 X22.5 Y50.0 ；

N50 Z20.0；

N60 G01 Z－5 F50；

N70 X127.5 Y50 F80；

N80 G00 Z150 M09 ；

N90 M05 X150 Y150；

N100 M30；

3. 圆弧插补指令(G02、G03)

G02 表示按指定速度进给的顺时针圆弧插补；G03 表示按指定速度进给的逆时针圆弧插补。

顺时针圆弧、逆时针圆弧的判别方法是：沿着不在圆弧平面内的坐标轴由正方向向负方向看去，顺时针方向为 G02，逆时针方向为 G03，如图 3.59 所示。

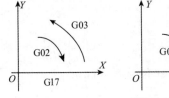
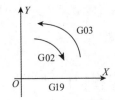

图 3.59　圆弧插补指令

（1）程序格式。

$$\begin{Bmatrix}G17\\G18\\G19\end{Bmatrix}\begin{Bmatrix}G02\\G03\end{Bmatrix}\begin{Bmatrix}X\_Y\_\\X\_Z\_\\Y\_Z\_\end{Bmatrix}\begin{Bmatrix}I\_J\_\\I\_K\_\\J\_K\_\end{Bmatrix}F\begin{Bmatrix}G17\\G18\\G19\end{Bmatrix}\begin{Bmatrix}G02\\G03\end{Bmatrix}\begin{Bmatrix}X\_Y\_\\X\_Z\_\\Y\_Z\_\end{Bmatrix}RF$$

（2）说明如下。

①X、Y、Z 为圆弧的终点坐标值。在 G90 状态下，X、Y、Z 为零件坐标系中的圆弧终点坐标；在 G91 状态，则为圆弧终点相对于起点的距离。

②I、J、K 表示圆心相对于圆弧起点在 X、Y、Z 轴方向上的增量值，某项为零时可以省略。

③R 为圆弧半径。当圆弧圆心角小于 180°时，R 为正值；当圆弧圆心角大于 180°时，R 为负值。整圆编程时不可以使用 R，只能用 I、J、K。

④F 为编程时两个轴的合成进给速度。

⑤切削半径小于刀具补偿半径内的内圆弧时，将出现轮廓补偿错误，因而要避免大刀切小内圆弧。

[例 3 – 2]如图 3.60 所示，设刀具起点在原点，则对 $A \rightarrow B \rightarrow C \rightarrow A$ 圆弧编程。

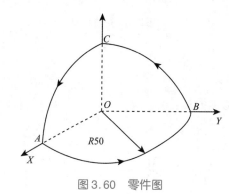

图 3.60　零件图

解：

以 I、J、K 方式编程：

G17 G03 X0 Y50.0 I – 50.0 J0 F100;	$A \rightarrow B$
G19 G03 Y0 Z50.0 J – 50.0 K0;	$B \rightarrow C$
G18 G03 X50.0 Z0 I0 K – 50.0;	$C \rightarrow A$

以圆弧半径 R 方式编程：

G17 G03 X0 Y50.0 R50 F100;	$A \rightarrow B$
G19 G03 Y0 Z50.0 R50;	$B \rightarrow C$
G18 G03 X50.0 Z0 R50;	$C \rightarrow A$

4. 对刀指令（G92、G54 ~ G59）

1）对刀指令（G92）

格式：G92 X_ Y_ Z_ ;

G92 指令是将工件原点设定在相对于刀具起始点的某一空间点上。

例如：G92 X20 Y10 Z10;

即将工件原点设定到距刀具起始点的距离为 $X = -20, Y = -10, Z = -10$ 的位置上，如图 3.61所示。

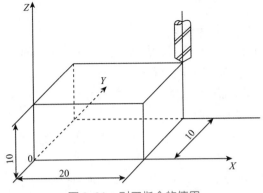

图 3.61　对刀指令的使用

2）指令对刀（G54 ~ G59）

格式：G54 G90 G00 X_ Y_ Z_ ；

该指令执行后，所有坐标值指定的坐标尺寸都是选定的零件加工坐标系的位置，而且是通过显示器 MDI 方式设置的。

例如，如图 3.62 所示，用显示器 MDI 在参数设置方式下设置了两个加工坐标系：

G54 X – 50 Y – 50 Z – 10 ；

G55 X – 100 Y – 100 Z – 20 ；

这时，建立了原点在 O' 的 G54 加工坐标系和原点在 O'' 的 G55 加工坐标系。若执行下述程序段：

N10 G53 G90 X0 Y0 Z0 ；

N20 G54 G90 G01 X50 Y0 Z0 F100 ；

N30 G55 G90 G01 X100 Y0 Z0 F100 ；

则刀尖点的运动轨迹如图 3.62 中 OAB 所示。

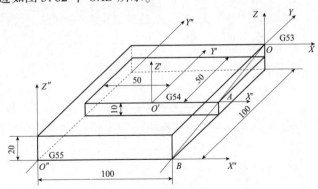

图 3.62　运动轨迹图

注意事项如表 3.5 所示。

表 3.5　注意事项

指令	格式	设置方式	与刀具当前位置关系	数目
G92	G92 X_Y_Z_	在程序中设置	有关	1
G54 ~ G59	G54（G55、G56、G57、G58、G59）	在机床参数页面中设置	无关	6

（1）G54 与 G55 ~ G59 的区别。

G54 ~ G59 设置加工坐标系的方法是一样的,但在实际情况下,机床制造商为了满足操作人员的不同需要,在设置中有以下区别:利用 G54 设置机床原点的情况下,进行返回参考点操作时,机床坐标值显示为 G54 的设定值,且符号均为正;利用 G55 ~ G59 设计工件坐标系的情况下,进行返回参考点操作时机床坐标值显示零值。

（2）G92 与 G54 ~ G59 的区别。

G92 指令与 G54 ~ G59 指令都是用于设定零件加工坐标系的,但在使用中是有区别的。

G92 指令是通过程序来设定、选用加工坐标系的,它所设定的加工坐标系原点与当前刀具所在的位置有关,这一加工原点在机床坐标系中的位置是随当前刀具位置的不同而改变的。

G54 ~ G59 指令是通过 MDI 在设置参数方式下设定零件加工坐标系的,一旦设定,工件原点在机床坐标系中的位置是不变的,它与刀具的当前位置无关,除非再通过 MDI 方式修改。

3.3.2　铣削刀具的下刀过程

刀具的下刀过程是指铣刀在 Z 轴方向下刀,如图 3.63 所示。

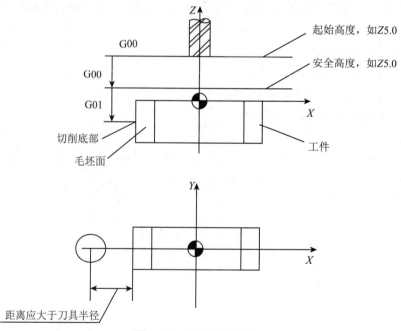

图 3.63　刀具下刀过程

在加工零件的过程中,刀具首先定位到起始平面,快速下刀至进刀平面,然后以进给速度下刀,进行零件的加工。在一个区域或工位加工完毕后,退至退刀平面,再抬刀至安全平面,然后高速运动到下一个区域或工位再下刀、加工。在零件完全加工完毕后,抬刀至返回平面,进行零件的测量等操作。

1. 起始平面

起始平面是程序开始时刀具的初始位置所在的平面,起刀点是加工零件时刀具相对于零件运动的起点,数控程序是从这一点开始执行,起刀点必须设置在零件的上面,起点所在坐标系的高度,一般称为起始平面高度或起始高度,一般选择距离零件上表面50 mm左右。如果起始高度太高则生产效率降低,太低又不便于操作人员观察零件。另外,发生异常现象时便于操作人员紧急处理,起始平面一般高于安全平面,在此平面上刀具以G00速度行进。

2. 进刀平面

刀具以高速(G00)下刀至要切到材料时变成以进刀速度下刀,以免撞刀,此速度转折点的位置即进刀平面,其高度为进刀高度,也称作安全高度,一般距离加工表面5 mm左右。

3. 退刀平面

零件(或零件区域)加工结束后,刀具以切削进给速度离开零件表面一段距离后转为以高速返回到返回平面,此转折位置即退刀平面,其高度即退刀高度。

4. 安全平面

安全平面是指刀具在完成零件的一个区域加工后,刀具沿刀具轴向返回运动一段距离后,刀尖所在的Z平面。其一般被定义为高出被加工零件的最高点10 mm左右,刀具在处于安全平面时是安全的,在此平面上以G00速度进行。这样设置安全平面既能防止刀具碰伤零件,又能使非切削加工时间控制在一定的范围内,其对应的高度称为安全高度。

5. 返回平面

返回平面是指程序结束时,刀尖点(不是刀具中心所在的Z平面)也在被加工零件最高点100 mm左右的某个位置上,一般与起始高度重合或高于起始高度,以便在零件加工完毕后观察和测量零件,同时,在移动机床时能避免零件和刀具发生碰撞等,刀具在此平面可被设定为高速运动。

3.3.3 刀具的半径补偿

(1)建立刀具半径补偿的原因。

在数控编程过程中,为了方便编程人员编程,通常将数控刀具假想成一个点,该点称为刀位点。刀位点是指刀具的定位基准点。

在加工轮廓(包括外轮廓、内轮廓)时,由刀具的刃口产生切削,而在编制程序时,是以刀具中心来编制的,即编程轨迹是刀具中心的运行轨迹,这样,加工出来的实际轨迹与编程轨迹偏差刀具半径,这是在进行实际加工时所不允许的。为了解决这个矛盾,可以建立刀具半径补偿,使刀具在加工工件时,能够自动偏移编程轨迹一个刀具半径,即刀具中心的运行轨迹偏移编程轨迹一个刀具半径,形成正确加工。在实际数控加工过程中,如果不考虑刀具半径尺寸,则加工出来的实际轮廓就会与图纸要求的轮廓相差一个刀具半径值。因此,需要采用刀具半径补偿功能解决这个问题,如图3.64所示。

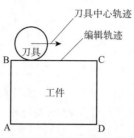

图 3.64　刀具半径补偿图

（2）刀具半径补偿定义。

在编制轮廓切削加工程序的场合，一般以工件的轮廓尺寸作为刀具轨迹进行编程，而实际的刀具运动轨迹与工件轮廓有一偏移量（即刀具半径），数控系统的这种编程功能称为刀具半径补偿功能。

（3）刀具半径补偿指令（图 3.65）。

①格式：G41 G00/G01 X_Y_F_D_；（刀具半径左补偿）

G42 G00/G01 X_Y_F_D_；（刀具半径右补偿）

G40（取消刀具半径补偿）

D 用于存放刀具半径补偿值的存储器号。

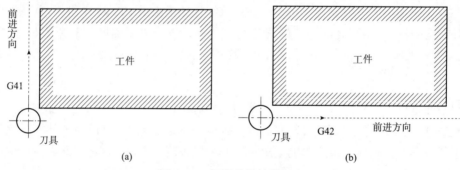

图 3.65　刀具半径补偿指令

（a）刀具半径左补偿；（b）刀具半径右补偿

②判别左、右刀补的方法（分别加工内外轮廓）。

沿着刀具的前进方向，看刀具与工件的位置关系，如果刀具在工件的左侧，为左刀补，用指令 G41 表示；反之，用指令 G42 表示，如图 3.66 所示。

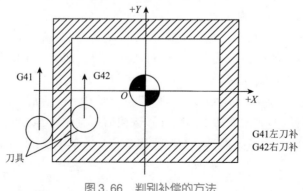

图 3.66　判别补偿的方法

（4）刀具半径补偿的工作过程。

刀具半径补偿执行的过程可分为以下三步。

①刀具补偿建立（图3.67）。

图3.67　刀具补偿建立

②刀具补偿进行（图3.68）。

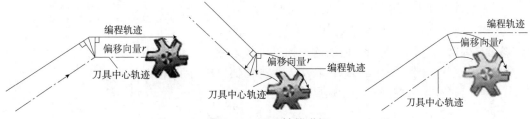

图3.68　刀具补偿进行

③刀具补偿取消（图3.69）。

图3.69　刀具补偿取消

刀具补偿进行时，若要进行G41、G42转换时，必须先取消然后再建立刀具补偿。

［例3-3］在XY平面内使用半径补偿（没有Z轴移动）进行轮廓铣削，如图3.70所示，可直接按图3.70中轮廓尺寸数据进行编程，CNC装置能够自动计算刀具刀位点的运动轨迹。

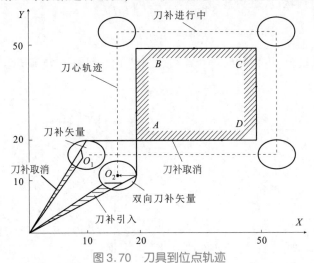

图3.70　刀具到位点轨迹

解:参考程序如下:

O0001;

N10 G90 G54 G17 G00 X0 Y0 S1000 M03;

N20 G41 X20 Y10 D01;

N30 G01 Y50 F100;

N40 X50;

N50 Y20;

N60 X10;

N70 G40 G00 X0 Y0 M05;

N80 M30;

(5)刀具半径补偿的应用。

①避免计算刀具中心轨迹,直接用零件轮廓尺寸编程。

②刀具因磨损、重磨、换新刀而引起的刀具半径改变后,不修改程序,如图3.71所示。

③用同一程序、同一尺寸的刀具,利用刀具补偿值可进行粗、精加工。

④利用刀具补偿值控制工件轮廓尺寸精度。

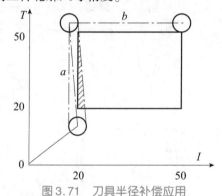

图3.71　刀具半径补偿应用

(6)刀具半径补偿使用注意事项。

①移动中建立、取消。

②注意使用中刀具轨迹,避免过切。

③G41、G42不能重复使用。

④可以补偿刀具损耗。

⑤通过改变补偿数值,可用相同程序完成粗、精加工,如图3.72所示。

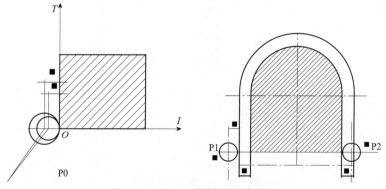

图3.72　刀具半径补偿注意使用

3.4　平面零件的内轮廓加工

图 3.73 所示为型腔零件,加工部分由内型腔和封闭凹槽构成。由于零件图中已经标明主要尺寸公差,因此需要考虑精度问题。要求制订正确的加工工艺,并编写数控加工程序。

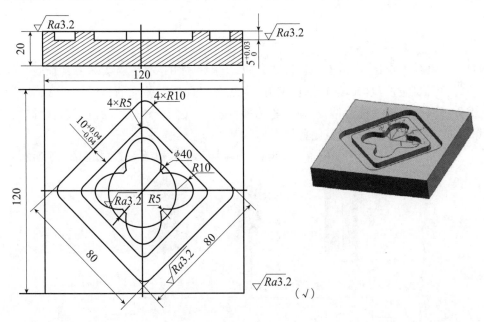

图 3.73　平面零件内轮廓加工

3.4.1　内轮廓加工的基础知识

1. 刀具切入方法

(1)使用键槽铣刀沿 Z 轴方向直接下刀,切入工件。

(2)先用钻头钻孔,立铣刀通过孔垂直进入,再进行圆周铣削。

(3)使用立铣刀螺旋下刀或者采用斜插式下刀。

2. 刀具进给路线

如图 3.74 所示,加工内轮廓时刀具进给路线可分为行切、环切及综合切削 3 种。其中,行切的进给路线比环切短,但是行切会留下残留面积,达不到粗糙度要求;环切获得的表面粗糙度值低于行切,但是刀位点的计算相对复杂;而采用综合切削的方法,既能够完全去除余量,还可以获得较低的表面粗糙度值。

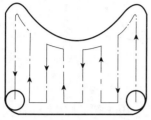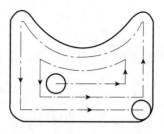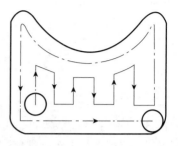

图 3.74　刀具进给路线

3.4.2　刀具的长度补偿(G43,G44,G49)

刀具长度补偿指令用来补偿刀具长度(Z 向)方向尺寸的变化,当实际刀具长度与编程长度不一致时,可以通过刀具长度补偿这一功能实现对刀具长度差额的补偿。通常将实际刀具长度与编程刀具长度之差称为偏置值(或称为补偿量)。这个补偿量设置在偏置存储器中,并用 H 代码(或其他指定代码)指定偏置号。

装上刀柄及装在主轴上时,在同一基准上,刀具伸出的长度不一致,如图 3.75 所示。

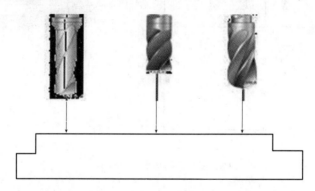

图 3.75　刀具的长度补偿

刀具长度补偿可分为正向补偿(也称为正刀补)和负向补偿(也称为负刀补)。G43 指令实现正向补偿;G44 指令实现负向补偿。G49 是刀具长度补偿的取消指令。除用 G49 指令来取消刀具长度补偿外,还可以用 H00 作为 G43 和 G44 的取消指令。刀具长度补偿指令 G43、G44 和 G49 均为模态指令。编程格式如下:

　　G91 G43 (G44) Z_ H_;

或　G90 G43 (G44) Z_ H_;

H 是补偿号,与半径补偿类似,H 后边指定的地址中存放实际刀具长度和标准刀具补偿长度的差值,即补偿量。进行长度补偿时,刀具要有 Z 轴的移动。

对应于偏置号(H)的偏置值(已经设置在偏置存储器中),将自动与 Z 轴的编程指令值相加(G43)或相减(G44)。例如,刀具长度偏置存储器 H01 中存放的刀具长度值为 11,执行语句 G90 G01 G43 Z - 15.0 H01 后,刀具实际运动到 $Z(-15.0+11)=Z-4.0$ 的位置,如图 3.76 所示;如果该语句为 G90 G01 G44 Z - 15.0 H01,则执行该语句后,刀具实际运动到 $Z(-15.0-11)=Z-26.0$ 的位置。

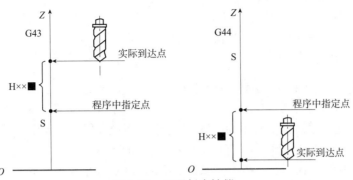

图 3.76　刀具长度补偿

从这个例子可以看出,在程序命令方式下,可以通过修改刀具长度偏置存储器中的值来达到控制切削深度的目的,而无须修改零件加工程序。

在同一程序段内如果既有运动指令,又有刀具长度补偿指令,则机床首先执行的是刀具长度补偿指令,然后再执行运动指令。如执行语句 G01 G43 Z100.0 H01 F100,机床首先执行的是 G43 指令,把工件坐标系向 Z 方向上移动一个刀具长度补偿值(即平移一个 H01 中所寄存的代数值)。这相当重新建立一个新的坐标系。执行 G01 Z100.0 F100 时,刀具(机床)在新建的坐标系中进行运动。

3.4.3　子程序(M98,M99)

如果程序包含固定的加工路线或多次重复的图形,则此加工路线或图形可以编成单独的程序作为子程序,这样在零件上不同的部位实现相同的加工,或在同一部位实现重复加工,可大大简化编程。

子程序作为单独的程序被存储在系统中时,任何主程序都可调用,最多可达 999 次调用。

当主程序调用子程序时它被认为是一级子程序,在子程序中可再调用下一级的另一个子程序,子程序调用可以嵌套 4 级,如图 3.77 所示。

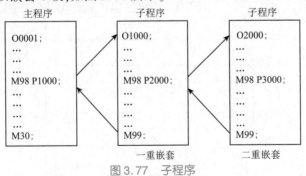

图 3.77　子程序

1. 子程序的结构

子程序与主程序一样,也是由程序名、程序内容和程序结束三部分组成。子程序与主程序唯一的区别是结束符号不同,子程序用 M99,而主程序用 M30 或 M02 结束程序,例如:

O;　　　　　　　　　　子程序名

……;　　　　　　　　　　

……;　　　　　　　　　　子程序内容

……;

M99;   子程序结束

2. 子程序的调用(图3.78)

在主程序中,调用子程序的程序段格式为:

M98 P×××□□□□;

×××表示子程序被重复调用的次数;□□□□表示调用的子程序名(数字)。

例如,M98 P51234;表示调用子程序O1234重复执行5次。

当子程序只调用一次时,调用次数可以不写,如M98 P1234;表示调用O1234子程序执行1次。

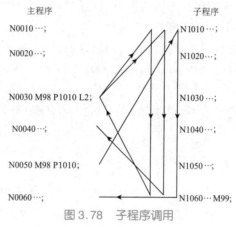

图3.78　子程序调用

3. 子程序应用实例

如图3.79所示,零件上有4个相同尺寸的长方形,深2 mm,槽宽10 mm,未注圆角*R*5,铣刀直径10 mm,试用子程序编程加工该零件。

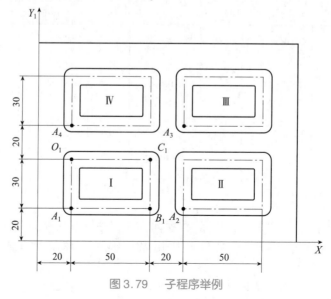

图3.79　子程序举例

参考加工程序（FANUC 系统）如下：

| O0001； | 主程序名 |

O0001；　　　　　　　　　　　　　　　主程序名

N10 G17 G21 G40 G54 G80 G90 G94；　　程序初始化

N20 G00 Z80.0；　　　　　　　　　　　刀具定位到安全平面

N30 M03 S1000；　　　　　　　　　　　启动主轴

N40 G00 X20.0 Y20.0；

N50 Z2.0；　　　　　　　　　　　　　　快速移动到 A_1 点上方 2 mm 处

N60 M98 P0002；　　　　　　　　　　　调用 2 号子程序，完成槽 I 加工

N70 G90 G00 X90.0；　　　　　　　　　快速移动到 A_2 点上方 2 mm 处

N80 M98 P0002；　　　　　　　　　　　调用 2 号子程序，完成槽 II 加工

N90 G90 G00 Y70.0；　　　　　　　　　快速移动到 A_3 点上方 2 mm 处

N100 M98 P0002；　　　　　　　　　　　调用 2 号子程序，完成槽 III 加工

N100 G90 G00 X20.0；　　　　　　　　快速移动到 A_4 点上方 2 mm 处

N120 M98 P0002；　　　　　　　　　　　调用 2 号子程序，完成槽 IV 加工

N130 G90 G00 X0 Y0；　　　　　　　　回到零件原点

N140 Z100；

N150 M05；　　　　　　　　　　　　　　主轴停

N160 M30；　　　　　　　　　　　　　　程序结束

O0002；

N10 G91 G01 Z-4.0 F100；　　　　　　刀具 Z 向工进 4 mm（切深 2 mm）

N20 X50.0；　　　　　　　　　　　　　$A \to B$

N30 Y30.0；　　　　　　　　　　　　　$B \to C$

N40 X-50.0；　　　　　　　　　　　　$C \to D$

N50 Y-30.0；　　　　　　　　　　　　$D \to A$

N60 G00 Z4.0；　　　　　　　　　　　Z 向快退 4 mm

N70 M99；　　　　　　　　　　　　　　子程序结束，返回主程序

4. 子程序使用中的注意事项

（1）在编制子程序时，在子程序的开头 O 的后面编制子程序号，子程序的结尾一定要有返回主程序的辅助指令 M99。

（2）在子程序的最后一个单段用 P 指定序号，子程序不回到主程序中呼叫子程序的下一个单段，而是回到 P 指定的序号。返回到指定单段的处理时间通常比回到主程序的时间长。

3.4.4　比例及镜像功能（G50，G51）

镜像编程也称为对称加工编程，是将数控加工刀具轨迹关于某坐标轴作镜像变换而形成加工轴对称零件的刀具轨迹。对称轴（或镜像轴）可以是 X 轴、Y 轴或原点。

镜像功能可改变刀具轨迹沿任一坐标轴的运动方向，它能给出对应工件坐标零点的镜像运动。如果只有 X 轴或 Y 轴的镜像，将使刀具沿相反方向运动。另外，如果在圆弧加工中只

指定了一轴镜像,则 G02 与 G03 的作用会反过来,左、右刀半径补偿 C41 与 C42 也会反过来。

镜像功能的指令为 G50,G51。用 G50 建立镜像,镜像一旦确定,只有使用 G50 指令来取消镜像。

(1)各轴按相同比例编程。

指令格式:

G51 X_ Y_ Z_ P_;

G50

参数说明:

X、Y、Z 为比例中心坐标(绝对方式),P 为比例系数,最小输入量为 0.001,比例系数的范围为 0.001~999.999,该指令以后的移动指令,从比例中心点开始,实际移动量为原来数值 P 倍。P 值对偏移量无影响。

[例 3-4]用比例功能指令编制图 3.80 所示轮廓的加工程序。

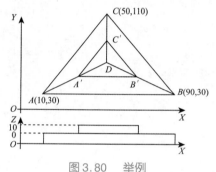

图 3.80   举例

解:已知三角形 ABC 的顶点为 A(10,30),B(90,30),C(50,110),三角形 ABC 是缩放后的图形,其缩放中心为 D(50、50),缩放系数为 0.5。设刀具起点距离工件上表面 50 mm。

程序如下:

O0002;

N10 G92 X0 Y0 Z50;   建立工件坐标系

N20 G91 G17 M03 s600;

N30 G43 G00 X50 Y50 Z-46 H01 F300;   快速定位至工件中心,距表面 4 mm,建立长度补偿

N40 #51 =14   给局部变量#51 赋予 14 的值

N50 M98 P100   调用子程序,加工三角形 ABC

N60 #51 =8   重新给局部变量#51 赋予 8 的值

N70 G51 X50 Y50 P0.5   缩放中心(50、50)、缩放系数 0.5

M80 M98 P100   调用子程序,加工三角形 ABC

M90 G50   取消缩放

N100 G49 Z46;   取消长度补偿

N110 M05

N120 M30

子程序

O100	子程序(三角形 *ABC* 的加工程序)
N10 G42 G00 X−44 Y−20 D01;	快速移动到 *XOY* 平面的加工起点，建立半径补偿
N20 Z[−#51];	Z 轴快速向下移动局部变量#51 的值
N30 G01 X84;	加工 *A→B* 或 *A′→B′*
N40 X−40 Y80;	加工 *B→C* 或 *B′→C′*
N50 X44 Y−88	加工 *C→*加工始点或 *C′→*加工始点
N60 Z[#51];	提刀
N70 G40 G00 X44 Y0	返回工件中心，取消半径补偿
N80 M99	返回主程序

（2）各轴以不同比例编程。

指令格式：

G51X_ Y_ Z_I_J_K_;

G50

参数说明：

X、Y、Z 为比例中心坐标(绝对方式)，I、J、K 为对应 X、Y、Z 轴的比例系数，其在 +0.001 ~ +999.999。FANUC 0i 系统设定 I、J、K 不能带小数点，比例为 1 时应输入 1 000，并在程序中都应输入，不能省略。当给定的比例系数为 −1 时，其为镜像加工指令。

当工件相对于某一轴具有对称形状时，可以利用镜像功能和子程序，只对工件的一部分进行编程，而能加工出工件的对称部分，这就是镜像功能。当某一轴的镜像有效时，该轴执行与编程方向相反的运动。

[例3−5]使用镜像功能编制图 3.81 所示图形轮廓的加工程序，其中比例系数为 +1000 或 −1000，设刀具起始点在 *O* 点。

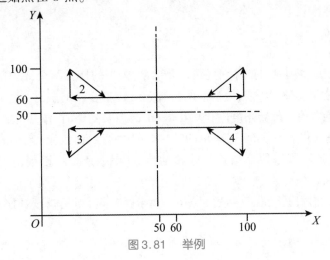

图 3.81　举例

解：程序如下。

子程序：

O1000;

N10 G00 X60.0 Y60.0;

N20 G01 X100.0 F100；

N30 Y100.0；

N40 X60.0 Y60.0；

N50 M99；

主程序：

O0001；

N10 G92 X0 Y0；

N20 G90；

N30 M98 P1000；　　　　　　　　　　　　　　　　轮廓1

N40 G51 X50.0 Y50.0　I－1000　J1000；

N50 M98 P1000 ；　　　　　　　　　　　　　　　轮廓2

N60 G51 X50.0 Y50.0　I－1000　J－1000；

N70 M98 P1000；　　　　　　　　　　　　　　　轮廓3

N80 G51 X50.0 Y50.0 I1000 J－1000；

N90 M98 P1000；　　　　　　　　　　　　　　　轮廓4

N100 G50；　　　　　　　　　　　　　　　　　取消比例编程

N110 M30；

3.4.5　坐标轴旋转功能（G68，G69）

用坐标轴旋转功能可使编程图形按指定旋转中心及旋转方向旋转一定的角度。另外，如果工件的形状由许多相同的图形组成，则可将图形单元编成子程序，然后用主程序的旋转指令调用，这样可简化编程，节省时间和存储空间。G68表示开始坐标旋转；G69表示撤销旋转功能。

编程格式：

G17 G68 X_ Y_ R_

G18 G68 X_ Z_ R_

G19 G68 Y_ Z_ R_

其中，X、Y、Z为旋转中心的坐标值（可以是X、Y、Z中的任意两个，由G17、G18、G19指令确定），当X、Y、Z省略时，G68指令认为当前的位置为旋转中心。R为旋转角度，将逆时针旋转定义为正向，一般为绝对值。旋转角度为0°≤R≤360°。当R省略时，按系统参数确定旋转角度。

当程序在绝对方式下时，G68程序后的第一个程序段必须使用绝对方式移动指令，才能确定旋转中心。如果这一程序段为增量方式移动指令，那么系统将以当前位置为旋转中心，按G68给定的角度旋转坐标。

在有刀具补偿的情况下，先旋转后刀补（刀具半径补偿、刀具长度补偿）；在有缩放功能的情况下，先缩放后旋转。

以图3.82为例，应用旋转指令的程序如下。

N10 G92 X－5.0 Y－5.0；

M20 G68 G90 X7.0 Y3.0 R60；

N30 G90 G01 X0 Y0 F100；

N40 G91 X10.0；

N50 G02 Y10 R10.0;

N60 G03 X－10.0 I－5 J－5;

N70 G01 Y－10.0;

N80 G69 G90 X－5.0 Y－5.0;

N90 M30;

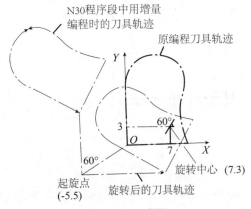

图 3.82 举例

刀具半径补偿功能在内轮廓加工中的技巧和注意事项如下。

(1)刀具半径补偿功能 G41,G42 通常被用于加工轮廓不太复杂、加工余量不大、手工编程方便的场合,如加工轮廓为二维直线、圆弧的零件。对于加工轮廓比较复杂、圆弧较多、节点坐标运算比较困难的零件,宜改用自动编程。

(2)刀具半径补偿量应取值合理。

(3)刀具半径补偿量应在运行程序前被输入数控系统中,以防止机床误动作。

(4)避免加工半径小于补偿量的凹弧,以防止刀具发生干涉。

(5)加工槽时,除选用合理的刀具直径外,半径补偿量的取值还需要考虑槽宽尺寸,以防止产生过切。

(6)建立刀具半径补偿时,应让刀具移动使补偿有效,并确保刀具与工件不发生干涉。

(7)G41 或 G42 指令要与 G40 指令成对使用,并且在刀具完成补偿加工时,必须让刀具安全退出工件后,再执行 G40 指令取消补偿功能,避免产生过切现象。

(8)子程序指令与刀具半径补偿功能的建立与取消不能相互嵌套。

3.5 零件的孔加工

图 3.83 所示为五边形凸台的零件图,加工部分由四边形凸台、五边形凸台、4 个 ϕ10 盲孔和 1 个 ϕ20H8 通孔组成,要求制定正确的加工工艺,并编写数控加工程序。

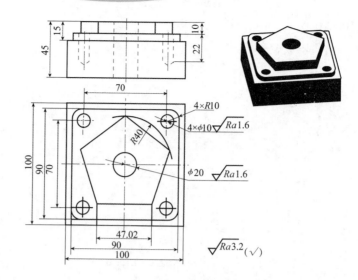

图 3.83　凸台零件图

零件毛坯为 100 mm × 100 mm × 45 mm 的方料,材料为 45#钢,已经完成对上、下平面及周边的加工,毛坯图如图 3.84 所示。

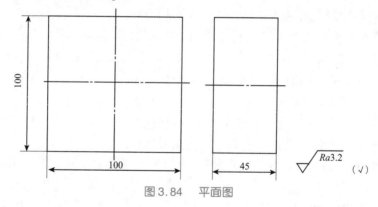

图 3.84　平面图

3.5.1　孔加工的方法

孔加工的特点是刀具在 XOY 平面内定位到孔中心,然后在 Z 方向做一定的切削运动,根据实际选用刀具和编程指令的不同,可以实现钻孔、铰孔、镗孔等加工。

在数控铣床上,通常 IT7～IT8 级精度的孔采用以下加工方法。

(1)孔径 $D \leqslant 20mm$,采用钻—扩—铰的方法加工。

(2)20mm < 孔径 $D \leqslant 80mm$ 或对位置精度要求较高的孔,采用钻—扩—镗或钻—铣—镗的方法加工。

孔加工时,先将刀具在 XY 平面内快速定位到孔中心线的位置上,然后再沿 Z 向运动进行加工。

刀具在 XY 平面上的运动为点位运动,确定其进给路线时要注意以下几点。

(1)定位迅速,空行程路线要短。

(2)定位准确,避免机械进给系统反向间隙对孔位置精度的影响。

(3)当定位迅速与定位精确不能同时满足时,若按最短进给路线进给能保证定位精度,则取最短路线;反之,取能保证定位准确的路线。

刀具在 Z 向的进给路线分为快速移动进给路线和工作进给路线。如图 3.85 所示,刀具先从初始平面快速移动到 R 平面上,为减少刀具空行程进给的时间,加工后续孔时,刀具只要退回到 R 平面即可(图中 3.85 实线为快速移动路线,虚线为工作进给路线)。

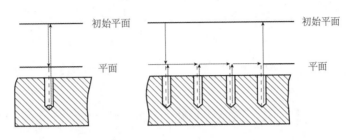

图 3.85　钻孔循环

R 平面距零件被加工表面的距离称为切入距离。加工通孔时,为保证全部孔深都被加工到,应使刀具伸出零件底面一距离(切出距离),切入、切出距离的大小与零件表面状况和加工方式有关,一般可取 2~5 mm。

3.5.2　孔加工固定循环动作及顺序

在加工外圆、内圆、螺纹等表面时,刀具往往要多次反复执行相同的动作,程序中可能会出现很多基本相同的程序段,造成程序冗长。为了简化程序,数控系统可以用一个 G 代码程序点来设置刀具做反复切削,这就是固定循环功能,如表 3.6 所示。

表3.6　G 代码

G 代码	加工动作	孔底动作	返回方式	用途
G73	间歇进给		快速进给	高速深孔加工
G74	切削进给	暂停、主轴正转	切削进给	攻左旋螺纹孔
G76	切削进给	主轴暂停、刀具位移	快速进给	精镗孔
G80				取消固定循环
G81	切削进给		快速进给	钻孔、钻中心孔
G82	切削进给	暂停	快速进给	钻、锪、镗阶梯孔、
G83	间歇进给		快速进给	排屑深孔加工
G84	切削进给	暂停、主轴反转	切削进给	攻右旋螺纹孔
G85	切削进给		切削进给	精镗孔、铰孔
G86	切削进给	主轴停	快速进给	镗孔
G87	切削进给	刀具位移、主轴正转	快速进给	反镗孔
G88	切削进给	暂停、主轴停	手动进给	镗孔
G89	切削进给	暂停	切削进给	精镗阶梯孔

绝对值指令 G90 和增量值指示 G91 如图 3.86 所示。

固定循环主要用于孔加工,包括钻孔、镗孔和攻螺纹等。

(1)孔加工固定循环由 6 个顺序动作组成,如图 3.87 所示。

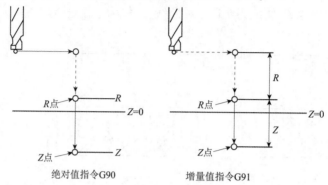

绝对值指令G90 增量值指令G91

图 3.86　孔加工固定循环

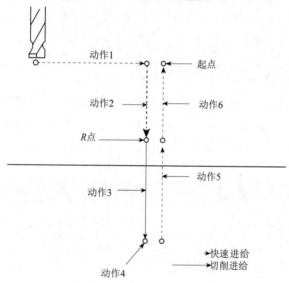

图 3.87　孔加工固定循环

动作 1:刀具在起始平面高度,定位孔中心位置。

动作 2:刀具沿 Z 轴快速移动至 R 平面。

动作 3:刀具切削进给,加工孔到孔底。

动作 4:在孔底的动作,包含进给暂停、主轴反转、变向等。

动作 5:从孔中退出,返回到 R 平面。

动作 6:刀具从 R 平面快速返回到初始平面。

(2)固定循环中的平面。

①初始平面(起始平面)。

初始平面是为安全下刀而规定的一个平面。

②R 点平面。

R 点平面又称为 R 参考平面,它是刀具下刀时自快进转为工进的高度平面,距离工件表面高度的选择主要应考虑工件表面尺寸的变化,一般取 2 ~ 5 mm。

③孔底平面。

加工盲孔时,孔底平面的高度就是孔底的 Z 轴高度;加工通孔时,一般刀具还要伸出工件底平面一段距离,主要是为了保证全部孔深都被加工到要求的尺寸。钻削加工时还应考虑钻头钻尖对孔深的影响。

3.5.3 孔加工固定循环的指令格式

编程格式:G90(G91) G98(G99) G_ X_ Y_ Z_ R_ P_ Q_ F_ K_;

说明:

(1)G98 的功能是加工完成后刀具返回初始点;G99 的功能是刀具返回 R 点。

多孔加工时一般加工最初的孔用 G99 指令,最后的孔用 G98 指令。

(2)G_为固定循环代码,主要有 G73,G74,G76,G81,…,G89 等,为模态代码。

(3)X 、Y_表示被加工孔中心的坐标位置。

(4)Z_表示孔底位置。在 G90 方式下,Z_表示终点坐标值;在 G91 方式下,Z_表示自 R 点到孔底平面上 Z 点的距离。

(5)R_表示加工时快速进给到工件表面之上的参考点。G90 方式时,R_表示终点坐标值;G91 方式时,R_表示自初始点到 R 点的距离。

(6)P_表示在孔底的暂停时间,在使用 G76,G82,G89 时有效。P1000 为 1 s。

(7)Q_在 G73,G83 中为每次切削进给的深度;在 G76,G87 中为孔底移动距离。

(8)F_表示切削进给速度。

(9)K_表示循环次数,如果不指定,则只进行一次。

3.5.4 常用的孔加工固定循环指令

1.钻孔循环、点钻循环 G81

G81 指令主要用于正常钻孔。工作时,切削进给执行到孔底,然后刀具从孔底快速移动退回,其动作形式如图 3.88 所示。

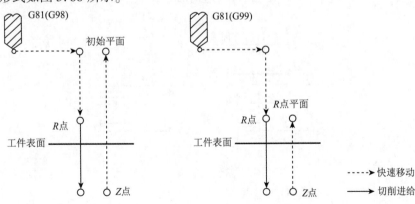

图 3.88 钻孔循环

编程格式:G81 X_ Y_ Z_ R_ F_;

2. 钻孔循环、锪镗循环 G82

G82 指令主要用于锪孔、镗阶梯孔。工作时,先执行切削进给至孔底,再执行暂停,然后刀具从孔底快速移动退回。G82 的动作与 G81 相同,只是在孔底增加了暂停时间,因而可以得到准确的孔深尺寸且可使孔底平整。

编程格式:G82 X_ Y_ Z_ R_ P_ F_;

3. 高速排屑钻孔循环 G73

G73 指令主要用于高速深孔加工,它执行间歇切削进给直到孔的底部,同时从孔中排出切屑。其循环动作如图 3.89 所示。

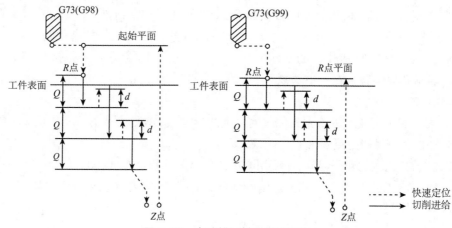

图 3.89　高速排屑钻孔循环 G73

编程格式:G73 X_ Y_ Z_ R_ Q_ F_ K_;

4. 排屑钻孔循环 G83

G83 指令主要用于深孔加工。其循环动作如图 3.90 所示。Q 表示每次进给深度,第一次进给后快速退回到 R 点平面。在第二次和以后的进给时,先快速移动到距上次切入位置距离为 d 的位置后,变为切削进给,切入 Q 值后,快速退回到 R 点平面,如此反复切削直到孔底。

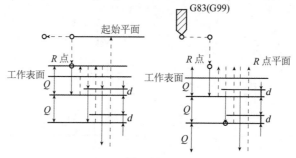

图 3.90　排屑钻孔循环 G83

编程格式:G83 X_ Y_ Z_ R_ Q_ F_ K_;

G83 指令同样通过 Z 轴方向的间歇进给来实现断屑与排屑,但与 G73 指令不同的是,刀具间歇进给后快速回退到 R 点,再 Z 向快速进给到上次切削孔底平面上方距离为 d 的高度处,从该点处,快进变成工进,工进距离为 $Q+d$。d 值由机床系统指定,无须用户指定。Q 值指定每次进给的实际切削深度,Q 值越小所需的进给次数就越多,Q 值越大则所需的进给次数就越少。

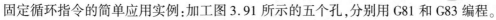

固定循环指令的简单应用实例：加工图 3.91 所示的五个孔，分别用 G81 和 G83 编程。

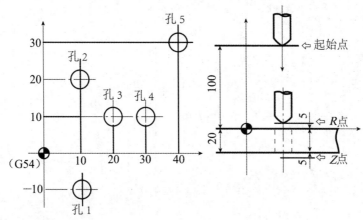

图 3.91　钻孔固定循环举例

G81 编程（相对值方式）如下：

O0001；	
G91 G00 S200 M03；	相对值方式，主轴正转
G99 G81 X10.0 Y－10.0 Z－30.0 R－95.0 F150；	G81 钻孔循环加工孔 1，返回 R 点
Y30.0；	钻孔 2
X10.0 Y－10.0；	钻孔 3
X10.0；	钻孔 4
G98 X10.0 Y20.0；	钻孔 5，返回起始点
G80 X－40.0 Y－30.0 M05；	取消循环，快速返回刀具起刀点位置，主轴停
M30；	程序结束

G83 编程（绝对值方式）如下：

O0002；	
G90 G54 G00 S200 M03；	绝对值方式，建立工件坐标系，主轴正转
G99 G83 X10.0 Y－10.0 Z－25.0 R5.0 Q5.0 F150；	G83 循环加工孔 1，返回 R 点
Y20.0；	钻孔 2
X20.0 Y10.0；	钻孔 3
X30.0；	钻孔 4
G98 X40.0 Y30.0；	钻孔 5，返回起始点
G80 X0 Y0 M05；	取消循环，快速返回刀具起刀位置，主轴停
M30；	程序结束

5. 镗孔循环 G85

G85 指令主要用于较精密的镗孔，还可以用于铰孔、扩孔的加工。其动作如图 3.92 所示。G85 的动作与 G81 类似，只是在返回行程中，从 Z 点到 R 点为切削进给。

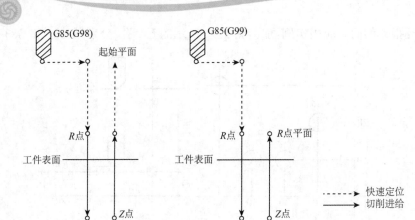

图 3.92　镗孔固定循环 G85

编程格式:G85 X_ Y_ Z_ R_ F_;

6. 镗孔循环 G86

G86 指令主要用于精度不高或表面粗糙度要求不高的镗孔加工。其动作如图 3.93 所示, G86 的动作与 G81 类似,只是在进给到孔底后,主轴停止,刀具返回到初始平面(G98)或 *R* 点平面(G99)后主轴再重新启动。

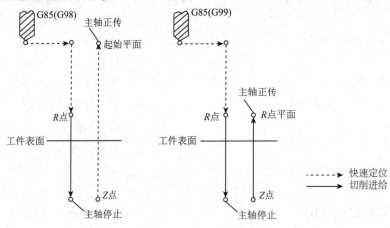

图 3.93　镗孔固定循环 G85

编程格式:G86 X_ Y_ Z_ R_ F_;

7. 固定循环取消 G80

当固定循环指令不再使用时,应用 G80 指令取消固定循环,回到一般基本指令状态(如 G01,G02,G03 等),此时固定循环指令中的孔加工数据(如 *Z* 点、*R* 点值等)也被取消。

编程格式:G80;

3.5.5　孔加工固定循环运用的注意事项

(1)孔加工的数据为模态值,一直保持到被更改或孔加工固定循环被取消为止。

(2)Q 在 G73,G83 指令中指定每次的切削深度,增量正值。

(3)P 指定孔底主轴停转或进给暂停时间,单位为 ms。

(4)F 指定切削进给速度。在 G94 指令中指定每分钟进给量(mm/min),在 G95 指令中指

定每转进给量(mm/r)。

(5)固定循环开始后,在 R 平面自动启动主轴回转切削主运动,故在循环之前只需要设定主轴转速,而不必启动主轴。

(6)所有孔加工固定循环中 G 指令均为模态指令。一旦指定,一直有效,直到出现其他孔加工固定循环指令,或固定循环取消指令 G80 或 G00,G01,G02,G03 等插补指令才失效。

(7)在用 G80 指令取消孔加工固定循环之后,那些在固定循环之前的插补模态(如 G00,G01,G02,G03)恢复。M05 指令也自动生效(G80 指令可使主轴停转)。

(8)在孔加工固定循环中不可进行以下操作:改变插补平面(G17,G18,G19)、刀具半径补偿(G41,G42)、换刀(M06)、回零(G28)。

3.6　槽类零件加工

3.6.1　槽加工进给路线的确定

铣削加工进给路线包括切削进给和 Z 向快速移动进给两种进给路线。Z 向快速移动进给常采用下列进给路线。

(1)铣削开口不通槽时,铣刀在 Z 向可直接快速移动到位,不需工作进给,如图 3.94(a)所示。

(2)铣削封闭槽(如铣键槽时,铣刀需要有一切入距离 Z,先快速移动到距工具加工表面一切入距离 Z 的位置上(R 平面),然后以工作进给速度进给至铣削深度 H,如图 3.94(b)所示。

(3)铣削轮廓及通槽时,铣刀应有一段切出距离 Z,可直接快速移动到距零件表面 Z 处,如图 3.94(c)所示。

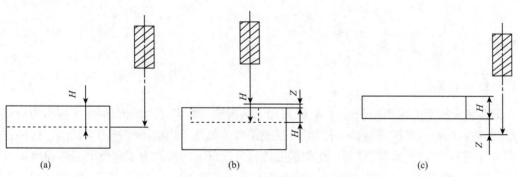

图 3.94　铣削加工时刀具 Z 向进给路线

(a)开口不通槽；(b)封闭槽；(c)轮廓及通槽

3.6.2 直角沟槽的铣削

直角沟槽主要用三面刃铣刀来铣削,也可用立铣刀、槽铣刀及合成铣刀来铣削。对封闭的沟槽则都采用立铣刀或键槽铣刀来铣削。

键槽铣刀一般都是双刃的,端面刃能直接切入零件,故在铣封闭槽之前可以不必预先钻孔,键槽铣刀直径的尺寸精度较高,其直径的基本偏差有 d8 和 e8 两种。

立铣刀在铣封闭槽时,需要预先钻好落刀孔。宽度大于 25 mm 的直角沟槽大都采用立铣刀来加工。对宽度大和深的沟槽也大多采用立铣刀来铣削。

盘形槽铣刀简称槽铣刀,其特点是在刀齿的两侧一般没有刃口。有的槽铣刀齿被做成铲齿形,这种切削刃在被用钝以后,刃磨时只能磨前面而不能磨后面,刃磨后的切削刃形状和宽度都不改变,适用于加工大批相同尺寸的沟槽。这种铣刀的缺点是制造复杂、切性能也较差。

铣刀的宽度尺寸精度和键槽铣刀相同,其基本偏差为 k8,如图 3.95 所示,零件的封闭槽则必须用立铣刀或键槽铣刀来加工。立铣刀的尺寸精度较低,其直径的基本偏差为 js14,现采用直径为 16 mm 的立铣刀加工图 3.95 所示的封闭槽。由于此直角槽底部是贯通的,故装夹时应注意沟槽下面不能有垫铁,以免妨碍立铣刀穿通,而应采用两块较窄的平行垫铁,垫在零件下面,如图 3.95 所示。这条封闭槽的长度是 32 mm,当用直径为 16 mm 的铣刀切入后,工作台实际只需要移动 16 mm。

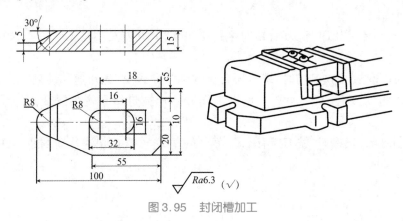

图 3.95 封闭槽加工

3.6.3 键槽的铣削

1. 铣通键槽

如车床光杠上的键槽属于通键槽,铣刀轴上的键槽虽属半封闭键槽,但由于封闭的一端是弧形的,故铣削时也可按通键槽一样加工,这类键槽一般都采用盘形槽铣刀来铣削。这种长的轴类零件,若外圆已经磨准,则可用虎钳装夹进行铣削(图 3.96),为了避免因零件伸出钳口太多而产生振动和弯曲,可在伸出端用千斤顶来支承。若零件直径是粗加工时,则应采用三爪自定心卡盘加后顶尖来装夹,中间还应采用千斤顶来支承。

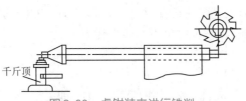

图 3.96　虎钳装夹进行铣削

当零件装夹完毕,并将中心对好以后,接着是调整铣削深度。调整时先使旋转的切削刃和圆柱面接触,然后退出零件,再将工作台上升到键槽的深度,即可开始铣削,当铣刀开始切到零件时,应慢慢移动工作台(手动),而且不浇筑切削液,仔细观察在铣削宽度接近铣刀宽度时,轴的一侧是否有先出现台阶的现象,若有该情况,则说明铣刀还没有对准中心,铣刀应向有台阶的一侧移动一段距离,一直到对准为止,如图 3.97 所示。

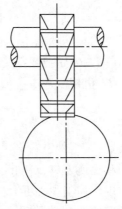

图 3.97　调整铣刀对准中心

2. 铣封闭槽

如图 3.98 所示,以加工传动轴上封闭键槽为例,介绍封闭槽加工方法和步骤。

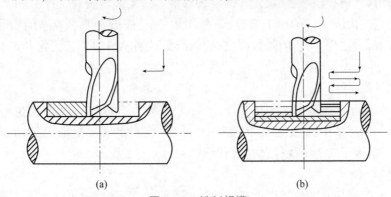

（a）　　　　　　　（b）

图 3.98　铣封闭槽

（a）一次铣到位；（b）分层铣削

（1）一次铣到位。如图 3.98(a)所示,这种加工方法对铣刀的使用较不利,因为铣刀在被用钝时,其切削刃上的磨损长度等于键槽的深度。若刃磨圆柱面切削刃,则因铣刀直径被磨小而不能再进行精加工。因此,以磨去端面一段较为合理。但对刃磨的铣刀直径在使用之前需用千分尺进行检查。

（2）分层铣削。如图 3.98(b)所示,槽的铣削每次铣削深度只有 0.5 mm 左右,以较快的进给量往复进行铣削,一直铣到预定的深度为止。这种加工方法的特点是铣刀用钝后只需磨端刃面,铣刀直径不受影响,在铣削时也不会产生让刀现象。

3.7 加工中心概述

3.7.1 加工中心的特点

1.加工中心的加工特点

加工中心(Machining Center)是指备有刀库,并能自动更换刀具、对工件进行多工序加工的数字控制机床。加工中心是一种典型的集高新技术于一体的机械加工设备,它的发展代表了一个国家设计、制造的水平,因此,在国内外企业界都受到高度重视。如今,加工中心已成为现代机床发展的主流方向,被广泛应用于机械制造中。与普通机床和其他数控机床相比,其具有以下几个突出特点。

1)工序集中

加工中心备有刀库与自动换刀装置,对工件进行多工序加工,使工件在一次装夹后,数控系统能控制机床按不同工序自动选择和更换刀具,自动改变机床主轴转速、进给量和刀具相对工件的动作轨迹,以及其他辅助功能,现代加工中心更大程度地使工件在一次装夹后实现多表面、多特征、多工位的连续、高效、高精度加工,即工序集中,这是加工中心最突出的特点。

2)自适应控制能力和软件的适应性强

加工中心还具有自适应控制功能,使切削参数随刀具和工作加工材质等因素的变化而自动调整,不受操作人员技能、视觉误差等因素的影响。这能显著提高工件的加工质量,且零件加工的一致性好。由于零件的加工内容、切削用量、工艺参数等都可以被编制到机内的程序中,并以软件的形式出现,可以随时修改,这给新产品试制及新的工艺流程和试验提供了极大的方便。

3)加工精度高

加工中心采用了半闭环或全闭环补偿控制,使机床的定位精度和重复定位精度高,而且加工中心由于加工工序集中,避免了长工艺流程,减少了工件的装夹次数,消除了多次装夹所带来的定位误差,减少了人为干扰,故加工精度更高,加工质量更加稳定。

4)加工生产效率高

零件加工所需要的时间包括机动时间与辅助时间两部分。加工中心带有刀库和自动换刀装置,在一台机床上能集中完成多种工序,因而可减少工件装夹、测量和机床的调整时间,减少工件半成品的周转、搬运和存放时间,使机床的切削利用率(切削时间和开动时间之比)高于普通机床3~4倍,达到80%以上。这样能缩短生产周期,简化生产计划高度和管理工件,提高生产效率。

5)操作人员的劳动强度减轻

加工中心对零件的加工是按事先编好的程序自动完成的,操作人员除操作键盘、装卸零

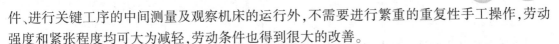

件、进行关键工序的中间测量及观察机床的运行外,不需要进行繁重的重复性手工操作,劳动强度和紧张程度均可大为减轻,劳动条件也得到很大的改善。

6)经济效益高

使用加工中心加工零件时,分摊在每个零件上的设备费用是较昂贵的,但在单件、小批生产的情况下,可以节省许多其他方面的费用,因此,能获得良好的经济效益。例如,在加工之前节省了划线工时,在零件安装到机床上之后可以减少调整、加工和检验时间,减少了直接生产费用。另外,由于加工中心加工零件不需要手工制作模型、凸轮、钻模板及其他工夹具,因此其节省了许多工艺装备,减少了硬件投资。还由于加工中心的加工稳定,减少了废品率,使生产成本进一步下降。

7)有利于生产管理的现代化

用加工中心加工零件,能够准确地计算零件的加工工时,并有效地简化了检验和工夹具、半成品的管理工作。这些特点有利于使生产管理现代化。当前有许多大型 CAD/CAM 集成软件已经开发了生产管理模块,实现了计算机辅助生产的管理。

2.加工中心程序的编制特点

一般使用加工中心加工的工件形状复杂、工序多,使用的刀具种类也多,往往一次装夹后要完成从粗加工、半精加工到精加工的全部过程,因此,程序比较复杂。编程人员在编程时需要考虑下述问题。

(1)仔细地对图样进行工艺分析和工艺设计,合理安排各工序加工顺序,确定合适的工艺路线。

(2)刀具的尺寸规格要选择好,为提高机床利用率,尽量采用刀具机外预调,并将测量尺寸填写到刀具卡片中,以便操作人员在运行程序前,及时修改刀具补偿参数。

(3)确定合理的切削用量,主要是主轴转速、背吃刀量和进给速度等。

(4)应留有足够的自动换刀空间,以避免与工件或夹具碰撞。换刀位置建议设置在机床原点。

(5)除换刀程序外,加工中心的编程方法和其他数控机床基本相同。

(6)为便于检查和调试程序,可将各工步的加工内容安排到不同的子程序中,主程序主要完成换刀和子程序的调用,这样程序简单且清晰。

(7)尽可能地利用数控机床系统本身所提供的镜像、旋转、固定循环及宏程序指令编程处理的功能,以简化程序量。

(8)若要重复使用程序,注意第一把刀的编程处理。若第一把刀直接安装在主轴(要设置刀号),程序开始可以不换刀,在程序结束时要有换刀程序段,要把第一把刀换到主轴上。若主轴上先不安装刀,在程序的开始就需要换刀程序段,主轴上装刀,后面程序同前述。

(9)对编制好的程序要进行校验和试运行,注意刀具、夹具或工件之间是否有干涉,在检查 M,S,T 功能时,可以在 Z 轴锁定状态下进行。

3.7.2　加工中心的主要加工对象

加工中心主要适用于加工形状复杂、工序多、精度要求高的工件。主要加工对象有以下几类。

1. 箱体类零件

箱体类零件一般是指具有多个孔系,内部有型腔或空腔,在长、宽、高方向有一定比例的工件。这类工件在机床、汽车、飞机行业被用得较多,如汽车发动机缸体、变速箱体、机床的主轴变速箱、主轴箱及齿轮泵壳体等。这类工件一般都要求进行多工位孔系及平面的加工,定位精度要求高,需要的工序和刀具较多,在普通机床上加工时需多次装夹、找正,测量次数多,工艺复杂,加工周期长,成本高,且精度难以保证。在加工中心上加工时,一次装夹可完成绝大部分的工序内容。这减少了大量的工装,零件的各项精度高、质量稳定,节省了工时费用,缩短了生产周期,降低了成本。

在加工箱体类工件时,对于加工工位较多,工作台需多次旋转才能完成的零件,一般选卧式加工中心;对于加工的工位较少且跨距不大的零件,一般选立式加工中心。

2. 复杂曲面类工件

对于由复杂曲线、曲面组成的零件,如凸轮类、叶轮类和模具类等零件,一般可以用球头铣刀进行三坐标联动加工,加工精度较高,但效率低。如果工件存在加工干涉区或加工盲区,就必须考虑采用四坐标或五坐标联动的机床。

3. 异形件

异形件是外形不规则的零件,大多需要点、线、面多工位混合加工,如支架、基座、样板、模支架等。加工异形件时,形状越复杂,精度要求越高,使用加工中心越能显示其优越性,如手机外壳等。

4. 盒、套、板类工件

盒、套、板类工件包括带有键槽和径向孔,端面有孔系、曲面的盘套或轴类工件,如带有键槽或方头的轴类零件;具有较多孔加工的板类零件,如电机盖等。端面有孔系、曲面的盘、套、板类零件宜选用立式加工中心加工;有径向孔的零件宜选用卧式加工中心加工。

5. 新产品试制中的零件

新产品在定型前,需要经过反复试验和改进。选择加工中心试制,可省去许多种通用机床加工所需的试制工装。当需要修改零件时,只需要修改相应的程序和适当调整夹具、刀具,这样节省了时间,缩短了试制周期。

3.7.3　加工中心的分类及组成

1. 加工中心的分类

加工中心是在数控铣床的基础上发展起来的,其分类与数控铣床分类基本相同。加工中心属于中、高档数控机床,其伺服系统一般采用半闭环或闭环控制。按机床主轴的布置形式及机床的布局特点分,加工中心可分为立式加工中心、卧式加工中心和龙门加工中心。

1）立式加工中心

立式加工中心的主轴垂直于工作台,主轴在空间处于垂直状态。其主要适用于板材、壳体、模具类零件的加工。

2)卧式加工中心

卧式加工中心的主轴轴线与工作台平面方向平行,主轴在空间处于水平状态。采用回转工作台一次装夹工件,通过工件台旋转可实现对多个加工面加工,其主要适用于箱体类零件的加工。

3)龙门加工中心

龙门加工中心的形状与数控龙门铣床相似,应用范围比数控龙门铣床更大。

2.加工中心的组成

加工中心与数控铣床的最大区别在于加工中心具有自动交换刀具的能力,通过在刀库安装不同用途的刀具,可在一次装夹中通过自动换刀装置改变主轴上的刀具,实现钻、铣、镗、攻螺纹、切槽等多种加工功能,工序高度集中。其由床身、主轴箱、工作台、底座、立柱、横梁、进给机构、自动换刀装置、辅助系统(气液、润滑、冷却)、控制系统等组成。

3.7.4　加工中心的自动换刀

1.加工中心的换刀形式

(1)刀库的形式。

加工中心的刀库的形式很多,结构各异。加工中心常用的刀库有链式刀库和盘式刀库两种。

链式刀库多为轴向取刀,适用于要求刀库容量较大的数控机床,如图3.99(a)所示。

盘式刀库结构简单、紧凑,应用较多,一般存放的刀具不超过32把,如图3.99(b)所示。

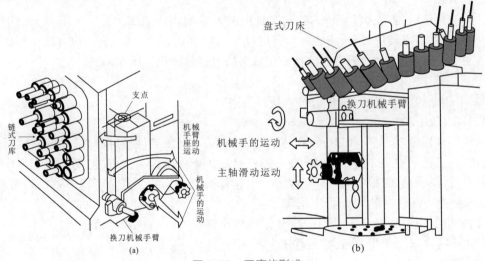

图3.99　刀库的形式

(a)链式刀库;(b)盘式刀库

(2)自动换刀装置的形式。

自动换刀装置的结构取决于机床的类型、工艺、范围及刀具的种类和数量等。自动换刀装置主要有回转刀架和带刀库的自动换刀装置两种形式。

回转刀架换刀装置的刀具数量有限,但结构简单、维护方便,如车削中心上的回转刀架。

带刀库的自动换刀装置是镗铣加工中心上应用最广的换刀装置,主要有刀库换刀和机械手换刀两种方式。

①刀库＋主轴换刀加工中心。这种加工中心的特点是无机械手式主轴换刀,利用工作台运动及刀库转动,并由主轴箱上下运动进行选刀和换刀。卧式加工中心如图3.100(a)所示。

②刀库 + 机械手 + 主轴换刀加工中心。这种加工中心的结构多种多样,机械手卡爪可同时分别抓住刀库上所选的刀和主轴上的刀,然后进行刀具交换,再将新刀具装入主轴,将旧刀具放回刀库。换刀时间短,换刀时间与切削加工时间重合,因此得到广泛应用。立式加工中心如图 3.100(b)所示。

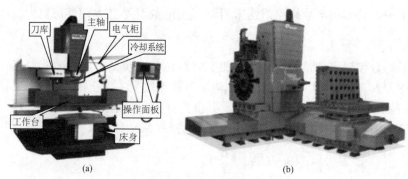

图 3.100　刀库的类型

(a)卧式加工中心;(b)立式加工中心

2. 换刀指令

1)无机械手的换刀

对于带有盘式刀库且不带机械手换刀的加工中心采用下列程序进行换刀:

M06 T02;

执行该程序时,首先执行 M06 指令,主轴上的刀具与当前刀库中处于换刀位置的空刀位进行交换,然后刀库转位寻刀,将 2 号刀具转换到当前换刀位置,再执行 M06 指令,将 2 号刀具装入主轴。因此,这种换刀方式的指令在每次换刀过程要执行两次 M06。

2)有机械手的换刀

(1)T 指令和 M06 指令在同一段内,换刀程序为

G91 G28 Z0 T02 M06;

在执行该程序时,先执行 28 指令,再执行 M06 换刀指令,当换刀执行完成后再执行 T 指令,也就是说,程序中 T02 指令选择的 2 号刀具是用于下一次换刀的刀具,而当前程序中 M06 所换的刀具是由前面的程序来进行选择的。用这种换刀指令的优点是可以节省换刀时间,但要注意每一把刀所选择的刀具号码不能重复。

(2)T 指令和 M06 指令不在同一段内。

①M06 指令紧跟 T 指令后,换刀程序为:

G91 G28 Z0 T03;

M06;

在执行该程序时,先执行 G28 指令,再执行刀具选择指令,将 3 号刀具换到当前换刀位置,只有当刀库转换位完成后,才执行刀具交换指令 M06,将 3 号刀与主轴上的刀具进行交换。虽然此种方式换刀占用了较多的换刀时间,但刀具号码清楚直观,不易出错。

②M06 指令在 T 指令后的若干程序段后,换刀程序为

N010 G01 Z_ T02;

……;

……;

N017 G00 Z0 M06;

N018 G01 Z＿ T03；

……；

当执行以上程序时,在 N010 程序段只完成 2 号刀的选刀,刀具并不交换,所以在 N010 程序段和 N018 程序段之间的程序不是采用 2 号刀加工,在 N017 程序段换上 N010 程序段选出的 2 号刀具;从 N018 程序段开始采用 2 号刀加工,在换刀后,N018 程序段选出下次要用的 3 号刀具,直到下次执行 M06 换刀指令才换刀。因为在 N010 程序段和 N018 程序段执行选刀不占用机动时间,所以这种方式较好。

在 FANUC 0i 等系统中,为了方便编程人员编写换刀程序,系统自带子程序,子程序号通常为 O8999,其程序内容如下：

O8999；	立式加工中心换刀子程序
M05 M09；	主轴停转,切削液关
G80；	取消固定循环
G91 G28 Z0；	Z 向自动返回参考点
G49 M06；	取消刀具长度补偿,刀具交换
M99；	返回主程序

3.8　任务训练

3.8.1　平面外轮廓零件铣削加工实例(两例)

1. 第一例

1)任务描述

图 3.101 所示为 100 mm×80 mm×20 mm 的 45#钢板毛坯,上表面已被精加工,其余 5 个面的形状精度和位置精度都比较高。要求对单件平面凸轮廓进行工艺分析并完成程序编制。

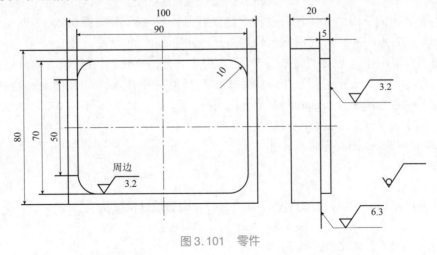

图 3.101　零件

2)任务分析

(1)首先进行零件结构工艺性分析。

该零件的外形尺寸为 100 mm×80 mm×20 mm,是形状规整的长方形零件。加工内容为 90 mm×70 mm 凸台轮廓,凸台高为 5 mm,凸台轮廓的 4 个角均为 R10 光滑圆弧,其余表面不加工。尺寸精度、形位公差均为自由公差,凸台轮廓的表面粗糙度均为 Ra3.2。

(2)确定装夹方案。平面盘类零件轮廓由"直线 + 圆弧"构成,需两轴联动加工。实际加工所需要的刀具不多,可以选用立式数控铣镗床。由于为单件生产,根据毛坯情况,可选用通用夹具中的机用平口虎钳装夹零件,垫平零件底面,零件上表面高出钳口 5 mm 以上,防止刀具与虎钳干涉。

3)任务实施

(1)确定加工方案。根据零件形状及加工精度要求,一次装夹完成所有加工内容。顶面表面粗糙度要求 Ra3.2,铣削一次可以达到加工要求,凸台轮廓表面粗糙度要求 Ra3.2,分粗、精加工两次完成。

(2)选择刀具。顶面加工选用 ϕ100 端铣刀。粗、精铣凸轮廓,由于是加工外轮廓,应尽量选用大直径刀,以提高加工效率,本任务选用 3 齿 ϕ16 高速钢普通立铣刀。

(3)确定加工顺序及进给路线。刀具沿凸轮廓顺时针方向走刀;下刀点可以选择在零件的外部;从下刀点用圆弧切入凸轮廓,在加工完成后再以圆弧轨迹退出凸轮廓。

加工凸轮廓进给路线(图 3.102)如下:

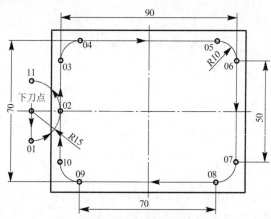

图 3.102　加工凸轮廓进给路线

下刀点(Z 方向下刀)→01(移动过程中建立右刀补)→02(沿圆弧切入)→03→04→05→06→07→08→09→10→02→11(沿圆弧轨迹离开零件轮廓)。

(4)确定切削用量。铣钢件需加冷却液,选用 ϕ16 普通立铣刀,在轮廓方向分粗、精铣削。

粗铣:侧吃刀量 4.8 mm,留 0.2 mm 精铣余量,背吃刀量在 4.8～11.01 mm 变化,四角最大处(11.01 mm)也留有 0.2 mm 的精铣余量。

精铣:侧吃刀量 0.2 mm,背吃刀量 0.2 mm。

粗铣取 v_c = 30 m/min,则主轴转速 S 为

$$S = \frac{1\ 000v_c}{\pi D} = 1\ 000 \times \frac{30}{3.14 \times 16} = 597(\text{r/min})$$

取 S = 600 r/min。取每齿进给量 f = 0.1 mm/r,则进给速度 v_f 为

$$v_f = 0.1 \times 3 \times 600 = 180(\text{mm/min})$$

精铣取 v_c = 40 m/min,则主轴转速 S 为

$$S = \frac{1\ 000v_c}{\pi D} = 1\ 000 \times \frac{40}{3.14 \times 16} = 796(\text{r/min})$$

取 $S = 800\ \text{r/min}$。取每齿进给量 $f = 0.05\ \text{mm/r}$，则进给速度 v_f 为

$$v_f = 0.05 \times 3 \times 800 = 120\ (\text{mm/min})$$

（5）坐标点的计算，如表 3.7 所示。

表 3.7　坐标点的计算

点	下刀点	01	02	03	04	05	06	07	08	09	10	11
X 坐标	−60	−60	−45	−45	−35	35	45	45	35	−35	−45	−60
Z 坐标	0	−15	0	25	35	35	25	−25	−35	−35	−25	15

（6）确定可能存在的切削剩余部分。可能存在剩余的部位在零件的 4 个角，如图 3.103 所示，在零件的右下角处需要加工的最大尺寸是 11.21 mm，小于刀具直径 16 mm，因此，需要加工剩余残料部分。

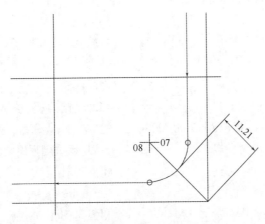

图 3.103　可能存在的剩余部分

（7）确定编程方案。对每一把刀具都需要编制一个程序，$\phi100$ 端铣刀铣平面用 O0001 程序，$\phi16$ 立铣刀粗、精铣轮廓用 O0002 程序。

凸台轮廓无内圆弧，刀具半径和刀具半径偏置值不受限制，粗、精铣通过改变不同的刀具半径偏置值来完成。$\phi100$ 端铣刀在零件毛坯顶面对刀，$\phi16$ 立铣刀在铣好的零件顶面对刀。数控加工工序卡如表 3.8 所示。

表 3.8　数控加工工序卡

厂名		零件名称	平面凸轮廓零件		零件号		
数控加工工序卡片		材料			程序号		
		夹具名称	机用平口虎钳和压板		使用设备		XK5034
工序号		编制			车间		
工步号	工步内容	刀具编号	刀具规格 /mm	主轴转速 /(r·min⁻¹)	进给速度 /(mm·min⁻¹)	被吃刀量/mm	备注
1	粗铣上表面	T01	$\phi100$ 端面铣刀	380	240	2	
2	粗铣凸轮廓	T02	$\phi15$	600	180	2	
3	精铣凸轮廓	T02	$\phi15$	1 000	120	0.5	

（8）刀具调整卡如表3.9所示。

表3.9　刀具调整卡

（厂名）		零件名称	平面凸轮廓零件		零件号	
数控加工刀具卡片		程序号			编制	
序号	刀具编号	刀具规格名称	数量	加工表面		备注
1	T01	ϕ100 端面铣刀	1	铣削上表面		
2	T02	ϕ16 高速钢立铣刀	1	铣削凸轮廓		

（9）参考程序（FANUC 系统）如下：

O00001；　　　　　　　　　　　　　　　ϕ100 端铣刀铣平面程序

G90 G00 G54 G2l X110 Y0 F240 S380 M03；　建零件坐标系,主轴正转,上方定位

G0l Z−3；　　　　　　　　　　　　　　实际铣削厚度 3 mm

G01 X−110 Y0；　　　　　　　　　　　直线走刀,铣削平面

G00 Z200；　　　　　　　　　　　　　抬刀

M30；　　　　　　　　　　　　　　　程序结束

O00002；　　　　　　　　　　　　　　ϕ15 立铣刀粗、精铣轮廓

G90 C00 G55 X−60 Y0 F180 S600 M03；　建立零件坐标系,在下刀点上方定位

G00 Z−4.8；　　　　　　　　　　　　下刀(粗铣用程序中的值,精铣 Z 为 −5 mm)

G41 G0l X−60 Y−15 D01；　　　　　　建立刀补至 01 点(粗加工 D01,偏置值为 8.2 mm)

G03 X−45 Y0 R15；　　　　　　　　　圆弧走刀至 02 点

2. 第二例

1）任务描述

毛坯为 120 mm × 60 mm × 10 mm 板材,5 mm 深的外轮廓已被粗加工,周边留 2 mm余量,要求加工出图 3.104 所示的外轮廓及 ϕ20 mm的孔。工件材料为铝。

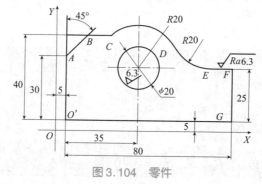

图 3.104　零件

2）任务分析

（1）根据图样要求、毛坯及前道工序的加工情况,确定工艺方案及加工路线。

①以底面为定位基准,两侧用压板压紧,固定于铣床工作台上。

②工步顺序。

a. 钻孔 $\phi20$mm。

b. 按 $O'ABCDEFG$ 线路铣削轮廓。

（2）选择机床设备。

根据零件图样要求，选用经济型数控铣床即可。

3）任务实施

（1）选择刀具。

现采用 $\phi20$ mm 的钻头，将其定义为 T02，$\phi5$ mm 的平底立铣刀，将其定义为 T01，并将该刀具的直径输入刀具参数表中。由于普通数控钻铣床没有自动换刀功能，按照零件加工要求，只能手动换刀。

（2）确定切削用量。

切削用量的具体数值应根据该机床性能、相关的手册并结合实际经验确定，详见加工程序。

（3）确定工件坐标系和对刀点。

在 XOY 平面内确定以 O 点为工件原点，Z 方向以工件下表面为工件原点，建立工件坐标系。采用手动对刀方法把 O 点作为对刀点。

（4）编写程序。

OO0002；

N0010 G92 X5 Y5 Z50；　　　　　　　　设置对刀点（手工安装好 $\phi20$ mm 的钻头）

N0020 G90 G17 G00 X40 Y30；　　　　　在 XOY 平面内加工

N0030 G98 G81 X40 Y30 Z–5 R15 F150；　钻孔循环

N0040 G00 X5 Y5 Z50；

N0050 M05；

N0060 M00；　　　　　　　　　　　　程序暂停，手动换 $\phi5$ mm 立铣刀

N0070 G90 G41 G00 X–20 Y–10 Z–5 D01；

N0080 G01 X5 Y–10 F150；

N0090 G01 Y35 F150；

N0100 G91

N0110 G01 X10 Y10；

N0120 X118 Y0；

N0130 G02 X30.5 Y–5 R20.；

N0140 G03 X17.3 Y–10 R20.；

N0150 G01 X10.4 Y0；

N0160 X0 Y–25；

N0170 X–90 Y0；

N0180 G90 G00 X5 Y5 Z50；

N0190 G40；

N0200 M05；

N0210 M30；

（5）程序的输入（参见第一例具体操作步骤）。

（6）试运行（参见第一例具体操作步骤）。

（7）对刀（参见第一例具体操作步骤）。

（8）加工。

选择"自动方式"，按"启动"开始加工。

3.8.2　典型内轮廓零件铣削加工实例

1.任务描述

分析图3.105所示零件的结构与技术要求，制订合理工艺，编写数控铣削程序，然后仿真验证，最后操作数控铣床完成零件内轮廓铣削的数控加工。

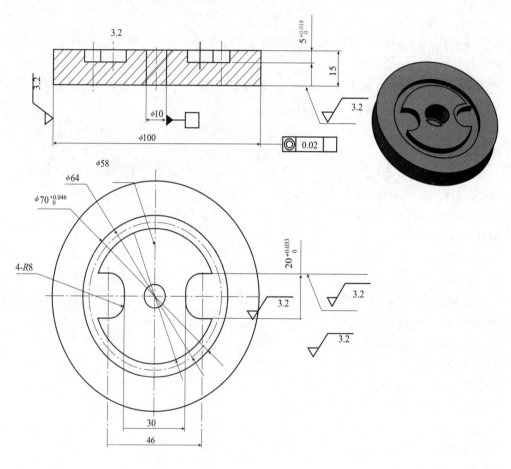

图3.105　零件

2.任务分析

1）零件结构精度分析

图3.105所示的零件为盘形，结构呈圆盘状，包括上平面、下平面、圆周面。工件尺寸为$\phi 100$ mm×15 mm，材料为硬铝，窄圆弧槽$\phi 70$ mm×$\phi 58$ mm×5 mm，尺寸精度以及卡口20 mm尺寸精度要求较高，可在数控编程中由调整刀具半径补偿值来实现。工件外轮廓面尺寸和粗糙度要求一般，数控铣削加工能够保证其加工要求。

为保证工件的加工精度和生产效率，工件毛坯采用车床加工，中间$\phi 10$ mm通孔在车床上加工成形。$\phi100$ mm 外圆柱面与 $\phi10$ mm 内孔面的尺寸和同轴度要求,由工件毛坯在车削加工时保证。

2)设备选型

工件材料为铝合金,工件尺寸为 $\phi100$ mm $\times15$ mm,属于小型零件。选用华中 HNC-22M 系统的数控铣床即可满足工件数控铣削加工的要求。

3. 任务实施

1)确定装夹方案

本任务是盘类轮廓形状的典型零件加工,加工部位为内轮廓。所以,可以考虑采用机用虎钳配合 V 形铁装夹工件,也可以采用三爪自定心卡盘装夹工件的方法,再将三爪自定心卡盘固定在数控铣床的纵向工作台上,即可满足加工时的工件装夹要求。

本任务采用三爪自定心卡盘装夹工件,工件的装夹及编程原点设置如图 3.106 所示。

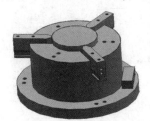

图 3.106　工件的装夹及编程原点的设置

2)刀具切削用量选择

采用 $\phi10$ 钻头在工件的上平面卡口中心处进行工艺定位引孔的加工,选择 $\phi10$ 键槽铣刀加工 U 形卡口部分,选择 $\phi5$ 圆柱立铣刀加工环形槽。键槽铣刀、圆柱立铣刀的装刀操作参见铣刀安装操作。键槽铣刀的对刀操作同铣刀的对刀操作,圆形工件的对刀采用试切法,盘形零件工艺卡如表 3.10 所示。

表 3.10　盘形零件工艺卡

序号	工步内容	刀具	切削用量			边加工余量/mm	备注
			$S/(\text{r}\cdot\text{min}^{-1})$	$F/(\text{mm}\cdot\text{min}^{-1})$	a_p/mm		
1	钻工艺定位孔	T01:$\phi10$ 钻头	1 200	396			%3110
2	粗铣左、右键槽	T02:$\phi10$ 键槽铣刀	1 800	440	2.4	0.2	%3120
3	精铣键槽底平面	T02:$\phi10$ 键槽铣刀	1 800	440	0.2	0	%3130
4	粗铣环形槽	T03:$\phi5$ 立铣刀	2 200	600	0.5	0.5	%3140
5	精铣环形槽壁面	T03:$\phi15$ 立铣刀	2 200	420	0.2	0	%3150

3)确定加工方案、加工顺序及刀具轨迹

根据零件结构形状及加工精度要求,在三爪自定心卡盘上一次装夹可以完成要求的加工内容。按照先粗后精、先主后次的原则,内轮廓加工方案如下:

(1)钻工艺定位孔;

(2)粗铣加工 U 形卡口轮廓;

(3)精铣加工 U 形卡口轮廓底面;

（4）粗、精铣加工环形槽轮廓面。

加工顺序和刀具轨迹的确定如图 3.108 所示。首先使用 $\phi 10$ 钻头在工件的上平面卡口中心处进行对工艺定位孔的加工，然后更换 $\phi 10$ 键槽铣刀加工工件的 U 形卡口部分，最后更换 $\phi 5$ 圆柱立铣刀粗、精铣削加工工件的环形槽。

4）刀具路径节点获取

节点计算可通过 AutoCAD、CAXA、UG 等软件的捕捉点功能完成。本例采用 AutoCAD 软件来获取各节点坐标，AutoCAD 的标注坐标零点必须与工件坐标系原点重合。

钻工艺定位孔加工的运行轨迹及节点坐标如表 3.11 所示。

表 3.11　运动轨迹及节点坐标

＊＊＊＊ ＊＊＊＊＊＊	机床刀具中心运行轨迹图及节点坐标值表		比　例	共　页
				第　页
零件图号	＊＊＊＊＊	零件名称		
程序编号	O＊＊＊＊	机床型号		
刀位号	T＊	钻孔加工运行轨迹		
（1）（ −50,70,100）				
（2）（0,0,6100）				
（3）（0,0,10）				
（4）（0,0, −18）				
（5）（ −20.5,0,10）				
（6）（ −20.5,0, −4.8）				
（7）（20.5,0,10）				
（8）（20.5,0, −4.8）				
（9）（20.5,0,50）				

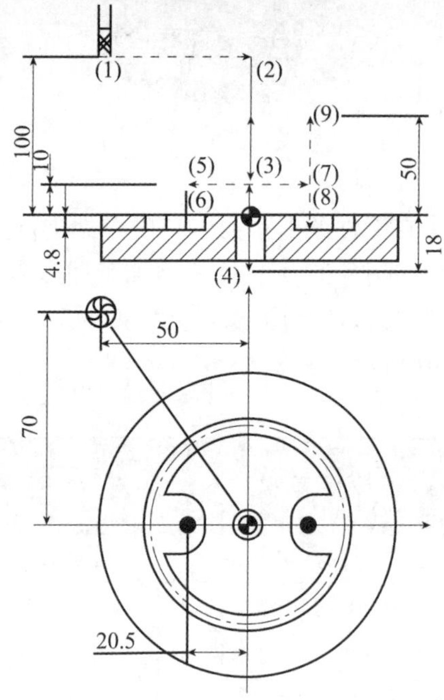

钻工艺定位孔加工运行轨迹：
（1）→（2）→（3）→（4）→（5）→（6）→（7）→（8）→（9）

左右卡口粗铣及底面精铣加工的运行轨迹及节点坐标如表3.12所示。

表3.12 粗加工运动轨迹及节点坐标

＊＊＊＊＊ ＊＊＊＊＊＊	机床刀具中心运行轨迹图及节点坐标值表		比例	共 页
				第 页
零件图号	＊＊＊＊	零件名称		
程序编号	O＊＊＊＊	机床型号		
刀位号	T＊	左右卡口轮廓粗铣及底面精铣加工运行轨迹		
(1)(−50,70,100)		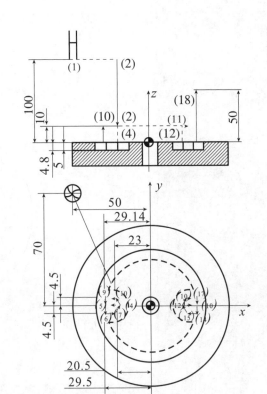		
(2)(−20.5,0,100)				
(3)(−20.5,0,10)				
(4)(−20.5,0,−4.8)				
(5)(−29.5,0,−4.8)				
(6)(−29.15,−4.5,−4.8)				
(7)(−23,−4.5,−4.8)				
(8)(−23,4.5,−4.8)				
(9)(−29.5,4.5,−4.8)				
(10)(−29.5,0,10)				
(11)(20.5,0,10)				
(12)(20.5,0,−4.8)		卡口轮廓粗铣及底面精加工运行轨迹：		
(13)(29.5,0,−4.8)		$(1)\to(2)\to(3)\to(4)\to(5)\to(6)\to(7)\to(4)\to(8)\to(9)\to(5)\to(10)$		
(14)(29.15,−4.5,−4.8)		$\to(11)\to(12)\to(13)\to(14)\to(15)\to(12)\to(16)\to(17)\to(13)\to(18)$		
(15)(23,−4.5,−4.8)				
(16)(23,4.5,−4.8)				
(17)(29.15,4.5,−4.8)				
(18)(29.5,0,50)				
备注	底面精加工时(4)~(8)、(12)~(17)坐标点的Z值为−5			

215

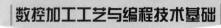

环形槽粗铣加工的运行轨迹及节点坐标如表 3.13 所示。

表 3.13　环形槽粗加工运动轨迹及节点坐标

＊＊＊＊＊ ＊＊＊＊＊＊	机床刀具中心运行轨迹图及节点坐标值表		比例	共　页
				第　页
零件图号	＊＊＊＊＊	零件名称		
程序编号	O＊＊＊＊	机床型号		
刀位号	T＊	内环槽粗铣加工运行轨迹		
（1）（−60,60,100）				
（2）（−32,0,100）				
（3）（−32,0,10）				
（4）（−32,0,−1.67）				
（5）（−32,0,−3.34）				
（6）（−32,0,−5.01）				
备注				

内环槽粗铣加工运行轨迹：

（1）→（2）→（3）→（4）（加工整圆）→（5）（加工整圆）→（6）（加工整圆）→

（3）→（2）

环形槽精铣加工的运行轨迹及节点坐标如表3.14所示。

表3.14　环形槽精加工运动轨迹及节点坐标

＊＊＊＊＊ ＊＊＊＊＊＊	机床刀具中心运行轨迹图及节点坐标值表		比例	共　页
				第　页
零件图号	＊＊＊＊＊	零件名称		
程序编号	O＊＊＊＊	机床型号		
刀位号	T＊	内环槽精铣加工运行轨迹		
（1）（−60,60,100）				
（2）（−20,5,100）				
（3）（−20,5,10）				
（4）（−20,5,−5）				
（5）（−30,5,−5）				
（6）（−35,0,−5）				
（7）（−30,−5,−5）				
（8）（−20,−2.5,−5）				
（9）（−26.5,−2.5,−5）				
（10）（−29,0,−5）				
（11）（−27.221.10,−5）				
（12）（27.221,10,−5）				
（13）（23,10,−5）				
（14）（15,2,−5）				
（15）（15,−2,−5）				
（16）（23,−10,−5）				
（17）（27.221,−10,−5）				
（18）（−27.221,−10,−5）				
（19）（−23,−10,−5）				
（20）（−15,−2,−5）				
（21）（−15,2,−5）				
（22）（−23,10,−5）				
（23）（−30,10,−5）				
（24）（−35,−5,100）				
备注				

内环槽精铣加工运行轨迹：

（1）→（2）→（3）→（4）→（5）→（6）（加工完整图）→（7）→（8）→（9）→
（10）→（11）→（12）→（13）→（14）→（15）→（16）→（17）→（18）→
（19）→（20）→（21）→（22）→（23）→（7）→（24）

5）程序分析

编程坐标系设置在零件的上表面中心。以下是华中数控系统、FANUC 0i M 数控系统的程序分析。

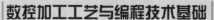

%3110 钻工艺定位孔加工的参考程序与剖析如表 3.15 所示。

表3.15　钻工艺定位孔加工参考程序

华中系统	FANUC 系统	说明
	%	
%3110	O3110	
N10 G17 G90 G54 G21 G40 G49 G80	N10 G17 G90 G54 G21 G40 G49 G80	程序初始化
N20 S600 M03	N20 S600 M03;	主轴正转
N30 G00 X0 Y0	N30 G00 X0 Y0;	刀具定位到(2)点
N40 Z10 M08	N40 Z10.0 M08;	(2)→(3),切削液开
N50 G01 Z2 F600	N50 G01 Z2.0 F600;	刀具移到零件表面上方
N60 Z – 5 F150	N60 Z – 5.0 F150;	钻孔 $\phi5$
N70 G01 G91 Z2 F600	N70 G01 G91 Z2.0 F600;	退刀 2 mm
N80 G90 G01 Z – 10 F150	N80 G90 G01 Z – 10.0 F150;	前进 5 mm
N90 G01 G91 Z2 F600	N90 G01 G91 Z2.0 F600;	退刀 2 mm
N100 G90 G01 Z – 14 F150	N100 G90 G01 Z – 14.0 F150;	前进 4 mm
N110 G01 G91 Z2 F600	N110 G01 G91 Z2.0 F600;	退刀 2 mm
N120 G90 G01 Z – 18 F150	N120 G90 G01 Z – 18.0 F150;	前进 4 mm
N130 G00 G90 Z10	N130 G00 G90 Z10.0;	退刀到点(3)
N140 G00 X – 20.5	N140 G00 X – 20.5;	(3)→(4)
N150 G01 Z2 F600	N150 G01 Z2.0 F600;	刀具移到零件表面上方
N160 G01 Z – 4.8 F150	N160 G01 Z – 4.8 F150;	钻孔到深度点(6)
N170 G00 Z10	N170 G00 Z10.0;	退刀到点(5)
N180 X20.5	N180 X20.5;	(5)→(7)
N190 G01 Z2 G600	N190 G01 Z2.0 G600;	刀具移到零件表面上方
N200 Z – 4.8 F150	N200 Z – 4.8 F150;	钻孔到深度点(8)
N210 G00 Z50	N210 G00 Z50.0;	退刀到点(9)
N220 M30	N280 M30;	程序结束
	%	

%3120 工件左右卡口粗铣加工的参考程序与剖析如表 3.16 所示。

表3.16　工件左右卡口粗铣加工参考程序

华中系统	FANUC 系统	说明
	%	
%3120	O3120;	
N10 G17 G90 G54 G21 G40 G49 G80	N10 G17 G90 G54 G21 G40 G49 G80	程序初始化
N20 S1200 M03	N20 S1200 M03;	主轴正转
N30 G00 Y0. X – 20	N30 G00 Y0. X – 20;	刀具定位到(2)点

表3.16

华中系统	FANUC 系统	说明
N40 Z10	N40 Z10.0;	(2)→(3),快速移动到安全高度
N50 G01 Z - 4.8 F800 M08	N50 G01 Z - 4.8 F800 M08;	(3)→(4)
N60 X - 29.5	N60 X - 29.5;	(4)→(5)
N70 X - 29.15 Y - 4.5	N70 X - 29.15 Y - 4.5;	(5)→(6)
N80 X - 23	N80 X - 23.0;	(6)→(7)
N90 X - 20.5 Y0	N90 X - 20.5 Y0;	(7)→(4)
N100 X - 23 Y4.5	N100 X - 23 Y4.5;	(4)→(8)
N110X - 29.15	N110 X - 29.15;	(8)→(9)
N120X - 29.15 Y0	N120 X - 29.15 Y0;	(9)→(5)
N130 G00 Z10	N130 G00 Z10.0;	(5)→(10)退刀到安全高度
N140 X20.5	N140 X20.5;	(10)→(11)快速移动
N150 G01 Z - 4.8	N150 G01 Z - 4.8;	(11)→(12)
N160 X29.5	N160 X29.5;	(12)→(13)
N170 X29.15 Y - 4.5	N170 X29.15 Y - 4.5;	(13)→(14)
N180 X23	N180 X23.0;	(14)→(15)
N190 X20.5 Y0	N190 X20.5 Y0;	(15)→(12)
N200 X23 Y4.5	N200 X23 Y4.5;	(12)→(16)
N210 X29.15	N210 X29.15;	(16)→(17)
N220 X29.5 Y0	N220 X29.5 Y0;	(17)→(13)
N230 G00 Z50	N230 G00 Z50.0;	(13)→(18)退刀
N240 M30	N240 M30;	程序结束
	%	

%3130 工件左右卡口底面精加工的参考程序与剖析如表3.17 所示。

表3.17　工件左右卡口底面精加工的参考程序

华中系统	FANUC 系统	说明
	%	
%3130	O3130	
N10 G17 G90 G54 G21 G40 G49 G80	N10 G17 G90 G54 G21 G40 G49 G80;	程序初始化
N20 S1200 M03	N20 S1200 M03;	主轴正转
N30 G00 Y0 X - 20.5	VN30 G00 Y0 X - 20.5;	刀具定位到(2)点
N40 Z10	N40 Z10.0;	(2)→(3)快速移动到安全高度

表 3.17　　　　　　　　　　　　　　　　　　　　　续表

华中系统	FANUC 系统	说明
N50 G01 Z – 5 F800 M08	N50 G01 Z – 5.0 F800 M08;	(3)→(4)
N60 X – 29.5	N60 X – 29.5;	(4)→(5)
N70 X – 29.15 Y – 4.5	N70 X – 29.15 Y – 4.5;	(5)→(6)
N80 X – 23	N80 X – 23.0;	(6)→(7)
N90 X – 20.5 Y0	N90 X – 20.5 Y0;	(7)→(4)
N100 X – 23 Y4.5	N100 X – 23 Y4.5;	(4)→(8)
N110X – 29.15 Y4.5	N110 X – 29.15 Y4.5;	(8)→(9)
N120X – 29.5 Y0	N120 X – 29.15 Y0;	(9)→(5)
N130 G00 Z10	N130 G00 Z10.0;	(5)→(10)退刀到安全高度
N140 G00 Y0 X20.5	N140 G00 Y0 X20.5;	(10)→(11)快速移动
N160 G01 Z – 5 F800 M08	N160 G01 Z – 5.0 F800 M08;	(11)→(12)
N170 X – 29.5	N170 X – 29.5;	(12)→(13)
N180 X29.15 Y – 4.5	N180 X29.15 Y – 4.5;	(13)→(14)
N190 X23	N190 X23.0;	(14)→(15)
N200 X20.5 Y0	N200 X20.5 Y0;	(15)→(12)
N210 X23 Y4.5	N210 X23.0 Y4.5;	(12)→(16)
N220 X29.15 Y4.5	N220 X29.15 Y4.5;	(16)→(17)
N230 X29.5 Y0	N230 X29.5 Y0;	(17)→(13)
N240 G00 Z50	N240 G00 Z50.0;	(13)→(18)退刀
N250 M30	N250 M30;	程序结束
	%	

%3140 工件环形槽粗铣加工参考程序与剖析如表 3.18 所示。

表 3.18　工件环形槽粗铣加工参考程序

华中系统	FANUC 系统	说明
	%	
%3140	O3140;	
N10 G17 G90 G54 G21 G40 G49 G80	N10 G17 G90 G54 G21 G40 G49 G80;	程序初始化
N20 S1200 M03	N20 S1200 M03;	主轴正转
N30 G00 X – 32 Y0	N30 G00 X – 32.0 Y0;	刀具定位到(2)点
N40 Z10	N40 Z10.0;	(2)→(3)快速移动
N50 G01 Z – 1.67 F800 M08	N50 G01 Z – 1.67 F800 M08;	(3)→(4)切削液开
N60 G02 I32 J0	N60 G02 I32.0 J0;	(4)整圆加工
N70 G01 Z – 3.34	N70 G01 Z – 3.34;	(4)→(5)
N80 G02 I32 J0	N80 G02 I32.0 J0;	(5)整圆加工

表3.18

华中系统	FANUC系统	说明
N90 G01 Z－5	N90 G01 Z－5.0;	(5)→(6)
N100 G02 I32 J0	N100 G02 I32.0 J0;	(6)整圆加工
N110 G00 Z10	N110 G00 Z10.0;	(6)→(3)
N120 G00 Z100	N120 G00 Z100.0;	(3)→(2)
N130 M30	N130 M30;	程序结束
	%	

%3150工件环形槽精铣加工参考程序与剖析如表3.19所示。

表3.19 工件环形槽精铣加工参考程序

华中系统	FANUC系统	说明
	%	
%3150	O3150;	
N10 G17 G90 G54 G21 G40 G49 G80	N10 G17 G90 G54 G21 G40 G49 G80;	程序初始化
N20 S1500 M03	N20 S1500 M03;	主轴正转
N30 G00 X－20 Y5	N30 G00 X－20.0 Y5;	刀具定位到(2)点
N40 Z10	N40 Z10.0;	(2)→(3)
N50 G01 Z－5 F600 M08	N50 G01 Z－5.0 F600 M08;	(3)→(4),切削液开
N60 G01 G41 X－30 Y5 D01	N60 G01 G41 X－30.0 Y5.0 D01;	(4)→(5)建立刀具半径补偿
N70 G03 X－35 Y0 R5	N70 G03 X35.0 Y0 R5.0;	(5)→(6)圆弧退刀
N80 G03 I35 J0	N80 G03 I35.0 J0;	(6)整圆精加工
N90 G03 X－30 I－5 R5	N90 G03 X－30.0 I－5.0 R5.0;	(6)→(7)圆弧退刀
N100 G00 G40 X－20 Y－2.5	N100 G00 G40 X－20.0 Y－2.5;	(7)→(8)取消刀具半径补偿
N110 G00 G－11 X－26.5 Y－2.5 D01	N110 G00 G41 X－26.5 Y－2.5 D01;	(8)→(9)建立刀具半径补偿
N120 G02 X－29 Y0 R2.5	N120 G02 X－29.0 Y0 R2.5;	(9)→(10)圆弧进刀
N130 G02 X27.221 Y10 I29 J0	N130 G02 X27.221 Y10.0 I29.0 J0;	(10)→(11)→(12)
N140 G01 X23	N140 G01 X23.0;	(12)→(13)
N150 G03 X15 Y－2 R8	N150 G03 X15.0 Y2.0 R8.0;	(13)→(14)
N160 G01 Y－2	N160 G01 Y－2.0;	(14)→(15)
N170 G03 X23 Y－10 R8	N170 G03 X23.0 Y－10.0 R8.0;	(15)→(16)
N180 G01 X27.221 Y－10	N180 G01 X27.221 Y－10.0;	(16)→(17)
N190 G02 X－27.221 Y－10 R29	N190 G02 X－27.221 Y－10.0 R19.0;	(17)→(18)
N200 G01 X－23	N200 G01 X－23.0;	(18)→(19)
N210 G03 X－15 Y－2 R8	N210 G03 X－15.0 Y－2.0 R8.0;	(19)→(20)

表 3.19 续表

华中系统	FANUC 系统	说明
N220 G01 Y2	N220 G01 Y2.0;	(20)→(21)
N230 G03 X - 23 Y10 R3	N230 G03 X - 23.0 Y10.0 R3.0;	(21)→(22)
N240 G01 X - 30	N240 G01 X30.0;	(22)→(23)退刀
N250 G01 G40 Y - 5	N250 G01 G40 Y - 5.0;	(23)→(7)取消刀具半径补偿
N300 G00 Z50	N300 G00 Z50.0;	(7)→(24)退刀
N310 M30	N300 M30;	程序结束
	%	

3.8.3　槽类零件加工实例(两例)

1. 第一例

1)任务描述

毛坯 70 mm × 60 mm ×18 mm,六面已被粗加工,本例要求铣出图 3.107 所示凸台及槽,工件材料为 45 钢。

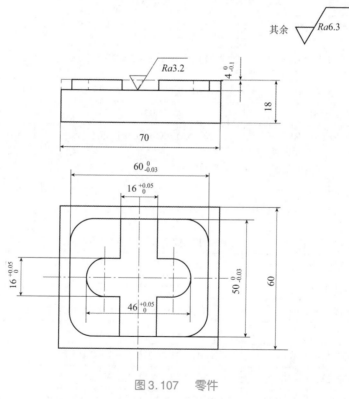

图 3.107　零件

2)任务分析

(1)根据图样要求、毛坯及前道工序加工情况,确定工艺方案及加工路线。凸台及槽如图 3.108 所示。

图 3.108　工艺方案及加工路线

①以已加工的底面为定位基准,用通用台虎钳夹紧工件左右两侧面,台虎钳固定于铣床工作台上。

②工序顺序。

a.加工凸台(分粗、精铣)。

b.加工槽(分粗、精铣)。

(2)选择机床设备。

(3)选择刀具。

采用直径 12 mm 的平底立铣刀(高速钢),并将刀具的半径输入刀具参数表中(粗加工 $R=6.5$,精加工取修正值)。

(4)确定切削用量。

精加工余量 0.5 mm、主轴转速 500 r/min、进给速度 40 mm/min。

3)任务实施

(1)确定工件坐标系和对刀点。

①在 XOY 平面内确定以工件中心为工件原点,Z 方向以工件上表面为工件原点,建立工件坐标系,如图 3.109 所示。

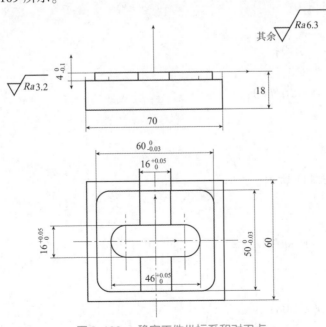

图 3.109　确定工件坐标系和对刀点

223

②采用手动对刀方法将 O 点作为对刀点。

（2）编写程序。

①安全平面设为 5 mm，加工凸台如图 3.110 所示。

G54；

G40 G49 G80；

G00 X－50 Y－50 S500 M03；

G43 Z5 H01；

G01 Z－4 F40；

G41 X－30 Y－35 D02 M08；

Y15；

G02 X－25 Y25 R10；

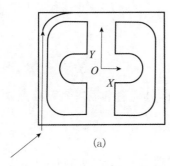 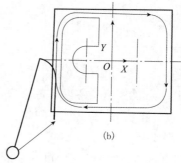

图 3.110　加工凸台

G01 X20；

G02 X30 Y15 R10；

G01 Y－15；

G02 X20 Y－25 R10；

G01 X－20；

G02 X－30 Y－15 R10；

G03 X－40 Y－5 R10；

G40 G01 X－50 Y－50 M09；

G00 Z5；

G49 Z100；

M30；

②加工槽如图 3.111 所示。

G54；

G40 G49 G80；

G00 X0 Y－50 S500 M03；

G43 Z5 H01；

G01 Z－4 F40；

G41 X8 Y－35 D02 M08；

Y－8；

X15；

G03 Y8 R10；

G01 X8；

X－8；

Y8；

X－15；

G03 Y－8 R8；

G01 X－8；

Y－35；

G40 X0 Y－50 M09；

G00 Z5；

G49 Z100；

M30；

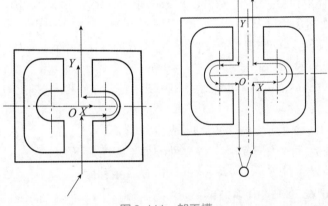

图3.111　加工槽

2.第二例

1）任务描述

毛坯为70 mm×70 mm×18 mm板材，六面已被粗加工，本例要求数控铣出图3.112所示的槽，工件材料为45钢。

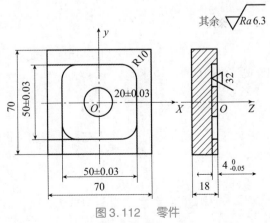

图3.112　零件

225

2）任务分析

（1）根据图样要求、毛坯及前道工序加工情况,确定工艺方案及加工路线。

①以已加工的底面为定位基准,用通用机用平口虎钳夹紧工件前后两侧面,虎钳固定于铣床工作台上。

②工步顺序。

a. 铣刀先走两个圆轨迹,再用左刀具半径补偿加工 50 mm×50 mm 四角倒圆的正方形。

b. 每次切深为 2 mm,分二次加工完。

（2）选择机床设备。

根据零件图样要求,选用经济型数控铣床即可。

3）任务实施

（1）选择刀具。

现采用 φ10 mm 的平底立铣刀,定义为 T01,并将该刀具的直径输入刀具参数表中。

（2）确定切削用量。

切削用量的具体数值应根据机床性能、相关的手册并结合实际经验确定,详见加工程序。

（3）确定工件坐标系和对刀点。

在 XOY 平面内确定以工件中心为工件原点,Z 方向以工件上表面为工件原点,建立工件坐标系,如图 3.112 所示。

采用手动对刀方法（操作与前面介绍的数控铣床对刀方法相同）把点 O 作为对刀点。

（4）编写程序。

考虑到加工图 3.112 所示的槽,深为 4 mm,每次切深为 2 mm,分二次加工完。为编程方便,同时减少指令条数,可采用子程序。该工件的加工程序如下:

O0001;	主程序
N0010 G90 G00 Z2 S800 T01 M03;	
N0020 X15 Y0 M08;	
N0030 G01 Z－2 F80;	
N0040 M98 P0010;	调一次子程序,槽深为 2 mm
N0050 G01 Z－4 F80;	
N0060 M98 P0010;	再调一次子程序,槽深为 4 mm
N0070 G00 Z2;	
N0080 G00 X0 Y0 Z150 M09;	
N0090 M02;	主程序结束
O0010 子程序 N0010 G03 X15 Y0 I－15 J0;	
N0020 G01 X20;	
N0030 G03 X20 Y0 I－20 J0;	
N0040 G41 G01 X25 Y15;	左刀补铣四角倒圆的正方形
N0050 G03 X15 Y25 I－10 J0;	
N0060 G01 X－15;	
N0070 G03 X－25 Y15 I0 J－10;	
N0080 G01 Y－15;	

N0090 G03 X – 15 Y – 25 I10 J0；

N0100 G01 X15；

N0110 G03 X25 Y – 15 I0 J10；

N0120 G01 Y0；

N0130 G40 G01 X15 Y0；　　　　　　左刀补取消

N0140 M99；　　　　　　　　　　　子程序结束

（5）程序的输入。

（6）试运行。

（7）对刀。

（8）加工。

选择"自动方式"，按"启动"开始加工。

3.8.4　孔类零件铣削加工实例

1.任务描述

对图 3.113 所示的工件进行不同要求孔的加工，工件外形尺寸与表面粗糙度已达到图纸要求，材料为 45 钢。

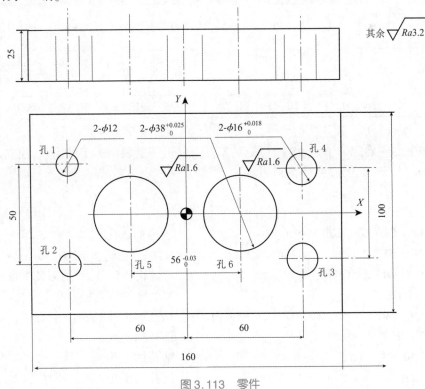

图 3.113　零件

2.任务分析

1)加工方案的确定

（1）工件选用机用平口钳装夹，校正平口钳固定钳口与工作台 X 轴方向平行，将 160 mm×25 mm 侧面贴近固定钳口后压紧，并校正工件上表面的平行度。

（2）加工方法与刀具选择如表 3.20 所示。

表 3.20 孔加工方案

加工内容	加工方法	选用刀具/mm
孔 1、孔 2	点孔→钻孔→扩孔	φ3 中心钻，φ10 麻花钻，φ12 麻花钻
孔 3、孔 4	点孔→钻孔→扩孔→铰孔	φ3 中心钻，φ10 麻花钻，φ15.8 麻花钻，φ16 机用铰刀
孔 5、孔 6	钻孔→扩孔→粗镗→精镗加工	φ20、φ35 麻花钻，φ37.5 粗镗刀，φ38 精镗刀

2）选择机床设备

根据零件图样要求，选用加工中心加工此零件，可利用加工中心自动换刀的优势，缩短加工时间。

3. 任务实施

1）确定切削用量

各刀具切削参数与长度补偿值如表 3.21 所示。

表 3.21 刀具切削参数与长度补偿值

刀具 参数	φ3 中心钻	φ10 麻花钻	φ20 麻花钻	φ35 麻花钻	φ12 麻花钻	φ15.8 麻花钻	φ16 机用铰刀	φ37.5 粗镗刀	φ38 精镗刀
主轴转速 $/(r \cdot min^{-1})$	1200	650	350	150	550	400	250	850	1000
进给率 $/(mm \cdot min^{-1})$	120	100	40	20	80	50	30	80	40
刀具补偿	H1/T1	H2/T2	H3/T3	H4/T4	H5/T5	H6/T6	H7/T7	H8/T8	H9/T9

2）确定工件坐标系和对刀点

在 XOY 平面内确定以 O 点为工件原点，Z 方向以工件上表面为工件原点，建立工件坐标系。采用手动对刀方法把 O 点作为对刀点。

3）编写程序

O0003

N0010 G54 G90 G17 G21 G49 G40 ；	程序初始化
N0020 M03 S1200 T1；	主轴正转，转速 1 200 r/min，调用 1 号刀
N0030 G00 G43 Z150 H1；	Z 轴快速定位，调用刀具 1 号长度补偿
N0040 X0 Y0；	X、Y 轴快速定位
N0050 G81 G99 X – 60. Y25. Z – 2. R2. F120；	钻孔加工孔 1，进给率 120 mm/min
N0060 Y – 25；	钻孔加工孔 2
N0070 X60 Y – 22.5；	钻孔加工孔 3
N0080 Y22.5；	钻孔加工孔 4
N0090 G49 G00 Z150.；	取消固定循环，取消 1 号长度补偿，Z 轴快速定位
N0100 M05；	主轴停转
N0110 M06 T2；	调用 2 号刀
N0120 M03 S650；	主轴正转，转速 650 r/min

N0130 G43 G00 Z100 H2 M08；　　　　　　Z 轴快速定位，调用 2 号长度补偿，切削液开

N0140 G83 G99 X－60 Y25 Z－30
R2 Q6 F100；　　　　　　　　　　　　　钻孔加工孔 1，进给率 100 mm/min
N0150 Y－25；　　　　　　　　　　　　　钻孔加工孔 2
N0160 X60 Y－22.5；　　　　　　　　　　钻孔加工孔 3
N0170 Y22.5；　　　　　　　　　　　　　钻孔加工孔 4
N0180 G49 G00 Z150 M09；　　　　　　　取消固定循环，取消 2 号长度补偿，Z 轴快速定位，切削液关

N0190 M05；　　　　　　　　　　　　　　主轴停转
N0200 M06 T3；　　　　　　　　　　　　调用 3 号刀
N0210 M03 S350；　　　　　　　　　　　主轴正转，转速 350 r/min
N0220 G43 G00 Z100 H3 M08；　　　　　　Z 轴快速定位，调用 3 号长度补偿，切削液开

N0230 G83 G99 X－28 Y0 Z－35 R2 Q5 F40；　钻孔加工孔 5，进给率 40 mm/min
N0240 X28；　　　　　　　　　　　　　　钻孔加工孔 6
N0250 G49 G00 Z150 M09；　　　　　　　取消固定循环，取消 3 号长度补偿，Z 轴快速定位，切削液关

N0260 M05；　　　　　　　　　　　　　　主轴停转
N0270 M06 T4；　　　　　　　　　　　　调用 4 号刀
N0280 M03 S150；　　　　　　　　　　　主轴正转，转速 150 r/min
N0290 G43 G00 Z100 H4 M08；　　　　　　Z 轴快速定位，调用 4 号长度补偿，切削液开

N0300 G83 G99 X－28 Y0 Z－42 R2 Q8 F20；　扩孔加工孔 5，进给率 40 mm/min
N0310 X28；　　　　　　　　　　　　　　扩孔加工孔 6
N0320 G49 G00 Z150 M09；　　　　　　　取消固定循环，取消 4 号长度补偿，Z 轴快速定位，切削液关

N0330 M05；　　　　　　　　　　　　　　主轴停转
N0340 M06 T5；　　　　　　　　　　　　调用 5 号刀
N0350 M03 S550；
N0360 G43 G00 Z100 H5 M08；
N0370 G83 G99 X－60 Y25 Z－31 R2 Q8 F80；
N0380 Y－25；
N0390 G49 G00 Z150 M09；
N0400 M05；
N0410 M06 T6；
N0420 M03 S400；
N0430 G43 G00 Z100 H6 M08；
N0440 G83 G99 X60 Y－22.5 Z－33 R2 Q8 F50；
N0450 Y22.5；
N0460 G49 G00 Z150 M09；

N0470 M05；

N0480 M06 T7；

N0490 M03 S250；

N0500 G43 G00 Z100 H7 M08；

N0510 X0 Y0；

N0520 G85 G99 X60 Y – 22.5 Z – 30 R2 F30；

N0530 Y22.5；

N0540 G49 G00 Z150 M09；

N0550 M05；

N0560 M06 T8；

N0570 M03 S850；

N0580 G43 G00 Z100 H8 M08；

N0590 X0 Y0 ；

N0600 G85 G99 X – 28 Y0 Z – 26 R2 F80；

N0610 X28；

N0620 G49 G00 Z150 M09；

N0630 M05；

N0640 M06 T9；

N0650 M03 S1000；

N0660 G43 G00 Z100 H9 M08；

N0670 X0 Y0；

N0680 G85 G99 X – 28 Y0 Z – 26 R2 F40；

N0690 X28；

N0700 G49 G00 Z150 M09；

N0710 M02；

3.8.5　典型零件铣削的综合实例

1.任务描述

加工图 3.114 所示 2 × M10 × 1.5 螺纹通孔,在立式加工中心上加工工序为:(1)ϕ8.5 麻花钻钻孔。(2)ϕ25 锪钻倒角。(3)M10 丝锥攻螺纹,试编制加工程序。

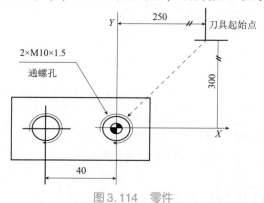

图 3.114　零件

2. 任务分析

分析:绘制加工刀具走刀路线时主要有以下两点需要特别说明:

(1) 应如何计算 $\phi25$ 锪钻倒角时的 Z 点坐标? 这里假设倒角孔口直径为 D,锪钻小端直径为 d,锥角为 α,锪钻与孔口接触时锪钻小端与孔口的距离为 L,则:根据 L 值和倒角量的大小就可算出 Z 点坐标值。本例 $\alpha = 90°$,$D = 8.5$ mm,$d = 0$,则 $L = 4.25$ mm,若倒角深为 1.25 mm,则 Z 值为 5.5 mm。

(2) 攻螺纹时 R 点的 Z 坐标为 10 mm,这是为了保证螺距准确,因为主轴在由快进转入工进时其间有一个加减速运动过程,应避免在这一过程中攻螺纹。

3. 任务实施

编制加工程序如下:

O4007;	程序号
N10;	初始设定
G17 G90 G40 G80 G49 G21;	G 代码初始状态
G91 G28 Z0 T01;	Z 轴回零,选 T01 号刀
M06;	主轴换上最初使用的 T01 号刀
N11(DRILLING);	钻孔程序
T02;	选 T02 号刀
G90 G00 G54 X0 Y0;	工件坐标系设定,快速到达 x0、y0 位置
S750 M03;	主轴正转
G43 Z100.0 H01 M08;	刀具长度补偿,至循环起始点,冷却液开
G99 G81 Z−25.0 R3.0 F150;	钻孔 1,刀具返回 R 点
G98 X−40.0 M09;	钻孔 2,刀具返回起始点,冷却液关
G91 G80 G28 Z0;	取消钻孔循环,Z 轴回参考点
M06;	主轴换上 T02 号刀
N20(CHAMFER);	倒角程序
T03;	选 T03 号刀
G90 G00 G54 X0 Y0;	工件坐标系设定,快速到达 X0、Y0 位置
S150 M03;	主轴正转
G43 Z100.0 H02 M08;	刀具长度补偿,至循环起始点,冷却液开
G99 G81 Z−5.5 R3.0 F30;	孔 1 倒角,刀具返回 R 点
G98 X−40.0 M09;	孔 2 倒角,刀具返回起始点,冷却液关
G91 G80 G28 Z0;	取消钻孔循环,Z 轴回参考点
M06;	主轴换上 T03 号刀
N30(TAPPING);	攻螺纹程序
G90 G00 G54 X0 Y0;	工件坐标系设定,快速到达 X0、Y0 位置
S150 M03;	主轴正转,冷却液开
G43 Z100.0 H03 M08;	刀具长度补偿,至循环起始点,冷却液开
G99 G84 Z−25.0 R10.0 F500;	孔 1 攻螺纹,刀具返回 R 点

G98 X－40.0 M09；　　　　　　孔 2 攻螺纹,刀具返回起始点,冷却液关

G80 G00 X250.0 Y300.0；　　　取消攻螺纹循环,快速返回起始位置

G91 G28 Z0；　　　　　　　　　Z 轴返回参考点

M30；　　　　　　　　　　　　程序结束

 拓展训练

1. 简述数控铣床的主要组成部分。

2. 简述数控铣床的分类。

3. 试述开环、闭环、半闭环控制系统的特点。

4. 简述数控机床的工作原理。

5. 简述数控铣床的主要加工对象。其各有什么特点?

6. 试述数控铣削加工零件工艺性分析的主要内容。

7. 试述零件毛坯工艺分析的内容。

8. 试述铣削加工的加工路线拟定的方法。

9. 顺铣与逆铣各有哪些加工特点? 如何选择?

10. 在数控机床上如何合理安排加工工序?

11. 数控铣床常用的刀具有哪些? 选择原则是什么?

12. 什么是对刀点? 选择的原则是什么?

13. 简述机用平口虎钳的组成部分。使用时的注意事项是什么?

14. 简述工艺压板的组成部分。使用时的注意事项是什么?

15. 试述游标卡尺、千分尺、内径量表的使用方法。

16. 铣削时切削用量的选择原则是什么?

17. 简述数控铣床的机床坐标系、零件坐标系的建立。

18. 平面选择的指令有哪些?

19. 简述 G28、G29 指令中参数的含义。

20. 简述顺时针、逆时针圆弧的判别方法。

21. G92 和 G54 设定工件坐标系有何不同?

22. 铣刀刀具补偿有哪些内容? 其目的、方法和指令格式如何?

23. 试述比例及镜像功能的作用、指令的格式及运用。

24. 试述坐标系旋转功能的作用、指令格式。

25. 简述 G98、G99 的作用及适用场合。

26. 试述铣削加工中刀具的下刀过程。

27. 孔加工固定循环一般包含哪几个动作?

28. 试述槽类零件铣削加工路线的确定。

29. 加工中心的主要加工对象有哪些? 有何特点?

30. 简述加工中心的刀库及自动换刀装置。试述换刀的方法及指令格式。

思考与练习

数控铣削加工工艺及编程理论知识题库(一)

一、单项选择题(第1题～第80题,选择一个正确的答案,将相应的字母填入题内的括号中。每题1分,满分80分。)

1. 相对 Y 轴的镜像指令用( )。

    A. M21　　　　　　　　B. M24　　　　　　　　C. M23　　　　　　　　D. M22

2. 已知任意直线经过一点坐标及直线斜率,可列( )方程。

    A. 斜截式　　　　　　　B. 点斜式　　　　　　　C. 两点式　　　　　　　D. 截距式

3. ( )表示直线插补的指令。

    A. G01　　　　　　　　B. G00　　　　　　　　C. G90　　　　　　　　D. G91

4. ( )表示极坐标指令。

    A. G9　　　　　　　　　B. G16　　　　　　　　C. G111　　　　　　　　D. G93

5. 沿着刀具前进方向观察,刀具中心轨迹偏在工件轮廓的右边时,用( )补偿指令。

    A. 左刀　　　　　　　　B. 后刀　　　　　　　　C. 前刀　　　　　　　　D. 右刀

6. 若用 A 表示刀具半径,用 B 表示精加工余量,则粗加工补偿值等于( )。

    A. $A+B$　　　　　　　B. AB　　　　　　　　C. $A/4B$　　　　　　　D. $2AB$

7. 加工时用到刀具长度补偿是因为刀具存在( )差异。

    A. 刀具圆弧半径　　　B. 刀具角度　　　　　　C. 刀具长度　　　　　　D. 刀具材料

8. 加工中心在设置换刀点时不能远离工件,这是为了( )。

    A. 刀具移动的方便　　B. 测量的方便　　　　　C. 避免与工件碰撞　　D. 观察的方便

9. ( )表示主轴正转的指令。

    A. M90　　　　　　　　B. G01　　　　　　　　C. G91　　　　　　　　D. M03

10. ( )表示主轴反转的指令。

    A. M9　　　　　　　　　B. M04　　　　　　　　C. G111　　　　　　　　D. G93

11. ( )表示主轴停转的指令。

    A. M05　　　　　　　　B. G111　　　　　　　　C. M9　　　　　　　　　D. G93

12. ( )表示换刀的指令。

    A. M9　　　　　　　　　B. M06　　　　　　　　C. G111　　　　　　　　D. G93

13. ( )表示切削液关的指令。

    A. M90　　　　　　　　B. G01　　　　　　　　C. G91　　　　　　　　D. M09

14. ( )表示主轴定向停止的指令。

    A. M19　　　　　　　　B. G111　　　　　　　　C. M99　　　　　　　　D. G93

15. ( )表示主程序结束的指令。

    A. M90　　　　　　　　B. M02　　　　　　　　C. G01　　　　　　　　D. G91

16. ( )表示英制输入的指令。

    A. M99　　　　　　　　B. G111　　　　　　　　C. G93　　　　　　　　D. G20

17. 常用地址符( )对应的功能是指令主轴转速。

    A. S   B. M   C. K   D. X

18. 常用地址符( )代表刀具功能。

    A. K   B. T   C. M   D. X

19. 常用地址符( )代表进给速度。

    A. K   B. M   C. X   D. F

20. G02 X100 Z50 R30 中 G 表示( )。

    A. 尺寸地址   B. 非尺寸地址   C. 坐标轴地址   D. 程序号地址

21. G20 X_ Y_ Z_ ×_中 × 为( )。

    A. 切削速度   B. 主轴转速   C. 进给速度   D. 螺距

22. 组成一个固定循环要用到( )组代码。

    A. 一   B. 二   C. 四   D. 三

23. 调用子程序指令为( )。

    A. M99   B. M98   C. G98   D. G99

24. 常用地址符 P、X 的功能是( )。

    A. 程序段序号   B. 刀具功能   C. 暂停   D. 主轴转速

25. 常用地址符 H、D 的功能是( )。

    A. 进给速度   B. 偏置号   C. 子程序号   D. 坐标地址

26. 常用地址符 L 的功能是( )。

    A. 重复次数   B. 子段序号   C. 参数   D. 辅助功能

27. 常用地址符 G 的功能是( )。

    A. 参数   B. 子程序号   C. 准备功能   D. 坐标地址

28. 粗车工件外圆表面的 IT 值为( )。

    A. 15   B. 11 ~ 13   C. 14   D. 10 ~ 16

29. 粗车→半精车工件外圆表面的 IT 值为( )。

    A. 11 ~ 13   B. 10   C. 8 ~ 9   D. 16

30. 粗车→半精车→精车工件外圆表面的 IT 值为( )。

    A. 6 ~ 7   B. 11 ~ 13   C. 10   D. 16

31. 粗车→半精车→磨削工件外圆表面的 IT 值为( )。

    A. 10   B. 11 ~ 13   C. 6 ~ 7   D. 16

32. 粗车→粗磨→精磨工件外圆表面的 IT 值为( )。

    A. 16   B. 11 ~ 13   C. 10   D. 5 ~ 7

33. 钻工件内孔表面的 IT 值为( )。

    A. 1 ~ 4   B. 11 ~ 13   C. 6   D. 5

34. 钻→扩工件内孔表面的 IT 值为( )。

    A. 16   B. 5 ~ 7   C. 10   D. 10 ~ 11

35. 钻→(扩)→铰工件内孔表面的 IT 值为( )。

    A. 15 ~ 17   B. 8 ~ 9   C. 14   D. 16

36. 钻→(扩)→拉工件内孔表面的 IT 值为( )。

    A. 1 ~ 4   B. 6   C. 5   D. 7 ~ 9

37. 粗镗(扩)工件内孔表面的 IT 值为( )。

    A. 5 ~ 7   B. 11 ~ 13   C. 4   D. 6

38. 粗镗(扩)→半精镗工件内孔表面的 IT 值为( )。

    A. 8 ~ 9   B. 6   C. 1 ~ 4   D. 5

39. 粗镗(扩)→半精镗→精镗工件内孔表面的 IT 值为( )。

    A. 15 ~ 17   B. 7 ~ 8   C. 24   D. 16.5

40. 粗镗(扩)→半精镗→精镗→浮动镗工件内孔表面的 IT 值为( )。

    A. 24   B. 15 ~ 17   C. 6 ~ 7   D. 16.5

41. 粗镗(扩)→半精镗→磨工件内孔表面的 IT 值为( )。

    A. 16.5   B. 15 ~ 17   C. 24   D. 7 ~ 8

42. 粗车工件平面的 IT 值为( )。

    A. 1 ~ 4   B. 11 ~ 13   C. 16   D. 15

43. 粗车→半精车工件平面 IT 值为( )。

    A. 8 ~ 9   B. 16   C. 1 ~ 4   D. 15

44. 粗车→半精车→精车工件平面的 IT 值为( )。

    A. 0.15 ~ 0.17   B. 6 ~ 7   C. 24   D. 16.5

45. 粗刨(粗铣)工件平面的 IT 值为( )。

    A. 16.5   B. 0.15 ~ 0.17   C. 24   D. 11 ~ 13

46. 粗刨(粗铣)→精刨(精铣)→刮研工件平面的 IT 值为( )。

    A. 0.15 ~ 0.17   B. 5 ~ 6   C. 24   D. 16.5

47. 粗铣→拉工件平面的 IT 值为( )。

    A. 24   B. 0.15 ~ 0.17   C. 6 ~ 9   D. 16.5

48. 研磨的工序余量为( )mm。

    A. 2.1   B. 0.01   C. 0.79   D. 1.1

49. 精磨的工序余量为( )mm。

    A. 0.1   B. 1.1   C. 0.79   D. 2.1

50. 粗磨的工序余量为( )mm。

    A. 2.1   B. 1.1   C. 0.3   D. 0.79

51. 粗车的工序余量为( )mm。

    A. 11   B. 4.49   C. 0.5   D. 2.7

52. 加工内廓类零件时,( )。

    A. 刀具要沿工件表面任意方向移动

    B. 要留有精加工余量

    C. 为保证顺铣,刀具要沿内廓表面顺时针运动

    D. 为保证顺铣,刀具要沿工件表面左右摆动

53. 用轨迹法切削槽类零件时,精加工余量由( )决定。

    A. 精加工刀具材料   B. 半精加工刀具材料

    C. 精加工刀具密度   D. 半精加工刀具尺寸

54. 进行孔类零件加工时,钻孔→平底钻扩孔→倒角→精镗孔的方法适用于(　　)。

　　A. 小孔径的盲孔　　　　　　　　B. 阶梯孔

　　C. 大孔径的盲孔　　　　　　　　D. 较大孔径的平底孔

55. 对简单型腔类零件进行精加工时,(　　)。

　　A. 底面和侧面不用留有余量

　　B. 先加工侧面、后加工底面

　　C. 先加工底面、后加工侧面

　　D. 只加工侧面,侧面不用留有余量

56. 加工带台阶的大平面要用主偏角为(　　)度的面铣刀。

　　A. 30　　　　　　B. 65　　　　　　C. 90　　　　　　D. 150

57. 量块组合使用时,块数一般不超过(　　)块。

　　A. 4~5　　　　　　B. 11　　　　　　C. 13~19　　　　　　D. 60~70

58. 游标有 50 格刻线,与主尺 49 格刻线宽度相同,则此卡尺的最小读数是(　　)mm。

　　A. 0.05　　　　　　B. 0.02　　　　　　C. 0.1　　　　　　D. 0.01

59. 对于内径千分尺的使用方法描述正确的是(　　)。

　　A. 把最短的接长杆先接上测微头

　　B. 使用前不用校对零位

　　C. 测量孔径时,固定测头要在被测孔壁上左右移动

　　D. 不可以把内径千分尺用力压进被测件内

60. 指示表量杆移动 0.6 mm 时,指针应(　　)。

　　A. 转过一周　　　B. 转过周零 10 格　　　C. 转过 6 格　　　D. 转过 60 格

61. 万能工具显微镜测量长度应先(　　)。

　　A. 移动 Y 向滑台

　　B. 将米字线的中间线瞄准工件

　　C. 将角度示值调为 0 ℃

　　D. 移动 X 向滑台

62. (　　)是把放大了影像和按预定放大比例绘制的标准图形相比较,一次可实现对零件多个尺寸的测量。

　　A. 绝对测量法　　　B. 近似测量法　　　C. 一般测量法　　　D. 相对测量法

63. 圆度仪利用半径法可测量(　　)。

　　A. 平行度　　　　　B. 球的圆度　　　　C. 圆锥的垂直度　　　D. 凹向轴度

64. 三坐标测量机基本结构主要由机床、(　　)组成。

　　A. 传感器、数据处理系统三大部分

　　B. 编辑器、数据处理系统、反射灯四大部分

　　C. 驱动箱两大部分

　　D. 放大器、双向目镜三大部分

65. 外径千分尺分度值一般为(　　)。

　　A. 0.5 mm　　　　B. 0.03 cm　　　　C. 0.01 mm　　　　D. 0.1 cm

66. 测量孔内径时,应选用(　　)。
　　A. 内径余弦规　　　B. 块规　　　　　　C. 内径三角板　　　D. 内径千分尺

67. 测量孔的深度时,应选用(　　)。
　　A. 深度千分尺　　　B. 内径余弦规　　　C. 内径三角板　　　D. 块规

68. 测量轴径时,应选用(　　)。
　　A. 内径余弦规　　　B. 块规　　　　　　C. 内径三角板　　　D. 万能工具显微镜

69. 测量凸轮坐标尺寸时,应选用(　　)。
　　A. 内径余弦规　　　B. 内径三角板　　　C. 万能工具显微镜　　D. 块规

70. 测量空间距时,应选用(　　)。
　　A. 万能工具显微镜　B. 正弦规　　　　　C. 三角板　　　　　D. 块规

71. 测量复杂轮廓形状零件时,应选用(　　)。
　　A. 内径余弦规　　　B. 块规　　　　　　C. 内径三角板　　　D. 万能工具显微镜

72. 外径千分尺的读数方法是(　　)。
　　A. 先读小数,再读整数,把两次读数相减,就是被测尺寸
　　B. 读出整数,就可以知道被测尺寸
　　C. 读出小数,就可以知道被测尺寸
　　D. 先读整数,再读小数,把两次读数相加,就是被测尺寸

73. 表面粗糙度测量仪可以测(　　)值。
　　A. Rz　　　　　　B. Rp　　　　　　C. Ro　　　　　　D. Ry

74. 三坐标测量机是一种高效精密测量仪器,(　　)。
　　A. 其不能对复杂三维形状的工件实现快速测量
　　B. 其测量结果无法打印输出
　　C. 其可对复杂三维形状的工件实现快速测量
　　D. 其测量结果无法绘制出图形

75. 深度千分尺的测微螺杆移动量是(　　)。
　　A. 0.15 mm　　　　B. 25 m　　　　　　C. 25 mm　　　　　D. 15 m

76. 加工中心的(　　)一般情况下由操作人员来进行。
　　A. 日常维护与保养　　　　　　　　B. 采购
　　C. 出厂检测　　　　　　　　　　　D. 报废登记

77. 在加工中的日检中,必须每天检查(　　)。
　　A. 传动轴滚珠丝杠　　　　　　　　B. 空气干燥器
　　C. 液压系统液压油　　　　　　　　D. 机床主轴润滑系统油标

78. 下面在加工中心的周检中必须检查的是(　　)。
　　A. 液压系统的压力　　　　　　　　B. 机床的移动零件
　　C. 冷却系统的油标　　　　　　　　D. 机床电流电压

79. (　　)不是半年检查的项目。
　　A. 液压油　　　　　B. 机床电流电压　　C. 油箱　　　　　　D. 润滑油

80. 机床油压系统过高或过低不可能是以下(　　)原因造成的。
　　A. 油泵损坏　　　　B. 压力表损坏　　　C. 压力设定不当　　D. 油压系统泄漏

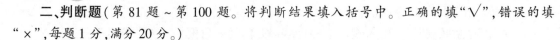

二、**判断题**(第 81 题～第 100 题。将判断结果填入括号中。正确的填"√",错误的填"×",每题 1 分,满分 20 分。)

81. (　　) 企业文化对企业具有整合的功能。

82. (　　) 在市场经济条件下,克服利益导向是职业道德社会功能的表现。

83. (　　) 基准代号由基准编码、三角和弧线组成。

84. (　　) 市场经济时代,勤劳是需要的,而节俭则不宜提倡。

85. (　　) 灰铸铁中的碳主要是以渗碳体形式存在。

86. (　　) 开环伺服系统只接收数控系统发出的指令脉冲,系统无法控制执行情况。

87. (　　) 对于高碳钢,通常将正火作为最终热处理工艺。

88. (　　) 淬火的主要目的是将奥氏体化的工件淬成肖氏体。

89. (　　) 符号"⊥"在位置公差中表示垂直度。

90. (　　) 判别某种材料的切削加工性能是以 $\sigma_b = 0.637\mathrm{GPa}65$ 钢的 v_{60} 为基准。

91. (　　) 增加阻尼不可能提高机床动刚度。

92. (　　) 对于形状复杂的零件,应优先选用正火,而不采用退火。

93. (　　) 职业道德具有自愿性的特点。

94. (　　) 《产品几何技术规范(GPS)几何公差形状、方向、位置和跳动公差标注》(GB/T 1182—2018)规定,形位公差只有 5 个项目。

95. (　　) 在形状公差中,直线度是用符号"→"表示。

96. (　　) 钢件发蓝处理可以使工件表面形成以 $NaOH$ 为主的氧化膜。

97. (　　) 标准公差用 IT 表示,共有 8 个等级。

98. (　　) 一个尺寸链有 20 个封闭环。

99. (　　) 封闭环是在装配或加工过程的中间阶段自然形成的。

100. (　　) 尺寸链中每 1 个尺寸为一环。

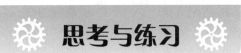

数控铣削及加工中心理论知识题库(二)

一、单项选择题(第 1 题～第 80 题。选择一个正确的答案,将相应的字母填入题内的括号中。每题 1 分,满分 80 分。)

1. ( )表示切削液关的指令。
    A. M09　　　　　　B. G111　　　　　　C. M99　　　　　　D. G93

2. 定位套用于外圆定位,其中,短套限制( )个自由度。
    A. 2　　　　　　　B. 12　　　　　　　C. 10　　　　　　　D. 9

3. 程序段序号通常用( )位数字表示。
    A. 18　　　　　　　B. 4　　　　　　　C. 14　　　　　　　D. 17

4. 关于勤劳节俭的论述中,下列不正确的选项是( )。
    A. 勤劳节俭能够促进经济和社会发展
    B. 勤劳节俭有利于企业增产增效
    C. 勤劳节俭符合可持续发展的要求
    D. 勤劳是现代市场经济需要的,而节俭则不宜提倡

5. 粗车的工序余量为( )mm。
    A. 2.9　　　　　　B. 4.49　　　　　　C. 0.79　　　　　　D. 21.1

6. 常用地址符 L 的功能是( )。
    A. 进给速度　　　B. 程序段序号　　C. 重复次数　　　D. 坐标地址

7. 局部视图中,用( )表示某局部结构与其他部分断开。
    A. 单点画线　　　B. 波浪线　　　　C. 网格线　　　　D. 虚线

8. 最小极限尺寸与基本尺寸的代数差称为( )。
    A. 上偏差　　　　B. 误差　　　　　C. 下偏差　　　　D. 公差带

9. G02 X100 Z50 R30 中 G 表示( )。
    A. 尺寸地址　　　B. 非尺寸地址　　C. 坐标轴地址　　D. 程序号地址

10. 粗刨(粗铣)→精刨(精铣)→刮研工件平面的 IT 值为( )。
    A. 16.5　　　　　B. 0.15～0.17　　C. 24　　　　　　D. 5～6

11. 粗磨的工序余量为( )mm。
    A. 0.3　　　　　　B. 1.1　　　　　　C. 0.79　　　　　　D. 2.1

12. 有色金属、不锈钢测疲劳极限时,应力循环周次应为( )次。
    A. 10^9　　　　　B. 10^{10}　　　　　C. 10^{11}　　　　　D. 10^8

13. 标准公差用 IT 表示,共有( )个等级。
    A. 20　　　　　　　B. 7　　　　　　　C. 55　　　　　　　D. 8

14. 六点定位原理是在夹具中用定位零件将工件的( )个自由度都限制,则该元件在空间的位置就完全确定了。
    A. 12　　　　　　　B. 24　　　　　　　C. 6　　　　　　　D. 16

15. 在企业的经营活动中,下列选项中的( )不是职业道德功能的表现。

    A. 激励作用   B. 遵纪守法   C. 规范行为   D. 决策能力

16. 工作坐标系的原点称( )。

    A. 理论零点   B. 自动零点   C. 机床原点   D. 工作原点

17. 粗车→粗磨→精磨工件外圆表面的 IT 值为( )。

    A. 5 ~ 7   B. 14   C. 15   D. 10 ~ 16

18. 常用地址符 G 的功能是( )。

    A. 坐标地址   B. 参数   C. 准备功能   D. 子程序号

19. 用剖切面将机件完全剖开后的剖视图称为( )。

    A. 主视图   B. 侧剖视图   C. 全剖视图   D. 右视图

20. 低合金工具钢多用于制造( )。

    A. 高速切削刀具   B. 车刀   C. 铣刀   D. 板牙

21. 粗车工件平面的 IT 值为( )。

    A. 1 ~ 4   B. 16   C. 15   D. 11 ~ 13

22. 支承钉主要用于平面定位,限制( )个自由度。

    A. 1   B. 12   C. 10   D. 9

23. 感应加热淬火时,若频率为 200k ~ 300kHz,则淬硬层深度为( )mm。

    A. 2 ~ 8   B. 0. 5 ~ 2   C. 10 ~ 15   D. 15 ~ 20

24. ( )不是造成油泵不喷油现象的原因。

    A. 油量不足   B. 压力表损坏   C. 油泵反转   D. 油黏度过高

25. 三坐标测量机是一种高效精密测量仪器,其测量结果( )。

    A. 只显示在屏幕上,无法打印输出

    B. 可绘制出图形或打印输出

    C. 只能存储,无法打印输出

    D. 既不能打印输出,也不能绘制出图形

26. 相对 Y 轴的镜像指令用( )。

    A. M21   B. M23   C. M22   D. M24

27. 圆度仪利用半径法可测量( )。

    A. 球的圆度   B. 凹向轴度   C. 圆锥的垂直度   D. 平行度

28. 进行孔类零件加工时,钻孔→平底钻扩孔→倒角→精镗孔的方法适用于( )。

    A. 阶梯孔   B. 较大孔径的平底孔

    C. 大孔径的盲孔   D. 小孔径的盲孔

29. 按刀具的用途及加工方法分类,成形车刀属于( )类型。

    A. 拉刀   B. 螺纹刀具   C. 切刀   D. 齿轮刀具

30. 常用地址符( )代表刀具功能。

    A. Y   B. R   C. S   D. T

31. 尺寸链中每( )个尺寸为一环。

    A. 4   B. 2   C. 3   D. 1

32. 粗镗(扩)→半精镗→精镗工件内孔表面的 IT 值为( )。

    A. 15 ~ 17   B. 7 ~ 8   C. 24   D. 16. 5

33. 表面粗糙度测量仪可以测(　　)值。

    A. Ro　　　　　　　B. Rz　　　　　　　C. Rp　　　　　　　D. Ry

34. 深度千分尺的测微螺杆移动量是(　　)。

    A. 25 mm　　　　　B. 25 m　　　　　　C. 15 m　　　　　　D. 0.15 mm

35. 奥氏体冷却到(　　)开始析出珠光体。

    A. 727 ℃　　　　　B. 148 ℃　　　　　C. 420 ℃　　　　　D. 127 ℃

36. V 形架用于工件外圆定位,其中,短 V 形架限制(　　)个自由度。

    A. 6　　　　　　　　B. 3　　　　　　　　C. 2　　　　　　　　D. 8

37. 加工中心的刀具由(　　)管理。

    A. AKC　　　　　　B. ABC　　　　　　C. TAC　　　　　　D. PLC

38. (　　)只接收数控系统发出的指令脉冲,系统无法控制执行情况。

    A. 定环伺服系统　　　　　　　　　　B. 开环伺服系统

    C. 半动环伺服系统　　　　　　　　　D. 联动环伺服系统

39. (　　)表示极坐标指令。

    A. G9　　　　　　　B. G111　　　　　　C. G93　　　　　　D. G16

40. 组合夹具是由一套预先制造好的(　　)组成的专用工具。

    A. 非标准元件　　　B. 标准元件　　　　C. 导线和光纤　　　D. 刀具

41. 粗车→半精车工件外圆表面的 IT 值为(　　)。

    A. 8～9　　　　　　B. 11～13　　　　　C. 10　　　　　　　D. 16

42. 判别某种材料的切削加工性能是以 $\sigma_b = 0.637\text{GPa}$(　　)钢的 υ_{60} 为基准。

    A. 50　　　　　　　B. 40　　　　　　　C. 45　　　　　　　D. 35

43. (　　)表示英制输入的指令。

    A. M99　　　　　　B. G20　　　　　　C. G111　　　　　　D. G93

44. (　　)不属于压入硬度试验法。

    A. 莫氏硬度　　　　B. 洛氏硬度　　　　C. 布氏硬度　　　　D. 维氏硬度

45. 基本尺寸是(　　)的尺寸。

    A. 测量出来　　　　B. 设计时给定　　　C. 计算出来　　　　D. 实际

46. 加工中心执行顺序控制动作和控制加工过程的中心是(　　)。

    A. KLC　　　　　　B. 主轴部件　　　　C. 数控系统　　　　D. 自动换刀装置

47. 钻工件内孔表面的 IT 值为(　　)。

    A. 16　　　　　　　B. 5～7　　　　　　C. 10　　　　　　　D. 11～13

48. 中小型立式加工中心常采用(　　)立柱。

    A. 旋转式实心　　　B. 移动式　　　　　C. 固定式空心　　　D. 移动式实心

49. (　　)表示主轴停转的指令。

    A. M9　　　　　　　B. G111　　　　　　C. G93　　　　　　D. M05

50. 常用地址符(　　)代表进给速度。

    A. K　　　　　　　　B. M　　　　　　　　C. X　　　　　　　　D. F

51. 加工中心按照主轴在加工时的空间位置分类,可分为立式、(　　)。

    A. 卧式和万能加工中心　　　　　　　B. 五面加工中心

    C. 复合加工中心　　　　　　　　　　D. 单体加工中心

52. 刀具直径为 8 mm 的高速钢立铣铸铁件时,主轴转速为 1 100 r/min,切削度为(   )。

    A. 11 m/min   B. 32 m/min   C. 28 m/min   D. 50 m/min

53. 按主轴的种类分类,加工中心可分为单轴、双轴、(   )加工中心。

    A. 不可换主轴箱   B. 三轴、五面

    C. 三轴、可换主轴箱   D. 复合、四轴

54. 粗刨(粗铣)工件平面的 IT 值为(   )。

    A. 0.15 ~ 0.17   B. 11 ~ 13   C. 24   D. 16.5

55. (   )表示直线插补的指令。

    A. G9   B. G111   C. G93   D. G01

56. 调用子程序指令为(   )。

    A. G99   B. M99   C. G98   D. M98

57. 粗车→半精车工件平面 IT 值为(   )。

    A. 0.15 ~ 0.17   B. 8 ~ 9   C. 24   D. 16.5

58. 外径千分尺分度值一般为(   )。

    A. 0.2 m   B. 0.01 mm   C. 0.5 mm   D. 0.1 cm

59. 在钢的编号中,65Mn 表示平均含碳量为(   )。

    A. 0.65%   B. 0.006 5%   C. 65%   D. 6.5%

60. 测量凸轮坐标尺寸时,应选用(   )。

    A. 内径余弦规   B. 块规

    C. 内径三角板   D. 万能工具显微镜

61. 为避免切削时在工件上产生刀痕,刀具应沿(   )引入或圆弧方式切入。

    A. 垂直   B. 切向   C. 反向   D. 正向

62. 提高机床动刚度的有效措施是(   )。

    A. 增加切削液   B. 增大断面面积   C. 增大阻尼   D. 减少切削液

63. 相配合的孔与轴尺寸的代数差为正值时称为(   )。

    A. 间隙   B. 过渡   C. 过盈   D. 公差

64. 定位销用于工件圆孔定位,其中,短圆柱销限制(   )个自由度。

    A. 6   B. 4   C. 2   D. 8

65. (   )是造成机床无气压的主要原因之一。

    A. 气压设定不当   B. 气泵不工作   C. 气压元器件漏气   D. 压力表损坏

66. 黑色金属测疲劳极限时,应力循环周次应为(   )次。

    A. 10^{15} B. 10^{7} C. 10^{13} D. 10^{16}

67. 钻→(扩)→拉工件内孔表面的 IT 值为(   )。

    A. 16   B. 15 ~ 17   C. 14   D. 7 ~ 9

68. 指示表量杆移动 0.6 mm 时,指针应(   )。

    A. 转过一周   B. 转过周零 10 格   C. 转过 6 格   D. 转过 60 格

69. 刀具长度偏置指令用于刀具(   )。

    A. 径向补偿   B. 轴向补偿   C. 圆周补偿   D. 圆弧补偿

70. 职业道德是一种(   )的约束机制。

    A. 非强制性   B. 强制性   C. 随意性   D. 自发性

71. 低温回火是指加热温度为( )。

    A. >370 ℃   B.400 ℃ ~500 ℃   C.150 ℃ ~450 ℃   D. <250 ℃

72. 粗镗(扩)工件内孔表面的 IT 值为( )。

    A.6   B.5 ~7   C.4   D.11 ~13

73. ( )表示快速进给、定位指定的指令。

    A. G9   B. G00   C. G111   D. G93

74. 下列关于回火目的正确的是( )。

    A. 使工件获得适当的硬度   B. 提高内应力

    C. 增大脆性   D. 使淬火组织趋于不稳定

75. 精磨的工序余量为( )mm。

    A.2.1   B.0.1   C.0.79   D.1.1

76. 加工中心按照功能特征分类,可分为复合、( )和钻削加工中心。

    A. 刀库 + 主轴换刀 B. 卧式   C. 三轴   D. 镗铣

77. 用轨迹法切削槽类零件时,精加工余量由( )决定。

    A. 半精加工刀具尺寸   B. 半精加工刀具材料

    C. 精加工量具尺寸   D. 精加工刀具密度

78. 三坐标测量机基本结构主要由传感器、( )组成。

    A. 机床、数据处理系统三大部分

    B. 放大器、反射灯三大部分

    C. 编码器、双向目镜、数据处理系统四大部分

    D. 驱动箱两大部分

79. 游标有 50 格刻线,与主尺 49 格刻线宽度相同,则此卡尺的最小读数是( )mm。

    A.0.05   B.0.02   C.0.1   D.0.01

80. 粗镗(扩)→半精镗→磨工件内孔表面的 IT 值为( )。

    A.1 ~4   B.16   C.15   D.7 ~8

二、判断题(第 81 题 ~ 第 100 题。将判断结果填入括号中。正确的填"√",错误的填 "×",每题 1 分,满分 20 分。)

81. ( )灰铸铁中的碳主要是以片状石墨形式存在。

82. ( )圆柱心轴用于工件圆孔定位,限制 22 个自由度。

83. ( )高温回火后得到的组织为回火肖氏体。

84. ( )在试切和加工中,刃磨刀具和更换刀具辅具后,可重新设定刀号。

85. ( )粗车工件外圆表面的 IT 值为 17。

86. ( )V 形架用于工件外圆定位,其中,长 V 形架限制 8 个自由度。

87. ( )板状零件厚度可在尺寸数字前加注 δ。

88. ( )在正常情况下,液压系统的油温应控制在 5 ℃。

89. ( )在机床通电后,无须检查各开关按钮和键是否正常。

90. ( )刀具直径为 10 mm 的高速钢立铣钢件时,主轴转速为 820 r/min,切削速度为 56 m/min。

91. ( )市场经济条件下,根据服务对象来决定是否遵守承诺并不违反职业道德规范

中关于诚实守信的要求。

92. (　　)粗加工补偿值等于刀具半径乘以精加工余量。

93. (　　)G101 表示绝对方式指定的指令。

94. (　　)外径千分尺的读数方法是:先读整数,再读小数,把两次读数相加,就是被测尺寸。

95. (　　)加工中心的特点包括:加工生产率高、工序集中等。

96. (　　)加工中心的日常维护与保养,通常情况下应由后勤管理人员来进行。

97. (　　)对有岛类型腔零件进行粗加工时,让刀具在内外廓中间区域中运动。

98. (　　)符号"∠"在位置公差中表示密度。

99. (　　) 转塔头加工中心的主轴数一般为 6~12 个。

100. (　　)机床转动轴中的滚珠丝杠不需要被检查。

思考与练习

数控铣削及加工中心理论知识题库(三)

一、单项选择题(第 1 题~第 80 题。选择一个正确的答案,将相应的字母填入题内的括号中。每题 1 分,满分 80 分。)

1. M99 指令通常表示(　　)。
   A. 切削液关　　　　B. 呼叫子程序　　　　C. 切削液开　　　　D. 返回子程序

2. 相对 Y 轴的镜像指令用(　　)。
   A. M21　　　　　　B. M23　　　　　　　C. M22　　　　　　D. M24

3. 在加工中心编程过程中,确定刀具运动轨迹时要考虑(　　)和退刀方式的选择。
   A. 扎刀　　　　　　B. 进刀　　　　　　　C. 换刀　　　　　　D. 磨刀

4. 已知任意直线上两点坐标,可列(　　)方程。
   A. 两点式　　　　　B. 斜截式　　　　　　C. 点斜式　　　　　D. 截距式

5. (　　)表示直线插补的指令。
   A. G9　　　　　　　B. G111　　　　　　　C. G93　　　　　　D. G01

6. (　　)表示极坐标指令。
   A. G16　　　　　　B. G01　　　　　　　C. G90　　　　　　D. G91

7. 沿着刀具前进方向观察,刀具中心轨迹偏在工件轮廓的右边时,用(　　)补偿指令。
   A. 左刀　　　　　　B. 前刀　　　　　　　C. 右刀　　　　　　D. 后刀

8. 当加工程序需使用几把刀时,因为每把刀长度总会有所不同,因而需用(　　)。
   A. 刀具右补偿　　　B. 刀具半径补偿　　　C. 刀具左补偿　　　D. 刀具长度补偿

9. 把加工中心自动换刀的位置称为(　　)。
   A. 换刀点　　　　　B. 对刀点　　　　　　C. 调刀点　　　　　D. 零点

10. (　　)表示主轴正转的指令。
    A. M03　　　　　　B. G111　　　　　　　C. M9　　　　　　　D. G93

11. (　　)表示主轴反转的指令。
    A. M9　　　　　　　B. G111　　　　　　　C. G93　　　　　　D. M04

12. (　　)表示主轴停转的指令。
    A. M9　　　　　　　B. M05　　　　　　　C. G111　　　　　　D. G93

13. (　　)表示换刀的指令。
    A. M06　　　　　　B. G111　　　　　　　C. M9　　　　　　　D. G93

14. (　　)表示切削液关的指令。
    A. M09　　　　　　B. G01　　　　　　　C. M90　　　　　　D. G91

15. (　　)表示主轴定向停止的指令。
    A. M99　　　　　　B. M19　　　　　　　C. G111　　　　　　D. G93

16. (　　)表示主程序结束的指令。
    A. M90　　　　　　B. M02　　　　　　　C. G01　　　　　　D. G91

17. (　　)表示英制输入的指令。

 A. M99   B. G111   C. G93   D. G20

18. 常用地址符(　　)对应的功能是指令主轴转速。

 A. S   B. M   C. K   D. X

19. 常用地址符(　　)代表刀具功能。

 A. R   B. T   C. S   D. Y

20. 常用地址符(　　)代表进给速度。

 A. K   B. M   C. X   D. F

21. G02 X100 Z50 R30 中 G 表示(　　)。

 A. 尺寸地址 B. 非尺寸地址 C. 坐标轴地址 D. 程序号地址

22. G20 X_ Y_ Z_ ×_中×为(　　)。

 A. 切削速度 B. 主轴转速   C. 进给速度   D. 螺距

23. 固定循环指令(　　)。

 A. 只能循环二次   B. 只能循环一次

 C. 不能用其他指令代替   D. 只需一个指令,便可完成某项加工

24. 调用子程序指令为(　　)。

 A. M99   B. M98   C. G98   D. G99

25. 常用地址符 P、X 的功能是(　　)。

 A. 刀具功能 B. 子程序号   C. 主轴转速   D. 暂停

26. 常用地址符 H、D 的功能是(　　)。

 A. 偏置号   B. 刀具功能   C. 进给速度   D. 主轴转速

27. 常用地址符 L 的功能是(　　)。

 A. 辅助功能 B. 坐标地址   C. 重复次数   D. 主轴转速

28. 常用地址符 G 的功能是(　　)。

 A. 参数   B. 子程序号   C. 准备功能   D. 坐标地址

29. 粗车工件外圆表面的 IT 值为(　　)。

 A. 10   B. 14 ~ 16   C. 11 ~ 13   D. 16

30. 粗车→半精车工件外圆表面的 IT 值为(　　)。

 A. 15   B. 8 ~ 9   C. 14   D. 10 ~ 16

31. 粗车→半精车→精车工件外圆表面的 IT 值为(　　)。

 A. 11 ~ 13   B. 10   C. 6 ~ 7   D. 16

32. 粗车→半精车→磨削工件外圆表面的 IT 值为(　　)。

 A. 16   B. 11 ~ 13   C. 10   D. 6 ~ 7

33. 钻工件内孔表面的 IT 值为(　　)。

 A. 5 ~ 7   B. 11 ~ 13   C. 10   D. 16

34. 钻→扩工件内孔表面的 IT 值为(　　)。

 A. 16   B. 5 ~ 7   C. 10   D. 10 ~ 11

35. 钻→(扩)→拉工件内孔表面的 IT 值为(　　)。

 A. 15 ~ 17   B. 7 ~ 9   C. 14   D. 16

36. 粗镗(扩)工件内孔表面的 IT 值为(   )。
    A.11~13   B.6   C.1~4   D.5

37. 粗镗(扩)→半精镗工件内孔表面的 IT 值为(   )。
    A.8~9   B.6   C.1~4   D.5

38. 粗镗(扩)→半精镗→精镗工件内孔表面的 IT 值为(   )。
    A.15~17   B.7~8   C.24   D.16.5

39. 粗镗(扩)→半精镗→精镗→浮动镗工件内孔表面的 IT 值为(   )。
    A.24   B.15~17   C.6~7   D.16.5

40. 粗镗(扩)→半精镗→磨工件内孔表面的 IT 值为(   )。
    A.1~4   B.16   C.15   D.7~8

41. 粗车工件平面的 IT 值为(   )。
    A.16.5   B.0.15~0.17   C.24   D.11~13

42. 粗车→半精车工件平面 IT 值为(   )。
    A.1~4   B.8~9   C.16   D.15

43. 粗刨(粗铣)工件平面的 IT 值为(   )。
    A.11~13   B.16   C.1~4   D.0.15

44. 粗刨(粗铣)→精刨(精铣)→刮研工件平面的 IT 值为(   )。
    A.0.15~0.17   B.5~6   C.24   D.16.5

45. 粗铣→拉工件平面的 IT 值为(   )。
    A.0.15~0.17   B.6~9   C.24   D.16.5

46. 研磨的工序余量为(   )mm。
    A.0.9   B.11   C.0.01   D.1.7

47. 精磨的工序余量为(   )mm。
    A.0.1   B.1.1   C.0.79   D.2.1

48. 粗磨的工序余量为(   )mm。
    A.0.9   B.11   C.0.3   D.1.7

49. 半精车的工序余量为(   )mm。
    A.2.9   B.1.1   C.0.79   D.21.1

50. 粗车的工序余量为(   )mm。
    A.4.49   B.21.1   C.0.79   D.2.9

51. 加工内廓类零件时,(   )。
    A.不用留有精加工余量
    B.为保证顺铣,刀具要沿工件表面左右摆动
    C.刀具要沿工件表面任意方向移动
    D.为保证顺铣,刀具要沿内廓表面逆时针运动

52. 用轨迹法切削槽类零件时,精加工余量由(   )决定。
    A.半精加工刀具尺寸   B.半精加工刀具材料
    C.精加工量具尺寸   D.精加工刀具密度

53. 进行孔类零件加工时,钻孔→铣孔→倒角→精镗孔的方法适用于(　　)。
　　A. 低精度中、小孔　　　　　　　　B. 高精度孔
　　C. 较大孔径的平底孔　　　　　　　D. 小孔径的盲孔

54. 加工带台阶的大平面要用主偏角为(　　)度的面铣刀。
　　A. 60　　　　　　B. 70　　　　　　C. 90　　　　　　D. 80

55. 量块组合使用时,块数一般不超过(　　)块。
　　A. 4～5　　　　　B. 11　　　　　　C. 13～19　　　　D. 60～70

56. 游标有 50 格刻线,与主尺 49 格刻线宽度相同,则此卡尺的最小读数是(　　)mm。
　　A. 0.01　　　　　B. 0.05　　　　　C. 0.1　　　　　　D. 0.02

57. 对于内径千分尺的使用方法描述正确的是(　　)。
　　A. 把最短的接长杆先接上测微头
　　B. 不可以把内径千分尺用力压进被测件内
　　C. 使用前不用校对零位
　　D. 测量孔径时,固定测头要在被测孔壁上左右移动

58. 指示表量杆移动 0.6 mm 时,指针应(　　)。
　　A. 转过一周　　B. 转过 6 格　　C. 转过 60 格　　D. 转过 1 周零 10 格

59. 万能工具显微镜是采用(　　)原理来测量的。
　　A. 螺旋副运动　　B. 电学　　　　C. 游标　　　　　D. 光学

60. (　　)是把放大的影像和按预定放大比例绘制的标准图形相比较,一次可实现对零件多个尺寸的测量。
　　A. 绝对测量法　　B. 一般测量法　　C. 相对测量法　　D. 近似测量法

61. 三坐标测量机基本结构主要由(　　)组成。
　　A. 机床、传感器、数据处理系统三大部分
　　B. 数据处理系统、反射灯两大部分
　　C. 传感器、放大器、双向目镜三大部分
　　D. 显微镜、驱动箱两大部分

62. 外径千分尺分度值一般为(　　)。
　　A. 0.2 m　　　　B. 0.01 mm　　　C. 0.5 mm　　　　D. 0.1 cm

63. 测量孔内径时,应选用(　　)。
　　A. 内径余弦规　　B. 块规　　　　C. 内径三角板　　D. 内径千分尺

64. 测量工件凸肩厚度时,应选用(　　)。
　　A. 外径千分尺　　B. 内径余弦规　　C. 内径三角板　　D. 块规

65. 测量孔的深度时,应选用(　　)。
　　A. 正弦规　　　　B. 三角板　　　　C. 深度千分尺　　D. 块规

66. 测量轴径时,应选用(　　)。
　　A. 内径余弦规　　　　　　　　　　B. 块规
　　C. 内径三角板　　　　　　　　　　D. 万能工具显微镜

67. 测量凸轮坐标尺寸时,应选用(　　)。
　　A. 万能工具显微镜　　　　　　　　B. 内径余弦规
　　C. 内径三角板　　　　　　　　　　D. 块规

68. 测量空间距时,应选用(　　)。
　　A. 内径余弦规　　　　　　　　　B. 内径三角板
　　C. 万能工具显微镜　　　　　　　D. 块规

69. 测量复杂轮廓形状零件时,应选用(　　)。
　　A. 内径余弦规　　　　　　　　　B. 块规
　　C. 内径三角板　　　　　　　　　D. 万能工具显微镜

70. 外径千分尺的读数方法是(　　)。
　　A. 先读小数,再读整数,把两次读数相减,就是被测尺寸
　　B. 读出整数,就可以知道被测尺寸
　　C. 读出小数,就可以知道被测尺寸
　　D. 先读整数,再读小数,把两次读数相加,就是被测尺寸

71. 表面粗糙度测量仪可以测(　　)值。
　　A. Ra 和 Rz　　　B. Ry　　　　C. Rk　　　　　D. Ra 和 Rm

72. 三坐标测量机是一种高效精密测量仪器,(　　)。
　　A. 其不能对复杂三维形状的工件实现快速测量
　　B. 其测量结果无法绘制出图形
　　C. 其测量结果无法打印输出
　　D. 其可对复杂三维形状的工件实现快速测量

73. 加工中心的日常维护与保养一般情况下应由(　　)来进行。
　　A. 操作人员　　　B. 车间领导　　　C. 后勤管理人员　　　D. 勤杂人员

74. 下面不在每周检查的范围之内的是(　　)。
　　A. 机床的移动零件
　　B. 气压系统压力
　　C. 主轴润滑系统空气过滤器
　　D. 主轴润滑系统散热片

75. 下面不必每月检查的是(　　)。
　　A. 液压油箱　　　B. 机床电压　　　C. 空气干燥器　　　D. 机床电流

76. (　　)不是半年检查的项目。
　　A. 油箱　　　　B. 液压油　　　C. 机床电流电压　　　D. 润滑油

77. (　　)可能是造成油泵不喷油现象的原因之一。
　　A. 压力表损坏　　　　　　　　　B. 油中混有异物
　　C. 油量不足　　　　　　　　　　D. 压力设备设定不当

78. (　　)是造成机床气压过低的主要原因之一。
　　A. 气泵不工作　　　　　　　　　B. 气压表损坏
　　C. 空气干燥器不工作　　　　　　D. 气压设定不当

79. 在正常情况下,液压系统的油温应控制在(　　)。
　　A. 10 ℃以下　　　B. 3 ℃　　　　C. 5 ℃　　　　　D. 15 ℃以上

80. 电源的电压在正常情况下,应为(　　)V。
　　A. 700　　　　　　B. 220～380　　　C. 150　　　　　D. 450

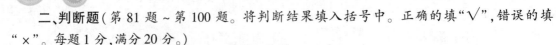

二、判断题（第 81 题 ~ 第 100 题。将判断结果填入括号中。正确的填"√"，错误的填"×"。每题 1 分，满分 20 分。）

81. （　　）逐点比较法圆弧插补的偏差判别式函数为：$F = Xi^2 + Yi^2 - R^2$。

82. （　　）在职业活动中一贯地诚实守信会损害企业的利益。

83. （　　）办事公道是指从业人员在进行职业活动时要做到助人为乐，有求必应。

84. （　　）全批零件加工完毕后应校对刀具号、刀补值、使程序、偏置页面、调整卡及工艺中的刀具号、刀补值完全一致。

85. （　　）测量金属硬度的方法只有回跳硬度试验法，如维氏硬度。

86. （　　）奥氏体冷却到 GS 线开始析出渗碳体。

87. （　　）感应加热淬火时，若频率为 1k ~ 10kHz，则淬硬层深度为 20 ~ 25 mm。

88. （　　）黑色金属测疲劳极限时，应力循环周次应为 10^8 次。

89. （　　）基轴制的孔是配合的基准件，称为基准轴，其代号为 h。

90. （　　）职业道德具有自愿性的特点。

91. （　　）市场经济时代，勤劳是需要的，而节俭则不宜被提倡。

92. （　　）最大极限尺寸与基本尺寸的代数差称为过渡。

93. （　　）《产品几何技术规范（GPS）几何公差、形状、方向、位置和跳动公差标注》（GB/T 1182—2018）规定，形位公差只有 5 个项目。

94. （　　）高温回火是指加热温度为 380℃ ~ 480℃。

95. （　　）一个尺寸链有 20 个封闭环。

96. （　　）符号"∠"在位置公差中表示密度。

97. （　　）金属材料剖切面用 80℃ 虚线表示。

98. （　　）局部视图中，用网格线或粗实线表示某局部结构与其他部分断开。

99. （　　）用剖切面将机件完全剖开后的剖视图称为阶梯剖视图。

100. （　　）正立面上的投影称为主视图。

思考与练习

数控铣削及加工中心理论知识题库(四)

一、单项选择题(第1题~第80题,选择一个正确的答案,将相应的字母填入题内的括号中。每题1分,满分80分。)

1. 职业道德通过(　　),起着增强企业凝聚力的作用。
　A.调节企业与社会的关系　　　　　　B.增加职工福利
　C.为员工创造发展空间　　　　　　　D.协调员工之间的关系

2. 下列选项中,关于职业道德与人事业成功的关系的正确论述是(　　)。
　A.缺乏职业道德的人更容易获得事业的成功
　B.职业道德水平高的人肯定能够取得事业的成功
　C.职业道德是人事业成功的重要条件
　D.人的事业成功与否与职业道德无关

3. 在商业活动中,不符合待人热情要求的是(　　)。
　A.主动服务,细致周到　　　　　　　B.严肃待客,表情冷漠
　C.微笑大方,不厌其烦　　　　　　　D.亲切友好,宾至如归

4. 对待职业和岗位,(　　)并不是爱岗敬业所要求的。
　A.树立职业理想　　　　　　　　　　B.干一行、爱一行、专一行
　C.一职定终身,不改行　　　　　　　D.遵守企业的规章制度

5. (　　)是企业诚实守信的内在要求。
　A.增加职工福利　　　　　　　　　　B.维护企业信誉
　C.注重经济效益　　　　　　　　　　D.开展员工培训

6. 下列事项中属于办事公道的是(　　)。
　A.坚持原则,不计个人得失　　　　　B.大公无私,拒绝亲戚求助
　C.知人善任,努力培养知己　　　　　D.顾全大局,一切听从上级

7. 下列材料中不属于金属的是(　　)。
　A.陶瓷　　　　　B.铁　　　　　　C.轴承合金　　　　D.铝

8. (　　)不属于压入硬度试验法。
　A.布氏硬度　　　B.莫氏硬度　　　C.洛氏硬度　　　　D.维氏硬度

9. 碳溶解在(　　)的间隙固溶体是铁素体。
　A.$\alpha-Fe$　　　B.$s-Fe$　　　　C.$f-Fe$　　　　D.$\beta-Fe$

10. 奥氏体冷却到(　　)℃开始析出珠光体。
　A.912　　　　　B.1 148　　　　C.727　　　　　　D.1 127

11. 特级质量钢的含磷量(　　),含硫量≤0.015%。
　A.=0.22%　　　B.≤0.025%　　　C.=0.15%　　　D.≤0.725%

12. 在钢的编号中,65Mn表示平均含碳量为(　　)。
　A.0.006 5%　　B.65%　　　　　C.0.65%　　　　D.6.5%

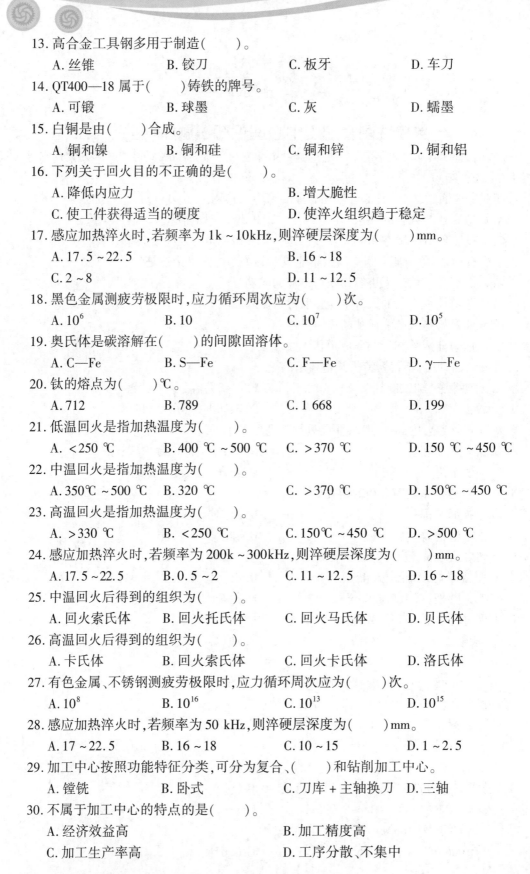

13. 高合金工具钢多用于制造（　　　）。

　　A. 丝锥　　　　　　B. 铰刀　　　　　　C. 板牙　　　　　　D. 车刀

14. QT400—18 属于（　　　）铸铁的牌号。

　　A. 可锻　　　　　　B. 球墨　　　　　　C. 灰　　　　　　　D. 蠕墨

15. 白铜是由（　　　）合成。

　　A. 铜和镍　　　　　B. 铜和硅　　　　　C. 铜和锌　　　　　D. 铜和铝

16. 下列关于回火目的不正确的是（　　　）。

　　A. 降低内应力　　　　　　　　　B. 增大脆性

　　C. 使工件获得适当的硬度　　　　D. 使淬火组织趋于稳定

17. 感应加热淬火时，若频率为 1k ~ 10kHz，则淬硬层深度为（　　　）mm。

　　A. 17.5 ~ 22.5　　　　　　　　　B. 16 ~ 18

　　C. 2 ~ 8　　　　　　　　　　　　D. 11 ~ 12.5

18. 黑色金属测疲劳极限时，应力循环周次应为（　　　）次。

　　A. 10^6　　　　　B. 10　　　　　C. 10^7　　　　　D. 10^5

19. 奥氏体是碳溶解在（　　　）的间隙固溶体。

　　A. C—Fe　　　　　B. S—Fe　　　　　C. F—Fe　　　　　D. γ—Fe

20. 钛的熔点为（　　　）℃。

　　A. 712　　　　　　B. 789　　　　　　C. 1 668　　　　　D. 199

21. 低温回火是指加热温度为（　　　）。

　　A. <250 ℃　　　B. 400 ℃ ~ 500 ℃　　C. >370 ℃　　　D. 150 ℃ ~ 450 ℃

22. 中温回火是指加热温度为（　　　）。

　　A. 350℃ ~ 500 ℃　　B. 320 ℃　　　C. >370 ℃　　　D. 150℃ ~ 450 ℃

23. 高温回火是指加热温度为（　　　）。

　　A. >330 ℃　　　B. <250 ℃　　　C. 150℃ ~ 450 ℃　　　D. >500 ℃

24. 感应加热淬火时，若频率为 200k ~ 300kHz，则淬硬层深度为（　　　）mm。

　　A. 17.5 ~ 22.5　　　B. 0.5 ~ 2　　　C. 11 ~ 12.5　　　D. 16 ~ 18

25. 中温回火后得到的组织为（　　　）。

　　A. 回火索氏体　　　B. 回火托氏体　　　C. 回火马氏体　　　D. 贝氏体

26. 高温回火后得到的组织为（　　　）。

　　A. 卡氏体　　　B. 回火索氏体　　　C. 回火卡氏体　　　D. 洛氏体

27. 有色金属、不锈钢测疲劳极限时，应力循环周次应为（　　　）次。

　　A. 10^8　　　　　B. 10^{16}　　　　　C. 10^{13}　　　　　D. 10^{15}

28. 感应加热淬火时，若频率为 50 kHz，则淬硬层深度为（　　　）mm。

　　A. 17 ~ 22.5　　　B. 16 ~ 18　　　C. 10 ~ 15　　　D. 1 ~ 2.5

29. 加工中心按照功能特征分类，可分为复合、（　　　）和钻削加工中心。

　　A. 镗铣　　　　　　B. 卧式　　　　　C. 刀库 + 主轴换刀　　D. 三轴

30. 不属于加工中心的特点的是（　　　）。

　　A. 经济效益高　　　　　　　　　B. 加工精度高

　　C. 加工生产率高　　　　　　　　D. 工序分散、不集中

31. 加工中心执行顺序控制动作和控制加工过程的中心是( )。

    A. 基础部件　　　　B. ALO　　　　　　C. 数控系统　　　　D. 主轴箱

32. 中小型立式加工中心常采用( )立柱。

    A. 螺旋形　　　　　B. 固定式空心　　　C. 断面　　　　　　D. 圆柱凸型

33. 加工中心进给系统的驱动方式主要有( )。

    A. 气压伺服进给系统

    B. 气动伺服进给系统

    C. 电气伺服进给系统和液压伺服进给系统

    D. 液压电气联合式

34. 加工中心的刀具由( )管理。

    A. PLC　　　　　　B. ABC　　　　　　C. AKC　　　　　　D. TAC

35. 端面多齿盘齿数为 72,则分度最小单位为( )度。

    A. 32　　　　　　　B. 9　　　　　　　　C. 47　　　　　　　D. 5

36. 加工中心的自动换刀装置由刀库、( )组成。

    A. 机械手和控制系统　　　　　　　　B. 机械手和驱动机构

    C. 主轴和控制系统　　　　　　　　　D. 控制系统

37. 加工中心按照主轴结构特征分类,可分为( )和可换主轴箱的加工中心。

    A. 复合加工中心　　　　　　　　　　B. 五面加工中心

    C. 单体加工中心　　　　　　　　　　D. 单轴、双轴、三轴

38. 转塔头加工中心的主轴数一般为( )个。

    A. 6 ~ 12　　　　　B. 2　　　　　　　　C. 1　　　　　　　　D. 22

39. 加工中心按照主轴在加工时的空间位置分类,可分为( )和万能加工中心。

    A. 镗铣、钻削　　　B. 立式、卧式　　　C. 钻削　　　　　　D. 卧式加工中心

40. 逐点比较法直线插补的判别式函数为( )。

    A. $F = XeY_i - X_iYe$　B. $F = Ye + Y_i$　　C. $F = X_i - Xe$　　D. $F = Xe - Y_i$

41. 逐点比较法圆弧插补的判别式函数为( )。

    A. $F = X_iYe + XeY_i$　　　　　　　　B. $F = X_iY_i + XeYe$

    C. $F = Xi^2 + Yi^2 - R^2$　　　　　　　D. $F = Ye - Y_i$

42. 某系统在( )处拾取反馈信息,该系统属于闭环伺服系统。

    A. 转向器　　　　　B. 工作台　　　　　C. 旋转仪　　　　　D. 速度控制器

43. 某系统在( )处拾取反馈信息,该系统属于半闭环伺服系统。

    A. 电动机轴端　　　B. 角度控制器　　　C. 旋转仪　　　　　D. 校正仪

44. 直流小惯量伺服电动机在 1 s 内可承受的最大转矩为额定转矩的( )。

    A. 1 倍　　　　　　B. 10 倍　　　　　　C. 2/3　　　　　　　D. 3 倍

45. 机床通电后应首先检查( )是否正常。

    A. 机床导轨　　　　B. 护罩　　　　　　C. 工作台面　　　　D. 各开关按钮和键

46. 为了使机床达到热平衡状态必须使机床运转( )。

    A. 8 min　　　　　　B. 15 min 以上　　　C. 2 min　　　　　　D. 6 min

47. 在试切和加工中,刃磨刀具和更换刀具后( )。

    A. 不需要重新测量刀长

    B. 一定要重新测量刀长并修改好刀补值

    C. 可重新设定刀号

    D. 不需要修改好刀补值

48. 工件加工完毕后,应将各坐标轴停在( )位置。

    A. 中间   B. 后端   C. 前端   D. 任意

49. 基本尺寸是( )的尺寸。

    A. 测量出来   B. 设计时给定   C. 计算出来   D. 实际

50. 最小极限尺寸与基本尺寸的代数差称为( )。

    A. 上偏差   B. 公差带   C. 误差   D. 下偏差

51. 基孔制的孔是配合的基准件,称为基准孔,其代号为( )。

    A. H   B. 19   C. 18   D. g

52. 相配合的孔与轴尺寸的代数差为正值时称为( )。

    A. 间隙   B. 过渡   C. 过盈   D. 公差

53. 在粗糙度的标注中,数值的单位是( )。

    A. hm   B. μm   C. nm   D. dm

54. 基轴制的孔是配合的基准件,称为基准轴,其代号为( )。

    A. v   B. dr   C. h   D. q

55. 国家对孔和轴各规定了( )个基本偏差。

    A. 5   B. 28   C. 4   D. 6

56. 正立面上的投影称为( )。

    A. 主视图   B. 左视图   C. 仰视图   D. 右视图

57. 当机件具有倾斜机构,且倾斜表面在基本投影面上投影不反映实形,可采用( )表达。

    A. 局部视图   B. 主视图   C. 斜视图   D. 左视图

58. 局部视图中,用( )表示某局部结构与其他部分断开。

    A. 单点画线   B. 波浪线   C. 网格线   D. 虚线

59. 用剖切面将机件完全剖开后的剖视图称为( )。

    A. 主视图   B. 右视图   C. 侧剖视图   D. 全剖视图

60. 按刀具的用途及加工方法分类蜗轮刀属于( )类型。

    A. 齿轮刀具   B. 孔加工刀具   C. 拉刀   D. 切刀

61. 刀具直径为10 mm的高速钢立铣钢件时,主轴转速为820 r/min,切削速度为( ) m/min。

    A. 11   B. 26   C. 32   D. 50

62. 支承板用于已加工平面的定位,限制( )个自由度。

    A. 2   B. 12   C. 10   D. 1

63. 组合夹具是由一套预先制造好的( )组成的专用工具。

    A. 非标准元件   B. 标准元件   C. 导线和光纤   D. 刀具

64. 六点定位原理是在夹具中用定位零件将工件的（　　）个自由度都限制,则该元件在空间的位置就完全确定了。

    A. 16　　　　　　　B. 24　　　　　　　C. 12　　　　　　　D. 6

65. 定位销用于工件圆孔定位,其中,长圆柱销限制（　　）个自由度。

    A. 10　　　　　　　B. 4　　　　　　　C. 12　　　　　　　D. 9

66. 圆柱心轴用于工件圆孔定位,限制（　　）个自由度。

    A. 4　　　　　　　B. 6　　　　　　　C. 2　　　　　　　D. 8

67. 圆锥销用于圆孔定位,限制（　　）个自由度。

    A. 10　　　　　　　B. 12　　　　　　　C. 9　　　　　　　D. 3

68. V形架用于工件外圆定位,其中,长V形架限制（　　）个自由度。

    A. 4　　　　　　　B. 12　　　　　　　C. 10　　　　　　　D. 9

69. 定位套用于外圆定位,其中,短套限制（　　）个自由度。

    A. 10　　　　　　　B. 2　　　　　　　C. 12　　　　　　　D. 9

70. 定位套用于外圆定位,其中,长套限制（　　）个自由度。

    A. 10　　　　　　　B. 12　　　　　　　C. 9　　　　　　　D. 4

71. 利用一般计算工具,运用各种数学方法人工进行刀具轨迹的运算并进行指令编程称（　　）。

    A. 手工编程　　　B. 机械编程　　　C. CAD编程　　　D. CAM编程

72. 工作坐标系的原点称（　　）。

    A. 机床原点　　　B. 自动零点　　　C. 工作原点　　　D. 理论零点

73. 数控功能较强的加工中心加工程序分为（　　）和子程序。

    A. 大程序　　　B. 小程序　　　C. 宏程序　　　D. 主程序

74. 程序段序号通常用（　　）位数字表示。

    A. 4　　　　　　　B. 17　　　　　　　C. 14　　　　　　　D. 18

75. （　　）表示绝对方式指定的指令。

    A. G90　　　　　　B. G111　　　　　　C. G9　　　　　　　D. G93

76. （　　）表示程序暂停的指令。

    A. G9　　　　　　　B. M00　　　　　　C. G111　　　　　　D. G93

77. 刀具半径补偿指令中,G41代表（　　）。

    A. 选择平面　　　　　　　　　　　B. 刀具半径右补偿

    C. 取消刀具补偿　　　　　　　　　D. 刀具半径左补偿

78. 刀具长度偏置指令中,G43表示（　　）。

    A. 正向偏置　　　B. 右向偏置　　　C. 左向偏置　　　D. 负向偏置

79. 子程序返回主程序的指令为（　　）。

    A. P98　　　　　　B. M09　　　　　　C. M08　　　　　　D. M99

80. 加工中心在加工中有一些典型的、固定的几个连续动作一般可用（　　）来完成。

    A. 刀具长度偏置　　B. 刀具半径补偿　　C. 固定循环　　D. 螺纹循环

二、判断题(第 81 题 ~ 第 100 题。将判断结果填入括号中。正确的填"√",错误的填"×"。每题 1 分,满分 20 分。)

81. (　　)半精车的工序余量为 1.1 mm。

82. (　　)一个零件投影最多可以有 24 个基本视图。

83. (　　)标注球面时,应在符号前加 J。

84. (　　)板状零件厚度可在尺寸数字前加注 P。

85. (　　)金属材料剖切面用 45℃ 细实线表示。

86. (　　)车刀不属于切刀类型。

87. (　　)G00 表示快速进给、定位指定的指令。

88. (　　)必须每月检查机床电流电压。

89. (　　)定位销用于工件圆孔定位,其中,短圆柱销限制 11 个自由度。

90. (　　)V 形架用于工件外圆定位,其中,短 V 形架限制 8 个自由度。

91. (　　)测量工件凸肩厚度时,应选用外径千分尺。

92. (　　)刀具直径为 8 mm 的高速钢立铣铸铁件时,主轴转速为 1 100 r/min,切削速度为 56 m/min。

93. (　　)工件在精加工时,不需考虑刀具切入和切出方式。

94. (　　)符号"∠"在位置公差中表示密度。

95. (　　)机床坐标系的原点称为初始零点。

96. (　　)支承钉主要用于平面定位,限制 7 个自由度。

97. (　　)油泵不喷油与油泵反转无关。

98. (　　)机床气压过低与气压设定无关。

99. (　　)电源的电压在正常情况下,应为 100 V。

100. (　　)在正常情况下,液压系统的油温应控制在 15 ℃ 以上。

思考与练习

数控铣削及加工中心理论知识题库(五)

一、单项选择题(第1题~第80题。选择一个正确的答案,将相应的字母填入题内的括号中。每题1分,满分80分。)

1. 利用一般计算工具,运用各种数学方法人工进行刀具轨迹的运算并进行指令编程称( )。

　　A. 机械编程　　　　　B. CAM编程　　　　　C. CAD编程　　　　　D. 手工编程

2. 在加工中的日检中,必须每天检查( )。

　　A. 液压系统液压油　　　　　　　　B. 空气干燥器

　　C. 机床主轴润滑系统油标　　　　　D. 传动轴滚珠丝杠

3. 测量复杂轮廓形状零件时,应选用( )。

　　A. 内径余弦规　　　B. 块规　　　　　C. 内径三角板　　　D. 万能工具显微镜

4. 基孔制的孔是配合的基准件,称为基准孔,其代号为( )。

　　A. O　　　　　　　B. P　　　　　　　C. H　　　　　　　D. Q

5. 粗镗(扩)→半精镗→精镗→浮动镗工件内孔表面的IT值为( )。

　　A. 24　　　　　　B. 15~17　　　　　C. 6~7　　　　　　D. 16.5

6. 组成一个固定循环要用到( )组代码。

　　A. 三　　　　　　B. 二　　　　　　C. 一　　　　　　D. 四

7. 要做到办事公道,在处理公私关系时,要( )。

　　A. 公平公正　　　B. 假公济私　　　C. 公私不分　　　D. 先公后私

8. 对于内径千分尺的使用方法描述正确的是( )。

　　A. 不可以把内径千分尺用力压进被测件内

　　B. 使用前不用校对零位

　　C. 把最短的接长杆先接上测微头

　　D. 测量孔径时,固定测头要在被测孔壁上左右移动

9. 测量工件凸肩厚度时,应选用( )。

　　A. 正弦规　　　　B. 三角板　　　　　C. 外径千分尺　　　D. 块规

10. 淬火的主要目的是将奥氏体化的工件淬成( )。

　　A. 洛氏体　　　　B. 索氏体　　　　　C. 卡氏体　　　　　D. 马氏体

11. 奥氏体是碳溶解在( )的间隙固溶体。

　　A. c-Fe　　　　　B. s-Fe　　　　　　C. f-Fe　　　　　　D. γ-Fe

12. 下列材料中不属于金属的是( )。

　　A. 铝　　　　　　B. 陶瓷　　　　　　C. 轴承合金　　　　D. 铁

13. ( )表示主轴正转的指令。

　　A. M18　　　　　B. M03　　　　　　C. G19　　　　　　D. M20

14.当机件具有倾斜机构,且倾斜表面在基本投影面上投影不反映实形,可采用(　　)表达。

    A.局部视图　　　　　　B.主视图　　　　　　　　C.斜视图　　　　　　D.左视图

15.量块组合使用时,块数一般不超过(　　)块。

    A.15　　　　　　　　　B.4~5　　　　　　　　　C.9　　　　　　　　　D.20

16.刀具半径补偿指令中,G41代表(　　)。

    A.选择平面　　　　　　　　　　　　　B.刀具半径右补偿

    C.取消刀具补偿　　　　　　　　　　　D.刀具半径左补偿

17.(　　)表示程序暂停的指令。

    A.G9　　　　　　　　　B.M00　　　　　　　　　C.G111　　　　　　　　D.G93

18.直流小惯量伺服电动机在1 s内可承受的最大转矩为额定转矩的(　　)。

    A.10倍　　　　　　　　B.3/5　　　　　　　　　C.2倍　　　　　　　　　D.1/4

19.感应加热淬火时,若频率为1k~10 kHz,则淬硬层深度为(　　)。

    A.17.5~22.5 mm　　B.2~8 mm　　　　　　C.11~12.5 mm　　　　D.16~18 mm

20.特级质量钢的含磷量≤0.025%,含硫量≤(　　)。

    A.0.015%　　　　　　B.0.5%　　　　　　　　C.0.075%　　　　　　　D.0.1%

21.(　　)最适宜采用正火。

    A.高碳钢　　　　　　　　　　　　　　B.低碳钢

    C.形状较为复杂的零件　　　　　　　　D.力学性能要求较高的零件

22.研磨的工序余量为(　　)mm。

    A.2.1　　　　　　　　　B.1.1　　　　　　　　　C.0.01　　　　　　　　D.0.79

23.某系统在电动机轴端拾取反馈信息,该系统属于(　　)。

    A.半闭环伺服系统　B.开环伺服系统　　C.闭环伺服系统　　D.定环伺服系统

24.白铜是由(　　)合成。

    A.铜和铝　　　　　　　B.铜和镍　　　　　　　C.铜和锌　　　　　　　D.铜和硅

25.工件加工完毕后,应将各坐标轴停在(　　)位置。

    A.中间　　　　　　　　B.后端　　　　　　　　C.前端　　　　　　　　D.任意

26.加工时用到刀具长度补偿是因为刀具存在(　　)差异。

    A.刀具圆弧半径　　B.刀具角度　　　　C.刀具长度　　　　D.刀具材料

27.粗车→半精车→精车工件平面的IT值为(　　)。

    A.16.5　　　　　　　　B.0.15~0.17　　　　C.24　　　　　　　　　D.6~7

28.电源的电压在正常情况下,应为(　　)V。

    A.450~1 000　　　B.150　　　　　　　　C.700~1 000　　　　D.220~380

29.(　　)表示主轴反转的指令。

    A.M9　　　　　　　　　B.G111　　　　　　　　C.G93　　　　　　　　　D.M04

30.测量孔内径时,应选用(　　)。

    A.内径余弦规　　　B.内径三角板　　　C.内径千分尺　　　D.块规

31.碳溶解在(　　)的间隙固溶体是铁素体。

    A.$\alpha-Fe$　　　　　　B.$s-Fe$　　　　　　　C.$f-Fe$　　　　　　　D.$\beta-Fe$

32.为了使机床达到热平衡状态必须使机床运转(　　)。

    A.2 min　　　　　　　B.8 min　　　　　　　C.15 min以上　　　　D.6 min

33. 加工中心在设置换刀点时不能远离工件,这是为了( )。

    A. 刀具移动的方便　　　　　　　　　B. 测量的方便

    C. 避免与工件碰撞　　　　　　　　　D. 观察的方便

34. 子程序返回主程序的指令为( )。

    A. P98　　　　　　B. M09　　　　　　C. M08　　　　　　D. M99

35. ( )最适宜采用退火。

    A. 为了降低成本　　　　　　　　　　B. 低碳钢

    C. 高碳钢　　　　　　　　　　　　　D. 力学性能要求较低的零件

36. 下面不在每周检查的范围之内的是( )。

    A. 气压系统压力

    B. 主轴润滑系统散热片

    C. 主轴润滑系统空气过滤器

    D. 机床的移动零件

37. 国家对孔和轴各规定了( )个基本偏差。

    A. 5　　　　　　　　B. 6　　　　　　　C. 28　　　　　　　D. 4

38. 钢件发蓝处理可以使工件表面形成以( )为主的多孔氧化膜。

    A. FeO　　　　　　B. Fe_2O_3　　　　　C. $Fe(OH)_2$　　　　D. Fe_3O_4

39. 半精车的工序余量为( )mm。

    A. 0.5　　　　　　B. 11　　　　　　　C. 1.1　　　　　　D. 2.7

40. ( )表示换刀的指令。

    A. M9　　　　　　B. G111　　　　　　C. G93　　　　　　D. M06

41. 粗车→半精车→精车工件外圆表面的IT值为( )。

    A. 6~7　　　　　　B. 11~13　　　　　C. 10　　　　　　　D. 16

42. 职业道德对企业起到( )的作用。

    A. 决定经济效益　　　　　　　　　　B. 促进决策科学化

    C. 树立员工守业意识　　　　　　　　D. 增强竞争力

43. 测量空间距时,应选用( )。

    A. 内径余弦规　　　B. 块规　　　　　C. 内径三角板　　　D. 万能工具显微镜

44. 基准代号由基准符号、( )和字母组成。

    A. 数字　　　　　　B. 圆圈、连线　　　C. 弧线　　　　　　D. 三角形

45. ( )表示主程序结束的指令。

    A. M99　　　　　　B. M02　　　　　　C. G111　　　　　　D. G93

46. 数控功能较强的加工中心加工程序分为( )和子程序。

    A. 主程序　　　　　B. 小程序　　　　　C. 大程序　　　　　D. 宏程序

47. 加工内廓类零件时,( )。

    A. 不用留有精加工余量

    B. 为保证顺铣,刀具要沿工件表面左右摆动

    C. 刀具要沿工件表面任意方向移动

    D. 为保证顺铣,刀具要沿内廓表面逆时针运动

48. 逐点比较法圆弧插补的判别式函数为( )。

    A. $F = X_iYe + XeY_i$ B. $F = X_iY_i + XeYe$

    C. $F = Xi^2 + Yi^2 - R^2$ D. $F = Ye - Y_i$

49. 基轴制的孔是配合的基准件,称为基准轴,其代号为( )。

    A. v   B. dr   C. h   D. q

50. 加工中心在加工中有一些典型的、固定的几个连续动作一般可用( )来完成。

    A. 刀具半径补偿   B. 固定循环   C. 刀具长度偏置   D. 螺纹循环

51. 一个零件投影最多可以有( )个基本视图。

    A. 26   B. 18   C. 22   D. 6

52. 定位销用于工件圆孔定位,其中,长圆柱销限制( )个自由度。

    A. 10   B. 4   C. 12   D. 9

53. 圆锥销用于圆孔定位,限制( )个自由度。

    A. 3   B. 12   C. 10   D. 9

54. 钛的熔点为( )℃。

    A. 712   B. 199   C. 789   D. 1 668

55. 定位套用于外圆定位,其中,长套限制( )个自由度。

    A. 4   B. 12   C. 10   D. 9

56. HT100 属于( )铸铁的牌号。

    A. 球墨   B. 可锻   C. 蠕墨   D. 灰

57. ( )表示主轴定向停止的指令。

    A. M99   B. M19   C. G111   D. G93

58. 在形状公差中,符号"–"是表示( )。

    A. 直线度   B. 线轮廓度   C. 圆度   D. 倾斜度

59. 高温回火是指加热温度为( )。

    A. <360 ℃   B. 140℃~270℃   C. >500 ℃   D. 150℃~200℃

60. 当前,加工中心进给系统的驱动方式多采用( )。

    A. 液压伺服进给系统   B. 气动伺服进给系统

    C. 电气伺服进给系统   D. 液压电气联合式

61. 支承板用于已加工平面的定位,限制( )个自由度。

    A. 10   B. 12   C. 1   D. 2

62. 职业道德与人的事业的关系是( )。

    A. 事业成功的人往往具有较高的职业道德

    B. 没有职业道德的人不会获得成功

    C. 有职业道德的人一定能够获得事业成功

    D. 缺乏职业道德的人往往更容易获得成功

63. 常用地址符 H、D 的功能是( )。

    A. 刀具功能   B. 主轴转速   C. 进给速度   D. 偏置号

64. 粗车→半精车→磨削工件外圆表面的 IT 值为( )。

    A. 10　　　　　　B. 11 ~ 13　　　　　C. 6 ~ 7　　　　　D. 16

65. 机床坐标系的原点称为( )。

    A. 机械原点　　　B. 自动零点　　　　C. 立体零点　　　　D. 工作零点

66. 钻→(扩)→铰工件内孔表面的 IT 值为( )。

    A. 15 ~ 17　　　B. 8 ~ 9　　　　　C. 14　　　　　　　D. 16

67. 封闭环是在装配或加工过程的最后阶段自然形成的( )环。

    A. 三　　　　　　B. 多　　　　　　　C. 双　　　　　　　D. 一

68. 感应加热淬火时,若频率为 50 kHz,则淬硬层深度为( )mm。

    A. 17 ~ 22.5　　B. 16 ~ 18　　　　C. 10 ~ 15　　　　D. 1 ~ 2.5

69. 粗铣→拉工件平面的 IT 值为( )。

    A. 10 ~ 40　　　B. 6 ~ 9　　　　　C. 16　　　　　　　D. 0.15

70. 沿着刀具前进方向观察,刀具中心轨迹偏在工件轮廓的右边时,用( )补偿指令。

    A. 右刀　　　　　B. 左刀　　　　　　C. 前刀　　　　　　D. 后刀

71. 中温回火后得到的组织为( )。

    A. 回火卡氏体　　B. 卡氏体　　　　　C. 回火索氏体　　　D. 洛氏体

72. 已知任意直线经过一点坐标及直线斜率,可列( )方程。

    A. 截距式　　　　B. 斜截式　　　　　C. 两点式　　　　　D. 点斜式

73. 逐点比较法直线插补的判别式函数为( )。

    A. $F = X_i - Xe$　　B. $F = XeY_i - X_iYe$　　C. $F = Ye + Y_i$　　D. $F = Xe - Y_i$

74. 某系统在工作台处拾取反馈信息,该系统属于( )。

    A. 半开环伺服系统

    B. 联动环或半闭环伺服系统

    C. 联动环或定环伺服系统

    D. 闭环伺服系统

75. 轮廓投影仪是利用( )将被测零件轮廓外形放大后,投影到仪器影屏上进行测量的一种仪器。

    A. 电学原理　　　　　　　　　　B. 螺旋副运动原理

    C. 游标原理　　　　　　　　　　D. 光学原理

76. 符号"⊥"在位置公差中表示( )。

    A. 平行度　　　　B. 同轴度　　　　　C. 垂直度　　　　　D. 对称度

77. 一个尺寸链有( )个封闭环。

    A. 10　　　　　　B. 1　　　　　　　C. 14　　　　　　　D. 21

78. 对待职业和岗位,( )并不是爱岗敬业所要求的。

    A. 树立职业理想

    B. 一职定终身,不改行

    C. 遵守企业的规章制度

    D. 干一行、爱一行、专一行

79. G20 X_ Y_ Z_ ×_中 × 为（　　　）。

　　A. 切削速度　　　　B. 主轴转速　　　　　C. 进给速度　　　　　D. 螺距

80. 中温回火是指加热温度为（　　　）。

　　A. 300 ℃　　　　B. 350 ℃ ~ 500 ℃　　C. 150 ℃ ~ 450 ℃　　D. 280 ℃

二、判断题（第 81 题 ~ 第 100 题。将判断结果填入括号中。正确的填"√"，错误的填"×"。每题 1 分，满分 20 分。）

81. （　　）加工单一平面类零件时，所使用的面铣刀一般为硬质合金可转位式。

82. （　　）蜗轮刀不属于齿轮刀具。

83. （　　）万能工具显微镜是电子显微镜。

84. （　　）正立面上的投影称为旋转视图。

85. （　　）测量轴径时，应选用三角板。

86. （　　）在粗糙度的标注中，数值的单位是 m。

87. （　　）标注球面时，应在符号前加 J。

88. （　　）常用地址符 N 对应的功能是指令主轴转速。

89. （　　）粗镗（扩）→半精镗工件内孔表面的表面粗糙度为 7 ~ 8。

90. （　　）《产品几何技术规范（GPS）几何公差、形状、方向、位置和跳动公差标准》（GB/T 1182—2018）规定，形位公差有 14 个项目。

91. （　　）端面多齿盘齿数为 72，则分度最小单位为 45°。

92. （　　）常用地址符 P、X 的功能是子程序号。

93. （　　）机床油压过高或过低可能是因为油量不足。

94. （　　）企业文化对企业具有整合的功能。

95. （　　）钻→扩工件内孔表面的表面粗糙度为 33.2。

96. （　　）职业道德活动中做到表情冷漠、严肃待客是符合职业道德规范要求的。

97. （　　）加工中心的自动换刀装置由刀库和主轴组成。

98. （　　）不必每月检查机床电流、电压。

99. （　　）金属材料剖切面用 80° 虚线表示。

100. （　　）测量孔的深度时，应选用深度千分尺。

数控铣削及加工中心实践操作题库

如下图所示:单件生产,根据尺寸精度、技术零件要求进行工艺分析,试编制零件的加工程序。

（1）

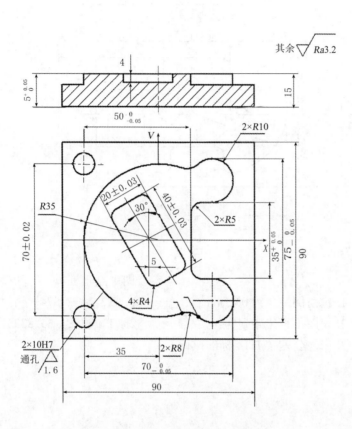

技术要求:

1.锐角倒钝角约 0.02 mm;

2.表面不得磕碰划伤;

3.未注公差按 IT14 标准执行。

图中点坐标:

1.（10.629, -33.374）

2.（18.366, -34.983）

（2）

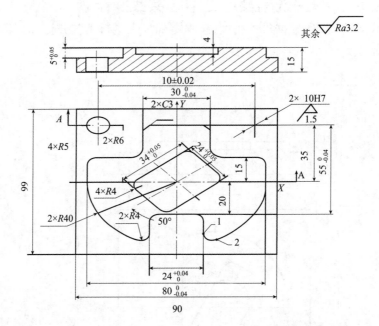

技术要求：

    1. 锐角倒钝角约 0.2 mm；

    2. 表面不得磕碰划伤；

    3. 未注公差按 IT14 标准执行。

图中点坐标：

    1. (12，−32，874)

    2. (17.778，−35.832)

（3）

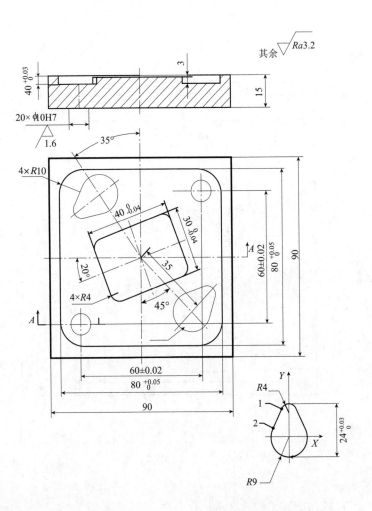

技术要求：

    1. 锐角倒钝角约 0.2 mm；

    2. 表面不得磕碰划伤；

    3. 未注公差按 IT14 标准执行。

图中点坐标：

    1.（3.563,12.8,8）

    2.（-8.017,4.051）

（4）

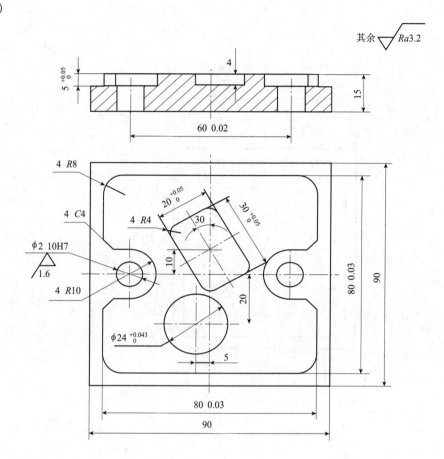

技术要求：

    1. 锐角倒钝角约 0.2 mm；

    2. 表面不得磕碰划伤；

    3. 未注公差按 IT14 标准执行。

（5）

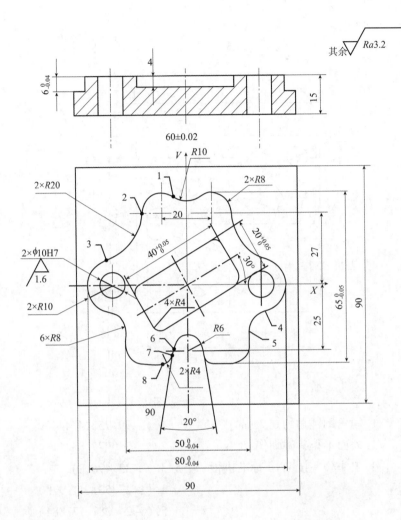

技术要求：

　1. 锐角倒钝角约 0.2 mm；

　2. 表面不得磕碰划伤；

　3. 未注公差按 IT14 标准执行。

图中点坐标：

1. ($-5.556, 33.652$)

2. ($-7.981, 27.552$)

3. ($-32.644, 9.644$)

4. ($-3.567, -9.86$)

5. ($25, -27.748$)

6. ($-5.905, -23.985$)

7. ($-6.391, -26.695$)

8. ($-10.331, -30$)

（6）

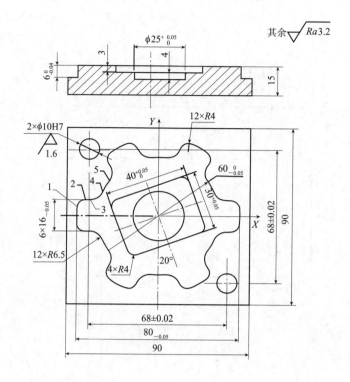

技术要求：

1. 锐角倒钝角约 0.2 mm；

2. 表面不得磕碰划伤；

3. 未注公差按 IT14 标准执行。

图中点坐标：

1.（-99.752,4.444）

2.（-35.777,8）

3.（-33.496,8）

4.（-27.531,11.928）

5.（-24.087,17.884）

（7）

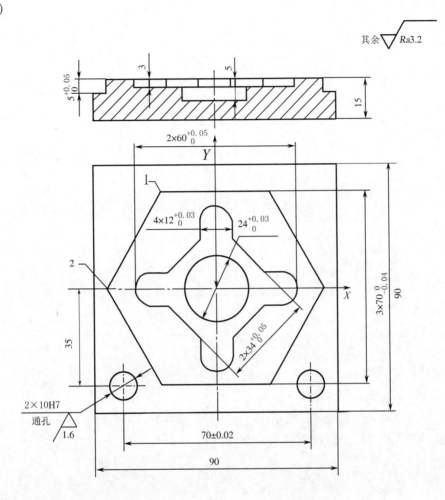

其余 $\sqrt{}$ $Ra3.2$

技术要求：

1. 锐角倒钝角约 0.2 mm；
2. 表面不得磕碰划伤；
3. 未注公差按 IT14 标准执行。

图中点坐标：

1. $(-20.207, 85)$
2. $(-40.415, 0)$

（8）

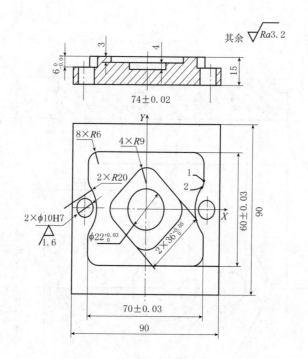

技术要求：

    1. 锐角倒钝角约 0.2 mm；

    2. 表面不得磕碰划伤；

    3. 未注公差按 IT14 标准执行。

图中点坐标：

    1. (35.15,32)

    2. (33.846,11.792)

(9)

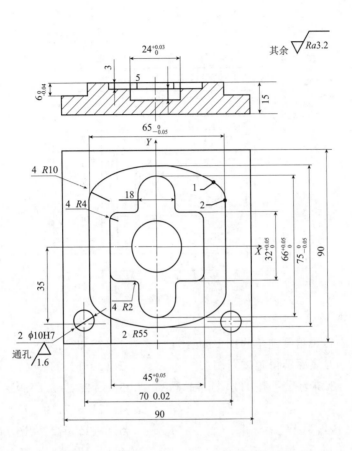

技术要求：

1. 锐角倒钝角约 0.2 mm；

2. 表面不得磕碰划伤；

3. 未注公差按 IT14 标准执行。

图中点坐标：

1. (　　　　　　)

2. (32.5, 2.471)

（10）

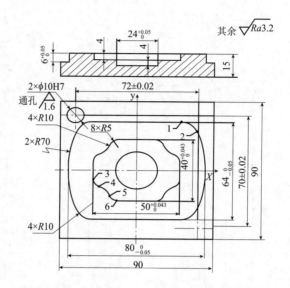

技术要求:

1. 锐角倒钝角约 0.2 mm;
2. 表面不得磕碰划伤;
3. 未注公差按 IT14 标准执行。

图中点坐标:

1. (25.821,32)
2. (39.125,25.667)
3. (−25,−5.858)
4. (21.337,10.572)
5. (−15.572,−16.667)
6. (−10.858,−20)

第4章 其他常用数控加工工艺简介

4.1 电火花加工

4.1.1 数控线切割加工机床简介

电火花线切割机床由机床本体、控制系统、脉冲电源、运丝机构、工作液循环机构和辅助装置(自动编程系统)组成。

线切割机床可分为高速走丝机床和低速走丝机床。

1. 典型设备

数控机床编号如图4.1所示。

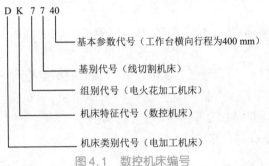

图4.1 数控机床编号

图4.2(a)所示为苏州沙迪克三光机电有限公司生产的DK7725型数控线切割机床的外形。DK7725机床工作台结构如图4.2(b)所示,机床如图4.2(c)所示。电火花线切割机床主要由机床主机、控制系统、脉冲电源、机床电气装置和工作液循环系统构成。

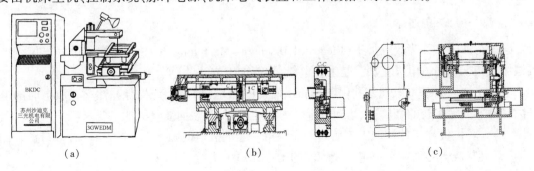

图4.2 DK7725型数控线切割

2. 控制系统

（1）按加工要求自动控制电极丝相对工件的运动轨迹。

（2）自动控制伺服进给速度，来实现对工件的形状和尺寸加工。

3. 脉冲电源

电火花线切割脉冲电源，一般是由主振级（脉冲信号发生器）、前置级（放大）、功放级和供给各级的直流电源所组成的，如图4.3所示。

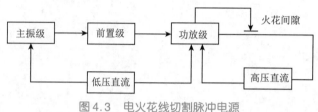

图 4.3　电火花线切割脉冲电源

4. 低速与高速电火花线切割机床的比较

低速走丝线切割机床与高速走丝线切割机床在结构组成上基本一致，不同之处有以下几个方面：

（1）低速走丝线切割机床是单向运丝，而且电极丝（一般为黄铜丝）只使用一次。

（2）低速走丝线切割机床工艺指标（包括加工精度、表面粗糙度、复杂度等）明显高于高速走丝。

①低速走丝线切割机床：加工精度为 $0.002 \sim 0.005$ mm，表面粗糙度一般为 $Ra1.25$ μm，最佳可达 $Ra0.2$ μm。

②高速走丝线切割机床：加工精度为 $0.01 \sim 0.02$ mm，表面粗糙度一般为 $Ra5.0 \sim 2.5$ μm，最佳可达 $Ra1.0$ μm。

（3）低速走丝线切割机床加工零件的厚度小于高速。

（4）低速走丝线切割机床价格高。

4.1.2　电火花加工概念

电火花加工是利用浸在工作液中的两极之间脉冲放电时产生的电蚀作用蚀除导电材料的特种加工方法，又称放电加工或电蚀加工。

1. 电火花加工的基本原理

电火花加工又称为放电加工（Electrical Discharge Machining，EDM），其加工过程与传统的机械加工完全不同。电火花加工是一种电能、热能加工方法。

电火花加工的基本原理是利用工具和工件（正、负电极）之间产生脉冲性火花放电时的电腐蚀现象来蚀除多余的金属，以达到对零件的尺寸、形状及表面质量的加工要求。

（1）工具电极和工件被加工表面之间应保持一定的放电间隙。

（2）火花放电必须在有一定绝缘性能的工作介质中进行。

（3）火花放电必须是瞬时的脉冲性放电，而不是持续电弧放电。

电火花加工系统原理如图4.4所示。

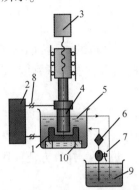

图 4.4 电火花加工系统原理图

1—工件;2—脉冲电源;3—自动进给调节装置;4—工具电极;5—工作液;6—过滤器;

7—压力开关;8—压力表;9—冷却器;10—油水分离器

放电腐蚀在工件的表面就形成一个微小的带凸边的凹坑,如图4.5(a)和(b)所示。放电腐蚀形成的根剖面如图4.6所示。

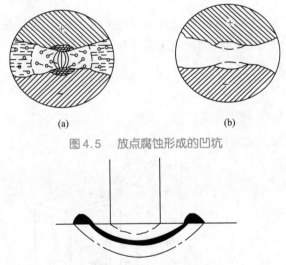

(a)   (b)

图 4.5 放点腐蚀形成的凹坑

图 4.6 放点腐蚀形成的根剖面

在放电过程中,工具和工件都受到电腐蚀,但两极的蚀除速度不同,这种两极的蚀除速度不同现象称为"极性效应"。产生极性效应的基本原因是撞击正、负电极表面的负电子和正离子的能量大小不同,因而熔化、汽化、抛出的金属数量也不同。

一般来说,用短脉冲(如脉宽小于30 μs)加工时,在放电过程中,负电子的质量和惯性较小,容易获得加速度和速度,很快奔向正极,其电能、动能便转换成热能蚀除掉正极的金属;而正离子由于质量和惯性较大,所以启动、加速也较慢,有一大部分还未来得及到达负极表面时脉冲就已结束,所以正极的蚀除量大于负极的蚀除量。此时,工件应接正极,称为"正极性加工"。

反之,当用较长脉冲(如脉宽大于300 μs)加工时,负极的蚀除量大于正极的蚀除,此时工件应接负极,称为"负极性加工"。这是因为随着脉冲宽度,即放电时间的加长,质量和惯性都较大的正离子也逐渐被加速,陆续地撞击在负极表面上。由于正离子的质量大于负电子,所以对负极的撞击破坏作用要比负电子的作用大且显著。显然,正极性加工用于精加工,负极性加工用于粗加工。

2. 电火花加工的特点

（1）电火花加工适用于任何难切削材料的加工，如航天、航空领域的发动机零件，蜂窝密封结构件，深窄槽及狭缝等的加工，特别适宜加工低刚度、薄壁工件、异形孔及形状复杂的型腔模具、弯曲孔等。

（2）电火花可以加工特殊及复杂形状的零件或表面。

（3）电火花加工直接利用电能，因而易于实现加工过程的自动控制及无人操作，可以减少机械加工工序，缩短加工周期，降低劳动强度，并且方便使用、维护。

3. 电火花成形加工的应用

（1）加工各种模具零件的型孔：如冲模的凹模、凹凸模、固定板、卸料板等具有复杂型孔的零件等。

（2）加工复杂形状的型腔：如锻模、塑料模、压铸模、橡皮模等各种模具的型腔加工。

（3）加工小孔：各种圆形、异形孔的加工（可达 0.1 mm），如线切割的穿丝孔、喷丝板型孔等。

（4）强化金属表面：如对凸模和凹模进行电火花强化处理后，可提高耐用度。

（5）其他加工：如刻文字、花纹、电火花攻螺纹等。

4.1.3 电火花成形加工方法

1. 电火花成形加工机床组成

电火花成形加工机床主要组成部分如图 4.7 所示。

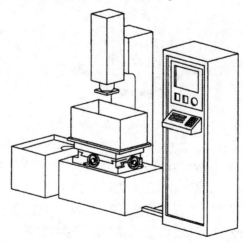

图 4.7 电火花成形加工机床主要组成部分

（1）机床主体（即主机）是电火花成形加工机床的重要组成部分。其主要由床身、立柱、工作台及主轴头等部件组成，如图 4.8 所示。

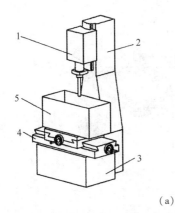

（a）

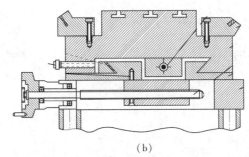

（b）

图4.8 机床主体

1—主轴头;2—立柱;3—床身底座;4—工作台;5—工作油槽

（2）主轴头。主轴头是电火花成形加工机床的关键部件。其一方面在下部对工具电极进行紧固;另一方面还能自动调整工具电极的进给速度。

一般主轴头主要由伺服进给机构、导向和防扭机构及辅助机构等部分组成,如图4.9所示。

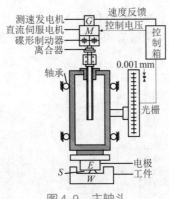

图4.9 主轴头

（3）脉冲电源。电火花成形加工机床的脉冲电源是电火花加工机床的重要部分之一,其作用是将普通 220 V 或 380 V、50 Hz 交流电转换成一定频率范围,具有一定输出功率的单向脉冲电,提供放电过程所需要的能量来蚀除金属,满足工件加工要求。

（4）数控系统。

（5）工作液循环系统。电火花成形加工机床的工作液主要为煤油。

（6）平动头。平动头是电火花成形加工机床最重要的附件。

平动头的作用是电极上的每一个点都绕着其原始位置进行平面圆周平移运动。平动头运动轨迹如图4.10所示。数控平动头的结构如图4.11所示。

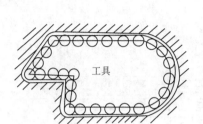

图 4.10 平动头运动轨迹

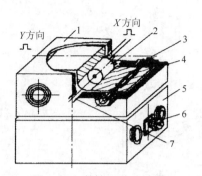

图 4.11 数控平动头结构

1—上溜板;2—步进电机;3—圆柱滚珠导轨;4—中间溜板;
5—下溜板;6—刻度端盖;7—丝杠、螺母

2.电火花加工方法

电火花加工一般按图 4.12 所示的步骤进行。

由图 4.12 可以看出,电火花加工主要由三部分组成,即电火花加工的准备工作、电火花加工、电火花加工检验工作。其中,电火花加工可以加工通孔和盲孔。前者习惯称为电火花穿孔加工;后者习惯上称为电火花成形加工。它们不仅是名称不同,而且加工工艺方法有着较大的区别,本章将分别进行介绍。电火花加工的准备工作有电极准备、电极装夹、工件准备、工件装夹、电极工件的校正定位等。

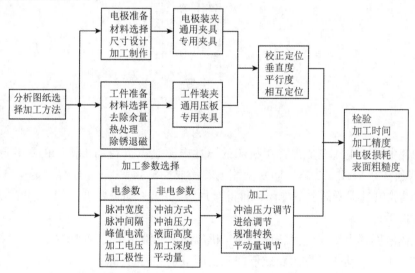

图 4.12 电火花加工步骤图

1)穿孔加工方法

电火花穿孔加工一般应用于冲裁模具加工、粉末冶金模具加工、拉丝模具加工、螺纹加工等。本节以加工冲裁模具的凹模为例说明电火花穿孔加工的方法。

凹模的尺寸精度主要靠工具电极来保证,因此,对工具电极的精度和表面粗糙度都应有一定的要求。如凹模的尺寸为 L_2,工具电极相应的尺寸为 L_1(图 4.13),单边火花间隙值为 S_L,则 $L_2 = L_1 + 2S_L$。

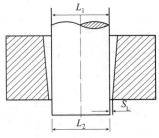

图 4.13   电火花凹模

其中,火花间隙值 S_L 主要取决于脉冲参数与机床的精度。只要加工规准选择恰当,加工稳定,则火花间隙值 S_L 的波动范围会很小。因此,只要工具电极的尺寸精确,用它加工出的凹模的尺寸也是比较精确的。

用电火花穿孔加工凹模有较多的工艺方法,在实际中应根据加工对象、技术要求等因素灵活地选择。穿孔加工的具体方法简介如下。

(1)间接法。

间接法是指在模具电火花加工中,凸模与加工凹模用的电极被分开制造,首先根据凹模尺寸设计电极,然后制造电极,进行凹模加工,再根据间隙要求来配制凸模。图 4.14 所示为间接法加工凹模的过程。

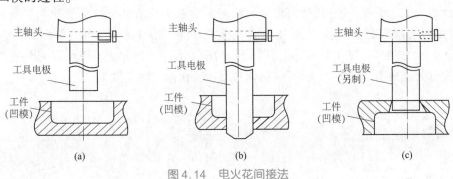

图 4.14   电火花间接法

(a)加工前;(b)加工后;(c)配制凸模

间接法的优点如下。

①可以自由选择电极材料,电加工性能好。

②因为凸模是根据凹模另外进行配制,所以凸模和凹模的配合间隙与放电间隙无关。

间接法的缺点是:分开制造电极与凸模,难以保证配合间隙均匀。

(2)直接法。

直接法适用于加工冲模,是指将凸模长度适当增加,先作为电极加工凹模,然后将端部损耗的部分去除直接成为凸模(具体过程如图 4.15 所示)。直接法加工的凹模与凸模的配合间隙靠调节脉冲参数、控制火花放电间隙来保证。

直接法的优点如下。

①可以获得均匀的配合间隙、模具质量高。

②无须另外制作电极。

③无须修配工作,生产率较高。

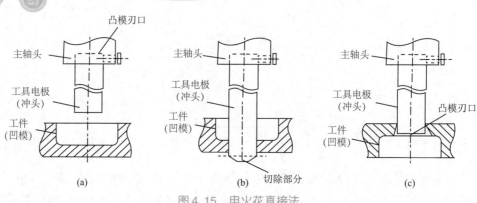

图 4.15　电火花直接法

(a)加工前;(b)加工后;(c)切除损耗部分

直接法的缺点如下。

①不能自由选择电极材料,工具电极和工件都是磁性材料,易产生磁性,电蚀下来的金属屑可能被吸附在电极放电间隙的磁场中而形成不稳定的二次放电,使加工过程很不稳定,故电火花加工性能较差。

②电极和冲头连在一起,尺寸较长,磨削时较困难。

(3)混合法。

混合法也适用于加工冲模,是指将电火花加工性能良好的电极材料与冲头材料黏结在一起,共同用线切割或磨削成形,然后用电火花性能好的一端作为加工端,将工件反置固定,用"反打正用"的方法实行加工。具体过程如图 4.16 所示。这种方法不仅可以充分发挥加工端材料好的电火花加工工艺性能,还可以达到与直接法相同的加工效果。

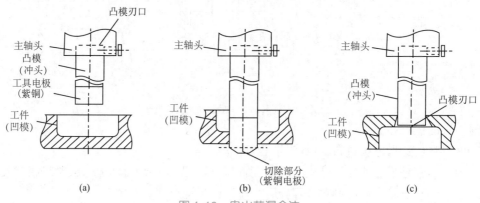

图 4.16　电火花混合法

(a)加工前;(b)加工后;(c)切除损耗部分

混合法的特点如下。

①可以自由选择电极材料,电加工性能好。

②无须另外制作电极。

③无须修配工作,生产率较高。

④电极一定要黏结在冲头的非刃口端。

2)阶梯工具电极加工法。

阶梯工具电极加工法在冷冲模具电火花成形加工中极为普遍,其应用方面有以下两种。

(1)无预孔或加工余量较大时,可以将工具电极制作成阶梯状,可将工具电极分为两段,即缩小了尺寸的粗加工段和保持凸模尺寸的精加工段。粗加工段,采用工具电极相对损耗小、加工速度高的电规准加工,粗加工段加工完成后只剩下较小的加工余量[图4.17(a)]。精加工段即凸模段,可采用类似于直接法的方法进行加工,以达到凸凹模配合的技术要求[图4.17(b)]。

(2)在加工小间隙、无间隙的冷冲模具时,配合间隙小于最小的电火花加工放电间隙,用凸模作为精加工段是不能实现加工的,则可将凸模加长后,再加工或腐蚀成阶梯状,使阶梯的精加工段与凸模有均匀的尺寸差,通过加工规准对放电间隙尺寸的控制,使加工后符合凹凸模配合的技术要求[图4.17(c)]。

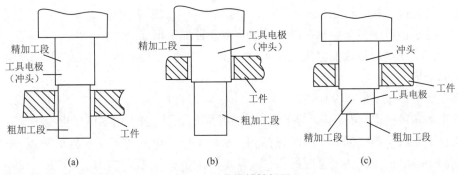

图4.17 凸模粗精加工

(a)粗加工段;(b)精加工段;(c)加长凸模后加工

除此之外,可根据模具或工件不同的尺寸和特点,要求采用双阶梯或多阶梯工具电极。阶梯形的工具电极可以由直柄形的工具电极用"王水"酸洗、腐蚀而成。机床操作人员应根据模具工件的技术要求和电火花加工的工艺常识,灵活运用阶梯工具电极的技术,充分发挥穿孔电火花加工工艺的潜力,完善其工艺技术。

3. 电火花成形加工方法

(1)电火花成形加工和穿孔加工相比有下列特点。

①电火花成形加工为盲孔加工,工作液循环困难,电蚀产物排除条件差。

②型腔多由球面、锥面、曲面组成,且在一个型腔内常有各种圆角、凸台或凹槽,有深有浅,还有各种形状的曲面相接,轮廓形状不同,结构复杂。这就使加工中电极的长度和型面损耗不一,故损耗规律复杂,且电极的损耗不可能由进给实现补偿,因此,型腔加工的电极损耗较难进行补偿。

③材料去除量大,表面粗糙度要求严格。

④加工面积变化大,要求电规准的调节范围相应也大。

(2)根据电火花成形加工的特点,在实际中通常采用如下方法。

①单工具电极直接成形法(图4.18)。

单工具电极直接成形法是指采用同一个工具电极完成模具型腔的粗、中及精加工。

对普通的电火花机床,在加工过程中先用无损耗或低损耗电规准进行粗加工,然后采用平动头使工具电极作圆周平移运动,按照粗、中、精的顺序逐级改变电规准,进行侧面平动修整加工。在加工过程中,借助平动头逐渐加大工具电极的偏心量,可以补偿前后两个加工电规准之间放电间隙的差值,这样就可完成对整个型腔的加工。

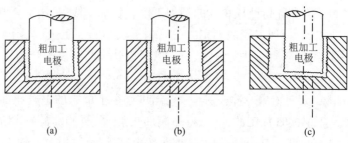

图 4.18　单工具电极直接成形法

(a)粗加工;(b)精加工型腔(左侧);(c)精加工型腔(右侧)

用单工具电极直接成形法加工时,工具电极只需要一次装夹定位,这避免了因反复装夹带来的定位误差。但对于棱角要求高的型腔就难以保证加工精度。

如果加工中使用的是数控电火花机床,则不需要平动头,可利用工作台按照一定轨迹作微量移动来修光侧面。

②多电极更换法(图 4.19)。

对早期的非数控电火花机床,为了加工出高质量的工件,多采用多电极更换法。

多电极更换法是指根据一个型腔在粗、中、精加工中放电间隙各不相同的特点,采用几个不同尺寸的工具电极完成一个型腔的粗、中、精加工。在加工时首先用粗加工电极蚀除大量金属,然后更换电极进行中、精加工;对于加工精度高的型腔,往往需要较多的电极来精修型腔。

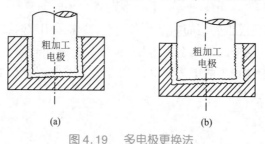

图 4.19　多电极更换法

(a)粗加工;(b)更换大电极精加工;

多电极更换加工法的优点是仿型精度高,尤其适用于尖角、窄缝多的型腔模加工。它的缺点是需要制造多个电极,并且对电极的重复制造精度要求很高。另外,在加工过程中,电极的依次更换需要有一定的重复定位精度。

③分解电极加工法。

分解电极加工法是根据型腔的几何形状,将电极分解成主型腔电极和副型腔电极,分别制造。先用主型腔电极加工出主型腔,后用副型腔电极加工尖角、窄缝等部位的副型腔。此方法的优点是能根据主、副型腔不同的加工条件,选择不同的加工规准,有利于提高加工速度和改善加工表面质量,同时,还可简化电极制造,便于电极修整。其缺点是较难解决主型腔和副型腔间的精确定位。

近年来,国内外广泛应用具有电极库的数控电火花机床,事先将复杂型腔面分解为若干个简单型腔和相应的电极,编制好程序,在加工过程中自动更换电极和加工规准,实现对复杂型腔的加工。

4.1.4 影响线切割加工工艺指标的主要因素

1. 加工工艺指标

线切割机床的性能一般用加工工艺指标来衡量,常用的工艺指标有:切割速度、加工精度、加工表面粗糙度及质量。

1)切割速度

线切割加工就是对工件进行切缝的加工。切割速度(或加工速度)一般用单位时间内电极丝中心所切割过的有效面积(mm^2/min)来表示,线切割速度一般可达 100 mm^2/min。有时也用进给速度(mm/min)附加线切割厚度的表示方法,切割厚度一般为 120 ~ 500 mm。

2)加工精度

线切割的加工精度主要包括被加工工件的形状精度、位置精度。

(1)形状精度。

被加工工件的形状精度是指从 XY 平面看到的加工形状的平面精度(即尺寸精度),以及被加工表面的 Z 向垂直度。为了获得较高的形状精度,要求被加工表面不但要均匀平滑而且垂直度要小,即切割面的线性度要小。从实践上看,慢走丝线切割加工的工件多为正腰鼓形,即工件中部凹进;而快走丝的却相反,一般是工件中部凸出。

(2)位置精度。

位置精度是指所切割轮廓间的相对位置偏差,主要取决于机床本身的精度,即机床的机械精度和控制精度,以及操作过程中所选用的定位方式,一般线切割加工精度在 0.015 mm 左右。

3)加工表面粗糙度及质量

电火花线切割加工是在一个在极短时间内,在一个微小的区域内对金属进行熔化、汽化,区域内发生极其复杂的物理、化学反应,工件表面重新元素化,并立即生成新的化合物,放电停止后又急剧冷却,变液相为固相,表面层在热冷作用下便会形成新质层,产生各种应力,影响工件的表面质量。

慢走丝线切割加工的表面粗糙度常用下列公式表示:

$$R_{\max} = k_z t_k^{0.38} I_p^{0.43}$$

式中 k_z——常数;

t_k——脉冲宽度(μs);

I_p——脉冲峰值电流(A)。

粗糙度的表征参数主要有 Ra、Rz、$R_{\max}$。

2. 影响加工工艺指标的因素

影响加工工艺指标的因素有电参量、非电参量。

1)电参量对加工工艺指标的影响

所谓电参量是指脉动电源的参变量。其包括脉冲峰值、脉冲宽度、脉冲频率、电源电压。

(1)脉冲峰值电流对加工工艺指标的影响。

在其他参数不变的情况下,脉冲峰值电流的增大会增加单个脉冲放电的能量,加工电流也会增大。所以,线切割速度会明显增加,表面粗糙度却因此变差。脉冲峰值电流对加工面粗糙度的影响可以认为是单个脉冲能量对"凹坑"抛出量的结果。

(2)脉冲宽度对加工工艺指标的影响。

在加工电流保持不变的情况下,使脉冲宽度和脉冲停歇时间成一定比例变化,随着脉冲宽度的增加,切割速度随之增大,但脉冲宽度增大到一定数值后,加工速度不再随脉冲宽度的增大而增大。一般线切割加工的脉冲宽度不大于 50 μs。增大脉冲宽度,表面粗糙度会有所降低。

(3)脉冲频率对加工工艺指标的影响。

在单个脉冲能量一定的条件下,提高脉冲放电次数,即提高脉冲频率,加工速度会明显提高。从理论上讲,单个脉冲能量不变则加工表面的粗糙度也不变。事实上,对快走丝线切割来讲,当脉冲频率加大时,加工电流会随之增大,这势必引起换向切割条纹的显著不同,切割工件的表面粗糙度会随之变差。

(4)电源电压对加工工艺参数指标的影响。

常用改变功率管并联个数的办法,在峰值电流和加工电流保持不变的条件下增大电源电压,这能明显提高切割速度,但对表面粗糙度的影响不大。在排屑困难、小能量、小粗糙度切割以及高阻抗、高熔点材料加工时,电源电压的增高会明显提高加工的稳定性,切割速度以及加工面质量都会有所改变。

2)非电参量对加工工艺指标的影响

(1)走丝速度对加工工业指标的影响。

走丝速度对切割速度的影响主要是通过改变排屑条件来实现的。提高走丝速度将有利于电极丝将工作液带入较大厚度的工件放电间隙中,有利于电蚀产物的排出,使加工稳定,提高加工速度。但走丝速度过高会导致机械震动加大、加工精度降低和表面粗糙度增大,并易造成断丝。对于快走丝切割,还要考虑由于电极丝速度的改变所产生的换向切割条纹对表面粗糙度的影响。

(2)电极丝张力对加工工艺指标的影响。

提高电极丝的张力可以减小加工过程中的丝振动,从而提高加工精度和切割速度。如果过分增大丝的张力,会造成频繁断丝而影响加工速度。电极丝张力的波动对加工稳定性和加工质量影响很大,常用恒张力装置可以改善丝张力的波动。

(3)电极丝对加工工艺指标的影响。

电极丝对加工工艺指标的影响包括丝的材料和丝的直径两个方面。不同的丝电极材料对加工工艺指标有不同的影响,慢走丝线切割多采用黄铜和紫铜丝作为电极材料,快走丝线切割多采用钼丝和钨钼合金丝作为电极材料。增大丝半径,可以提高电极丝容许的脉冲电流值,因此,可以提高加工速度,但加工表面粗糙度增大。在实际中,经常使用粗电极丝切割厚工件,使用细电极丝切割粗糙度要求高的工件。

(4)工件厚度对加工工艺指标的影响。

切割薄工件时,工作液易于进入和充满放电间隙,这有利于排屑和消除电解过程中工作液里的正负离子。但若是工件太薄,则易使电极丝抖动,不利于形成良好的加工精度和表面粗糙度;切割厚工件时,工作液难以进入和充满放电间隙,故加工稳定性差,但由于电极丝不易抖动,故加工精度和表面粗糙度较好。

（5）工作液对加工工艺指标的影响。

工作液在线切割加工中起着介电、冷却、排屑等作用，对加工速度和加工质量都有显著的影响，如用煤油加工出的工件呈暗灰色，用去离子水加工出的工件呈灰色，而用乳化液加工出的工件呈银白色。同时，工作液的电阻率对加工速度有较大影响；快走丝线切割加工机床的工作液装置一般都设有净化设施，工作液使用时间不能太长；慢走丝线切割由于多用去离子水，所以应定期更换离子交换树脂。

（6）进给速度对加工工艺指标的影响。

线切割在加工过程中，选择不同的进给控制方式会对加工工艺指标产生不同的影响。在自适应控制进给方式（伺服进给方式＋脉冲电源参数的转换）作用下，可以根据加工状况自行改变电规准，因此，这样不仅可以提高加工速度，还可以大幅度提高尺寸精度。

4.1.5 数控线切割加工工艺的制订

数控线切割加工一般作为零件加工的最后一道工序，使零件达到图样规定的尺寸、形位精度和表面质量。图 4.20 所示为数控线切割加工的加工过程。

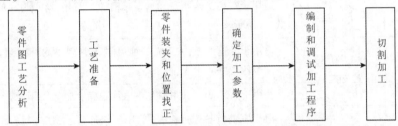

图 4.20 数控线切割加工过程

1. 零件图工艺分析

（1）凹角、尖角和窄缝宽度的尺寸分析（图 4.21）。

对于形状复杂的精密冲模，在凹凸模设计图样上应注明拐角处的过渡圆弧半径 R。加工凹角时：$R(凹角) \geqslant d/2 + \delta$；加工尖角时：$R(尖角) = R(凹角) - \Delta = d/2 + \delta - \Delta$，$\Delta$ 为凹、凸模配合间隙。同理，加工窄缝时，窄缝宽度 $H \geqslant d + \delta \times 2$。

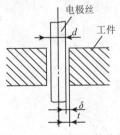

图 4.21 零件图工艺分析

（2）表面粗糙度和加工精度分析。

线切割加工表面是由无数的小坑和凸起组成的，粗细较均匀，特别有利于保存润滑油，而机械加工表面则存在切削或磨削刀痕并具有方向性。在相同表面粗糙度的情况下，其耐磨性比机械加工的表面好。因此，采用线切割加工时，工件表面粗糙度的要求可以较机械加工法减低半级到一级。另外，如果线切割加工的表面粗糙度等级提高一级，则切割速度将大幅度下降。所以，图纸中要合理给定表面粗糙度。线切割加工所能达到的粗糙度等级是有限的,若无特殊需要,对表面粗糙度的要求不能太高。同样,加工精度的给定也要合理,目前,绝大多数数控线切割机床的脉冲当量一般为每步0.001 mm,由于工作台传动精度所限,加上走丝系统和其他方面的影响,切割加工精度一般为6级左右,如果加工精度要求很高,则这样是难于实现的。

2. 工艺准备

1)电极丝准备

(1)电极丝材料选择。

电极丝材料应具有良好的导电性和耐电腐蚀性、较大的抗拉强度及均匀的材质,且直线性好,线径精度高,无弯折和打结现象,便于穿丝。目前电极丝材料的种类很多,主要有纯铜丝、黄铜丝、专用黄铜丝、钼丝、钨丝、各种合金丝及镀层金属丝等。常用电极丝材料及其特点如表4.1所示。

表4.1　常用电极丝材料及其特点

材料	线径/mm	特点
纯铜	0.1~0.25	适用于对切割速度要求不高或精加工时用,丝不易卷曲,抗拉强度低,容易断丝
黄铜	0.1~0.30	适用于高速加工,加工面的蚀屑附着少,表面粗糙度和加工面的平直度也比较好
专用黄铜	0.05~0.35	适用于高速、高精度和理想的表面粗糙度加工及自动穿丝,但价格高
钼丝	0.05~0.25	由于它的抗拉强度高,一般用于快速走丝,在进行微细、窄缝加工时,也可用于慢速走丝
钨丝	0.03~0.10	由于抗拉强度高,可用于各种窄缝的微细加工,但价格昂贵

(2)电极丝直径选择。

电极丝直径 d 的大小应根据切缝宽度、零件厚度、拐角大小及切割速度等要求进行选取。由图4.22可知,电极丝直径 d 与拐角半径 R 的关系为 $d \leqslant 2(R - \delta)$。所以,在对拐角要求小的微细线切割加工中,需要选用电极丝直径小的电极丝,但电极丝直径太小,能够加工的工件厚度也将会受到限制。电极丝直径与拐角极限和工件厚度的关系如表4.2所示。

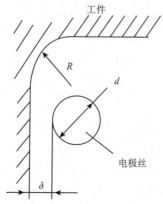

图4.22　电极丝直径与拐角极限和工件厚度之间的关系

表 4.2　电极丝直径与拐角极限和工件厚度的关系

线电极直径 d/mm	拐角极限 R_{11}/mm	切割工件 厚度/mm	线电极直径 d/mm	拐角极限 R_{11}/mm	切割工件 厚度/mm
钨 0.05	0.04 ~ 0.07	0 ~ 10	黄铜 0.15	0.10 ~ 0.16	0 ~ 50
钨 0.07	0.05 ~ 0.10	0 ~ 20	黄铜 0.20	0.12 ~ 0.20	0 ~ 100 以上
钨 0.10	0.07 ~ 0.12	0 ~ 30	黄铜 0.25	0.15 ~ 0.22	0 ~ 100 以上

2）工件准备

（1）工件材料的选择和处理。

工件材料的选择是在图样设计时确定的。作为模具加工,在加工前毛坯需要经锻打和热处理。锻打后的材料在锻打方向与其垂直方向会有不同的残余应力;淬火后也会出现残余应力。在加工过程中残余应力的释放会使工件变形,从而达不到加工尺寸精度要求,淬火不当的工件还会在加工过程中出现裂纹,因此,工件需要经二次以上回火或高温回火。另外,加工前还要进行消磁处理及去除表面氧化皮和锈斑等。

（2）工件加工基准的选择。

为了便于线切割加工,根据工件外形和加工要求,应准备相应的校正和加工基准,并且此基准应尽量与图样的设计基准一致,常见的有以下两种形式。

①以外形为校正和加工基准。外形是矩形的工件,一般需要有两个相互垂直的基准面,并垂直于工件的上、下平面,如图 4.23（a）所示。

②以外形为校正基准,内孔位为加工基准。无论是矩形、圆形还是其他异形工件,都应准备一个与工件的上、下平面保持垂直的校正基准,此时可将其中一个内孔作为加工基准,如图 4.23（b）所示。在大多数情况下,外形基面在线切割加工前的机械加工中就准备好了。工件淬硬后,若基面变形很小,则稍加打光便可用线切割加工;若变形较大,则应当重新修磨基面。

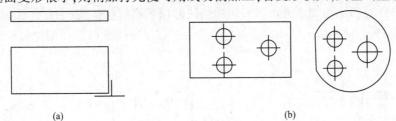

(a)　　　　　　　　　　　(b)

图 4.23　工件加工基准的选择

(a) 以外形为校正和加工基准；(b) 以外形为校正基准,内孔位为加工基准

（3）切割路线和穿丝孔的确定。

①切割路线的确定。

a. 凸模切割路线。

一般应将切割起点安排在靠近夹持端,然后转向远离夹具的方向进行加工,最后转向零件夹具的方向,如图 4.24 所示。

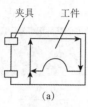 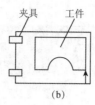 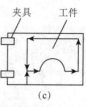 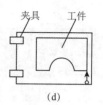

图 4.24　凸模切割路线

b. 凹模切割路线。

由于加工凹模，是采用穿丝孔作为起割位置，能保证坯件的完整性、刚性好，工件不易变形，因此，加工对切割路线没有严格要求，但是对加工起始点和穿丝孔的位置有要求。

c. 加工起始点。

加工起始点应选择平坦、容易加工、拐角处或对工件性能影响不大的及精度要求不高、容易修整的表面处。

d. 多件切割路线。

在一块毛坯上切割两个或两个以上零件时，不应连续一次切割出来，而应从不同的预制穿丝孔开始加工，如图 4.25 所示。

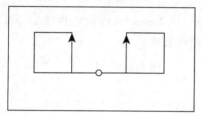 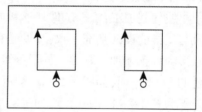

图 4.25　多件切割路线

e. 凸尖的处理。

线切割后，在切割起始点会产生凸尖，如图 4.26 所示的 P 点处。可通过合理安排路线消除凸尖，图 4.26(a) 所示为加工外形时采用拐角法的切割路线；图 4.26(b) 所示为加工型孔时的切割路线，可按 $S \to A \to B \to C \to D \to E \to A \to B \to A \to S$。另外，也可选用细电极丝加工以减小凸尖。

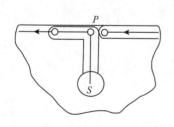 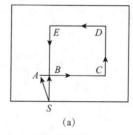 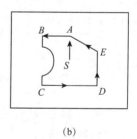

(a) (b)

图 4.26　凸尖的处理

②穿丝孔的确定。

a. 切割凸模类零件，为避免将坯件外形切断引起变形，常在坯件内部接近外形附近预制穿丝孔。

b. 切割凹模、孔类零件，可将穿丝孔位置选在待切型腔(孔)的边角处时，切割过程中无用的轨迹最短；而穿丝孔位置选在已知坐标尺寸的交点处则有利于尺寸推算。切割孔类零件时，将穿丝孔位置选在型孔中心可使编程操作容易。因此，要根据具体情况来选择穿丝孔的位置。

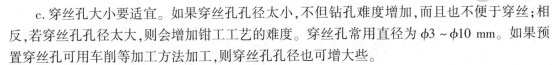

c.穿丝孔大小要适宜。如果穿丝孔孔径太小,不但钻孔难度增加,而且也不便于穿丝;相反,若穿丝孔孔径太大,则会增加钳工工艺的难度。穿丝孔常用直径为 φ3～φ10 mm。如果预置穿丝孔可用车削等加工方法加工,则穿丝孔孔径也可增大些。

③选配工作液。

工作液的种类和特点及应用如表4.3所示。

表4.3 工作液的种类和特点

种类	特点及应用
水类工作液 (自来水、蒸馏水、去离子水)	冷却性能好,但洗涤性能差,易断丝,切割表面易黑脏。适用于厚度较大的零件加工用
煤油工作液	介电强度高,润滑性能好,但切割速度低,易着火,只有在特殊情况下才采用
皂化液	洗涤性能好,切割速度较高,适用于加工精度及表面质量较低的零件
乳化型工作液	介电强度比水高,比煤油低;冷却能力比水弱,比煤油好;洗涤性比水和煤油都好,切割速度较高,是普遍使用的工作液

4.2 数控磨削加工

磨削——用磨具以较高的线速度对工件表面进行加工的方法。

磨削时,砂轮的回转运动是主运动。根据不同的磨削内容,进给运动可以是:砂轮的轴向、径向移动,工件的回转运动,工件的纵向、横向移动等。

4.2.1 磨削加工的特点与工艺范围

磨削加工特点如下。

(1)加工余量少,加工精度高。一般磨削可获得 IT5～IT7 级精度,表面粗糙度可达 $Ra0.2$～$1.6~\mu m$。

(2)磨削加工范围广。

①各种表面:内外圆表面、圆锥面、平面、齿面、螺旋面等。磨削加工的部分表面如图4.27所示。

②各种材料:普通塑性材料,铸件等脆性材料,淬硬钢、硬合金、宝石等高硬度难切削材料。

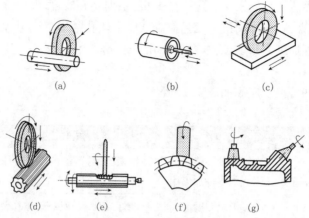

图 4.27　磨削加工的部分表面

(a)磨外圆；(b)磨内孔；(c)磨平面；(d)磨花链；(e)磨螺纹；(f)磨齿形；(g)磨导轨

（3）磨削速度高，耗能多，切削效率低，磨削温度高，工件表面易产生烧伤、残余应力等缺陷。

（4）砂轮有一定的自锐性。

4.2.2　磨床

用磨料磨具(砂轮、砂带、油石和研磨料等)为工具进行切削加工的机床统称为磨床。

1.外圆磨床

外圆磨床的结构如图 4.28 所示。

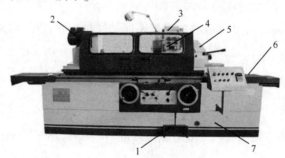

图 4.28　外圆磨床结构

1—踏板；2—头架；3—内圆磨头；4—砂轮架；5—尾座；6—工作台；7—床身

1）主要部件及其功用

（1）床身：用以支承磨床其他部件。

（2）头架：用以装夹工件。

（3）砂轮架：用以支承砂轮主轴。

（4）工作台：用以磨削小锥角的长圆锥工件。

（5）尾座：用以支承工件的另一端。

（6）内圆磨头：用以磨削内圆。

2）主运动与进给运动

（1）主运动。

磨削外圆时为砂轮的回转运动；磨内圆时为内圆磨头的磨具（砂轮）的回转运动。

（2）进给运动。

①工件的圆周进给运动，即头架主轴的回转运动。

②工作台的纵向进给运动，由液压传动实现。

③砂轮架的横向进给运动，为步进运动。

2. 平面磨床

1）平面磨床的类型（图4.29）

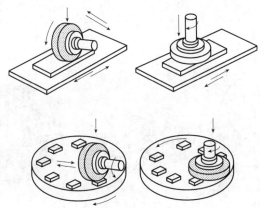

图4.29 平面磨床的类型

（a）卧轴矩台平面磨床；（b）立轴矩台平面磨床；（c）卧轴圆台平面磨床；（d）立轴圆台平面磨床

2）平面磨床（图4.30）

图4.30 平面磨床的结构

1—磨头；2—立柱；3—床鞍；4—横向手轮；5—工作台；6—挡块；7—升降手轮；8—按钮；9—床身

3）主运动与进给运动

（1）主运动。磨头主轴上砂轮的回转运动。

（2）进给运动。

①工作台的纵向进给运动。

②砂轮的横向进给运动。

③砂轮的垂直进给运动。

M7120A型平面磨床运动如图4.31所示。

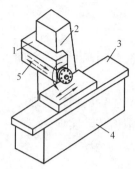

图4.31　M7120A型磨床运动

1—床鞍;2—立柱;3—工作台;4—床身;5—磨头

4.2.3　砂轮

1. 砂轮的组成(图4.32)

(a)　　　　　　　(b)

图4.32　砂轮结构

1—气孔;2—磨料;3—结合剂

2. 砂轮标记

砂轮标记的内容包括磨具名称、标准号、形状型号、尺寸及砂轮特性的标记。部分标记内容如表4.4所示。

表4.4　砂轮标记

特性顺序	0	1	2	3	4	5	6	7
	磨料牌号*	磨料种类	粒度	硬度等级	组织	结合剂种类	结合剂牌号*	最高工作速度
示例	51	A	36	L	5	V	23	50
*表示可选性的,符号内容由生产厂自行决定。								

3. 砂轮的组织代号和形状

砂轮的组织、组织代号及磨削方式如表4.5所示。

表4.5　砂轮的组织、组织代号及磨削方式

砂轮组织的代号	0~4	5~8	9~14
砂轮的组织	紧密	中等	疏松
砂轮选用的磨削方式	精密磨削、成形磨削	一般磨削	磨削硬度低、塑性大的工件,或砂轮与工件接触面积大,或粗磨

砂轮的形状如图4.33所示。

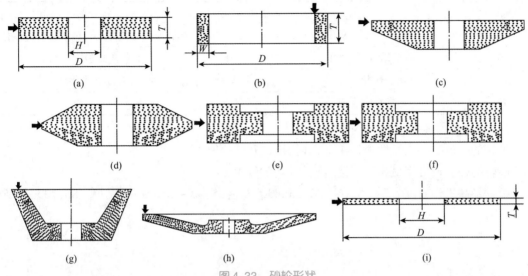

图 4.33　砂轮形状

(a)平形砂轮;(b)筒形砂轮;(c)单斜边砂轮;

(d)双斜边砂轮;(e)杯形砂轮;(f)双面凹一号砂轮;

(g)碗形砂轮;(h)碟形一号砂轮;(i)薄片砂轮

4.砂轮特性及其标记

(1)磨料种类。

磨料——磨具(砂轮)中磨粒的材料。其是砂轮的主要成分,是砂轮产生切削作用的根本要素。磨料种类可分为以下几类。

①氧化物(刚玉)。

②碳化物。

③超硬材料。

(2)粒度 F。

粒度——表示磨料颗粒尺寸大小的参数。磨料粒度影响磨削的质量和生产率。

(3)硬度等级。

砂轮的硬度——结合剂黏结磨料颗粒的牢固程度。其表示砂轮在外力(磨削抗力)作用下磨料颗粒从砂轮表面脱落的难易程度。

(4)组织。

砂轮的组织——砂轮内部结构的疏密程度。砂轮组织分成三大类、共15级,可用数字标记,通常为0~14,数字越大,表示组织越疏松。

(5)结合剂。

结合剂——用来将分散的磨料颗粒黏结成具有一定形状和足够强度的磨具的材料。

结合剂的种类和性质将影响砂轮的硬度、强度、耐腐蚀性、耐热性及抗冲击性等。结合剂的代号如表4.6所示。

表 4.6　结合剂的代号

代号	结合剂	代号	结合剂
V	陶瓷结合剂(常用)	B	树脂或其他热固性有机结合剂(常用)
R	橡胶结合剂(常用)	BF	纤维增强树脂结合剂
RF	增强橡胶结合剂	Mg	菱苦土结合剂
PL	塑料结合剂		

(6)最高工作速度(也称安全圆周速度)。

砂轮的强度——在惯性力作用下,砂轮抵抗破碎的能力。

砂轮的强度通常用最高工作速度表示,其单位为 m/s。

磨具最高工作速度为:$<16,16\sim20,25\sim30,32\sim35,40\sim50,60\sim63,70\sim80,100\sim125,140\sim160$。

5. 砂轮的安装与修整

1)砂轮的安装

(1)安装前应仔细检查是否有裂纹,如图 4.34(a)所示。

(2)直径较大的砂轮均用连接盘安装,如图 4.34(b)所示。

(3)直径较小的砂轮使用黏结剂紧固,如图 4.34(c)所示。

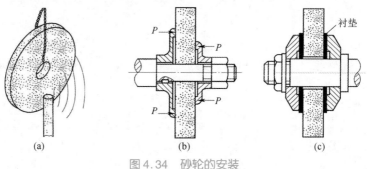

图 4.34　砂轮的安装

2)砂轮的平衡

砂轮的平衡一般采取静平衡方式,在平衡架上进行。圆棒导柱式平衡架如图 4.35 所示。

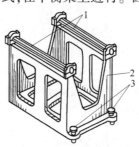

图 4.35　圆棒导柱式平衡架

1—导柱;2—支架;3—螺钉

砂轮平衡的方法如图4.36所示。

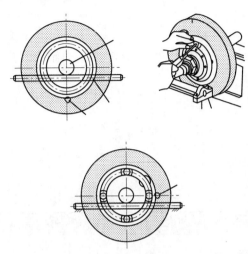

图 4.36　砂轮平衡的方法

(a)找出不平衡位置；(b)装平衡块；(c)平衡

3）砂轮的修整

砂轮的修整——用砂轮修整工具将砂轮工作表面已磨钝的表层修去，以恢复砂轮的切削性能和正确几何形状的过程。

4）砂轮的磨削方法

(1)在外圆磨床上磨外圆。

①工件的装夹方法。

a.两顶尖装夹。工件在两顶尖间装夹如图4.37所示。

b.三爪自定心卡盘装夹。

c.四爪单动卡盘装夹。

图 4.37　两顶尖装夹方法

②磨削用量。

a.磨削速度 v_c，即砂轮的圆周速度，为砂轮外圆表面上任一磨粒在 1 s 内所通过的路程。

$$v_c = \frac{\pi D_0 n_0}{1\ 000 \times 60}$$

式中 v_c——磨削速度(m/s)；

D_0——砂轮直径(mm)；

n_0——砂轮转速(r/min)。

b.背吃刀量 a_p。

对于外圆磨削，背吃刀量又称横向进给量，即工作台每次纵向往复行程终了时，砂轮在横向移动的距离。

c. 纵向进给量 f。

外圆磨削时，纵向进给量是指工件每回转一周，沿自身轴线方向相对砂轮移动的距离。

d. 工件的圆周速度 v_w。

圆柱面磨削时，工件待加工表面的线速度，又称工件圆周进给速度。

$$v_w = \frac{\pi D_w n_w}{1\,000}$$

（2）在外圆磨床上磨内圆。

①内圆磨削方法（表4.7）

表4.7　内圆磨削方法

方法	纵向磨削法	横向磨削法
图示	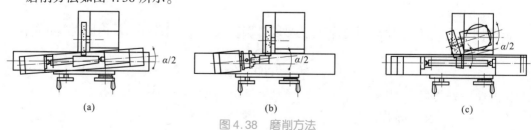	
磨削过程	与外圆的纵向磨削法相同，砂轮高速回转为主运动，工件以与砂轮回转方向相反的低速回转完成圆周进给运动，工作台沿被加工孔的轴线方向作往复移动完成工件的纵向进给运动，在每一次往复行程终了时，砂轮沿工件径向周期横向进给	磨削时，工件只作圆周进给运动，砂轮的高速回转为主运动，同时以很慢的速度连续或断续地向工件作横向进给运动，直至孔径被磨到规定尺寸

②内圆磨削特点。

a. 一方面磨削速度难以提高；另一方面砂轮刚度较差，容易振动，使加工质量和生产率受到影响。

b. 砂轮容易堵塞、磨钝，磨削时不易观察，冷却条件差。

c. 在万能外圆磨床上用内圆磨头磨削内圆主要用于单件、小批量生产，在大批量、大量生产中则宜使用内圆磨床磨削。

（3）在外圆磨床上磨外圆锥。

磨削方法如图4.38所示。

(a)　　　　　　　　　(b)　　　　　　　　　(c)

图4.38　磨削方法

(a)转动工作台法；(b)转动头架法；(c)转动砂轮架法

（4）在平面磨床上磨平面（图4.39）。

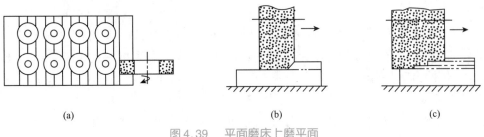

（a）　　　　　　　（b）　　　　　　　（c）

图4.39　平面磨床上磨平面

（a）横向磨削法；（b）深度磨削法；（c）阶梯磨削法

4.3　数控冲压加工

4.3.1　数控冲床概念

近年来，随着数控技术的发展，数控技术在冲床上的应用日趋广泛，降低了生产成本。数控冲床也是数控机床的一种，其组成和工作原理与一般数控机床相类似。

冲床属于压力加工机床，主要应用于钣金加工，如冲孔、裁剪和拉伸。数控冲床又称为"钣金加工中心"，即任何复杂形状的平面钣金零件都可在数控冲床上完成其所有孔和外形轮廓的冲裁等加工。

1. 数控冲床主要技术参数（表4.8）

表4.8　数控冲床主要技术参数

参数		SKYY31225C
公称压力	kN	300
最大加工板材厚度	mm	6
最大加工板材尺寸（一次重定位）	mm^2	1 250×2 500
冲孔精度	mm	±0.10
最高行程次数	h.p.m	400
模位数	个	20
分度工位数	个	2
数控轴数	个	3 或 4
机床重量	T	12
外形尺寸	mm^3	4 840×2 800×2 110

2. 数控冲床的特点

数控冲床也是数控机床的一种类型，具有数控机床的一般特点，在此不再赘述。另外，现代数控冲床的冲压运动有机械式和液压式两种。由于液压式冲床具有纯机械式冲床无法比拟的优点,因此其被工业界公认为是钣金柔性加工系统的发展方向。液压数控冲床具有以下特点。

1)"恒冲力"加工

一般机械式冲床的冲压力是由小到大,到达冲压力顶点时只是一瞬间,无法实现在全冲压行程的任何位置都具有足够的冲压力。而液压式冲床完全克服了机械式冲床的缺点,建立了液压冲床"恒冲力"的全新概念。

2)智能化冲头

液压式冲床的冲头具有软冲功能(即冲头速度可实现快进、缓冲),既能提高劳动生产率,又能改善冲压件质量,所以,液压冲床加工时振动小、噪声低、模具寿命长。液压数控冲床的冲压行程长度的调节可由软件编程控制,从而可完成步冲、百叶窗、打泡、攻螺纹等多种成形工序。液压系统中采用了安全阀和减压阀元件,一旦冲压发生超负荷时,能提供瞬间减压及停机保护,避免机床、模具损坏,而且复机简易、快速。

3)冲裁精度与寿命

由于液压冲头的滑块与衬套之间存在一层不可压缩的静压油膜,其间隙几乎为零,且不会产生磨损,因此液压式冲床精度高、寿命长。

液压数控冲床的机身有桥形框架、O形框架、C形框架等结构。液压数控冲床的冲模一般采用转塔式的安装方式,并具有特定的自动分度装置,每个自动分度模位中的模具均能自行转位,给冲剪加工工艺带来了极大的柔性。

3. 数控冲床的组成(图 4.40)

数控冲床的加工对象为板材,在机床结构上只有板材的移动为数控驱动,数控冲床的数控伺服系统多为半闭环控制或闭环控制。冲削运动有机械式和液压式两种。目前,常见的数控冲床是将冲模(刀具)安装在可以旋转的转塔上,称为转塔数控冲床。转塔上可以容纳的刀具数量由转盘的大小决定,一般为 16～58 把不等,另外,还有链式刀库的形式。也可将刀具装在机床外,经机械手将所用的刀具换到冲压位置进行冲削加工。

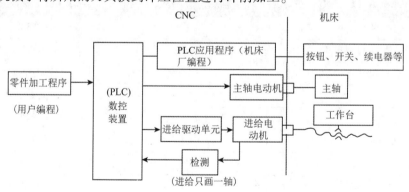

图 4.40 数控冲床的组成

4. 数控冲床的坐标系

1)数控冲床坐标系的规定

对于数控冲床,由于冲削运动为机械和液压控制,因此其没有 Z 轴,只有 X 轴和 Y 轴,坐标系比较简单。为了便于理解,我们可以认为数控冲床的 Z 轴是垂直向上的,那么面朝刀具主轴再向立柱看时,X 轴的正方向是向右的。这样利用右手直角笛卡尔坐标系就可以判断出 Y 轴的方向,如图 4.41 所示。另外,一般将绕 X、Y、Z 三轴的回转运动叫作 A、B、C 回转运动。

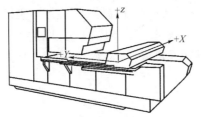

图 4.41 数控冲床坐标系规定

2)电气坐标系

电气坐标系是与标准坐标系平行的坐标系,是数控系统在处理编程数据时的坐标系。在数控系统中所用的位置检测元件确定之后,检测元件的零点即是电气坐标系的原点。

3)机床坐标系

机床坐标系也是与标准坐标系平行的坐标系。其是在电气坐标原点的基础上,沿电气坐标轴偏移一个距离。这个偏移距离由机床制造人员调试后将其设置在参数中,此点即参考点,参考点即是机床原点。如果数控系统采用相对位置检测元件,在机床通电后,需进行手动返回参考点操作,以建立机床坐标系。机床参考点是电气坐标系上的一个固定点,它是机床补偿功能和行程软限位的基准点,机床使用人员不要随意更动。

在机床坐标轴返回到参考点时,刀具基准点与机床零点重合,此时机床坐标系坐标轴的显示值为 0。冲削加工的机床 X、Y 轴的基准点在主轴中心上。

4)工件坐标系

工件坐标系是以机床坐标系为基准平移而成的。这个偏移量由机床操作人员设置在工件坐标系设定指令中或坐标偏移存储器中。程序设计人员在工件坐标系内编程,编程时不必考虑工件在机床中的实际位置。

工件坐标系的建立是设定工件坐标系原点与机床坐标原点的距离关系,实际上就是设定工件坐标系原点与机床在参考点上时的基准点之间的距离,如图 4.42 所示。当机床在参考点上时,由原点定位块和工件夹钳定位面决定工件的坐标原点,实际上就是机床的左下行程极限。

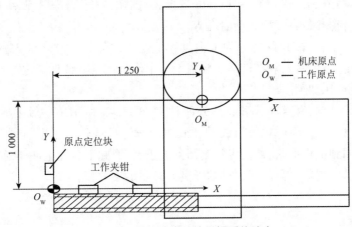

图 4.42 数控冲床工件坐标系的建立

299

加工程序指令的坐标值是刀位点在工件坐标系中的坐标值。冲削加工的机床的 X、Y 轴的刀位点也在主轴中心上。程序设计人员在编程时可以用绝对坐标值,也可以用相对坐标值。

用绝对坐标值指令时,刀具(或机床)运动轨迹是根据工件坐标原点给出的。

用相对坐标值指令时,刀具(或机床)运动轨迹是相对于前一个位置计算出的,又称增量坐标值。

4.3.2　数控冲压加工工艺

1. 冲床和数控系统的确定

加工人员根据被加工零件的尺寸和技术要求,考虑各项技术经济指标,合理地选择冲床。当有多台冲床可供选择时,要根据被加工零件的形状、编程的方便性,选择具有相应功能的数控系统冲床。当然,在满足要求的情况下,可尽量选用成本低的数控冲床,以降低加工成本。

2. 工作安装

在数控冲床上安装工件相对比较简单。为了安装方便,冲床应在参考点上进行工件安装。

首先根据板料的尺寸,选择和调整夹钳的位置;然后松开夹钳并抬起原点定位块,将板料与之靠实;最后夹紧夹钳,放下原点定位块,工件装夹完成。

3. 编程原点的设定

编程原点是编程人员在编制加工程序时设置的基准。编程原点应力求与设计基准和工艺基准相一致,使编程中的数值计算简单。

4. 模具(刀具)的确定

(1)根据被加工面的形状,尽量选用通用模具(刀具),以降低成本,但有时为简化编程和提高加工质量,也选用专用模具(刀具)。

数控冲床可以根据模具(刀具)形状形成工件形状,因此,模具(刀具)规格形状较多。

通用模具(刀具)使用得较多的有圆形、方(矩)形,还有跑道形、十字形、(等腰)三角形、直角三角形、单 D 形、双 D 形等。

成形模具有双挡板形、浅凸形、单圆弧开口形、双圆弧开孔形、桥形、凸缘形、凸起形、沉孔形、翻边孔形、百叶窗孔、盖形气孔、凸台孔等。

(2)模具结构。冲床用模具可分为上模具和下模具两部分。对转塔数控冲床,上模具安装在转塔上转盘上,下模具安装在转塔下转盘上。工作时,上、下转盘同时转到冲压位置,冲锤打击上模具,实现冲压加工。

模具根据机床结构,有直联式和分离式两种,如图 4.43 所示。一般上模具由打击头、弹簧、键销、冲模架、冲头、塑料脱模等组成;下模具由下模、下模座、下模固定块等组成。直联式模具由于当撞杆回到上止点时,冲模也肯定回到上止点,因此不会发生冲模尚未从板料中退出而工作台已经移动的现象。分离式模具的弹簧力必须足够大。

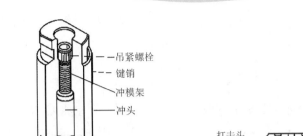

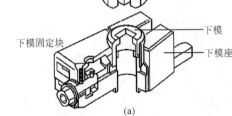

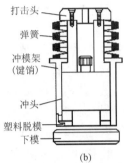

图 4.43 磨具的结构

(a)直联式;(b)分离式

冲头和下模之间的间隙根据板厚和材料性质,按表4.9所示选用。也可以根据机床情况,按 0.1 mm 的间隙制作模具最小冲孔直径:对低碳钢和铝可等于板厚;对不锈钢可等于 2 倍板厚,也可按 1.5 倍板厚选取。

表 4.9　冲头和下模之间的间隙

板厚/mm	材料		
	低碳钢	铝	不锈钢
0.8 ~ 1.6	0.2 ~ 0.3	0.2 ~ 0.3	0.2 ~ 0.35
1.6 ~ 2.3	0.3 ~ 0.4	0.3 ~ 0.4	0.4 ~ 0.5
2.3 ~ 3.2	0.4 ~ 0.6	0.4 ~ 0.5	0.5 ~ 0.7
3.2 ~ 4.5	0.6 ~ 0.9	0.5 ~ 0.7	0.7 ~ 1.2
0.6 ~ 6	0.9 ~ 1.2	0.7 ~ 0.9	

5. 工步顺序的确定

工步的顺序安排应考虑以下几点。

(1)应保证被加工零件的精度和质量。先内后外,最后将工件与板料分离或仅留连接筋。最小冲削量要大于或等于板厚,避免因冲头歪斜形成啃边并影响模具寿命。应使加工后工件变形最小。

(2)在多件加工时,应使工步集中,以减少选(换)模具(刀具)时间。

(3)尽量用模具成形或选用大尺寸模具步冲加工以提高生产率。

(4)当内孔落料加工时要使运行暂停,以便用取料器(磁铁等)将落料取出,切勿将落料在工作台上随意移动。

(5)在多件加工时,要从离工件夹钳远处开始加工,每件之间留有足够板料,以减小板料变形。

(6)工件与工件夹钳之间要有足够空间,以保证冲头安全,一般在 Y 轴方向有 100 mm 的空边。

（7）如果夹钳躲让不开，则应考虑改变夹钳在 X 轴向的卡压位置，避免冲压中间移动夹钳。

4.3.3 数控冲压编程

目前，许多数控冲床系统都配备了自动编程软件，自动将 CAD 程序、图形转化为冲床 CNC 加工指令，具有模具库管理、自动选模加工、专用模具优化、优化加工路径、后置处理、自动完成微连接、自动重复定位等功能。本节介绍的是手工编程。前面介绍过数控冲床加工编程的 Z 轴运动由液压或机械系统控制，所以数控冲压编程没有 Z 轴，只是二维编程。有了数控车床和数控铣床的编程基础，数控冲压加工编程是比较简单的。

下面以"GE—FANUC"数控系统为例，介绍数控冲床的加工编程。

数控冲床编程是指将钣金零件展开成平面图，放入 XOY 坐标系的第一象限，对平面图中的各孔系等进行坐标计算的过程。数控冲压加工主要就是进行各种孔的冲压加工，当然也可以裁剪和拉伸，我们可以将后者看作特殊的冲孔加工。

在数控冲床上进行冲孔加工的过程是：零件图→编程→程序制作→输入 NC 控制柜→按起动按钮→加工。

在数控冲压编程中要注意以下几点。

（1）一般不要用和缺口同样尺寸的冲模来冲缺口。

（2）不要用长方形冲模按短边方向进行步冲，因为这样做冲模会因受力不平衡而使冲模滑向一边。

（3）进行步冲时，送进间距应大于冲模宽度的 1/2。

（4）冲压宽度不要小于板厚，并且应禁止用细长模具沿横方向进行冲切。

（5）同样的模具不要被选择两次。

（6）冲压顺序应从右上角开始，在右上角结束；应从小圆开始，然后是大方孔、切角，最后是翻边和拉深等。

1. 常用指令介绍

1）定位不冲压指令 G70

在要求移动工件但不进行冲压的时候，可在 X、Y 坐标值前写入 G70，即 G70 X_ Y_，则刀具快速定位到指定的坐标位置，并且即使在 G01、G02 和 G03 方式中，G70 仍将以快速方式移动。G70 是非模态指令，只在本段中有效。

2）夹爪自动移位指令 G27

要扩大加工范围时，写入 G27 和 X 方向的移动量。移动量是指夹爪的初始位置和移动后位置的间距。例如，执行 G27 X - 500.0 后将使机床发生的动作如图 4.44 所示。

图 4.44 夹爪自动移位指令 G27

图 4.44（a）所示为材料固定器压住板材，夹爪松开；

图 4.44（b）Y2.4：工作台以增量值移动 2.4 mm，X500：滑座以相对值移动 500 mm；

图 4.44（c）所示为夹爪闭合，材料固定器上升，释放板材。

3）模具号 T 指令和辅助功能 M 指令、速度功能 S 指令

（1）模具号 T 指令。

由 T×××× 构成，T 后面有 3 位或 4 位数字，指定要用的模具在转盘上的模位号，若连续使用相同的模具，一次指令后模位号可以省略，直到不同的模具被指定。例如：

G92 X1830.0 Y1270.0；　　　　机床一次装夹最大加工范围为：1 830 mm×1 270 mm

G90 X500.0 Y300.0 T102；　　　调用 102 号模位上的冲模，在（500，300）位置冲孔

G91 X700.0 Y450.0 T201；　　　在（700，450）位置，调用 201 号模位上的冲模冲孔

在最前面的冲压程序中一定要写入模具号。

（2）辅助功能 M 指令。

一般由 M 加 2 位数字构成。通常在一个程序段指定一个 M 代码，也有可以指定多个 M 代码。当移动指令和 M 功能指令在同一程序段时，执行的顺序有不同的选择。这些问题取决于生产厂家，而 M00、M01、M02、M30 的规定和数控车、铣系统一致。

（3）主轴冲压速度 S 指令。

由 S 加 2~4 位数字构成。对高速液压数控冲床，用液压缸的上下往复运动带动刀具上下运动，冲压次数在 70~1 200 次/min，打标速度则更高。对机械式转塔数控冲床，用偏心轮带动滑块运动，一般只有高速和低速两档选择。

需要特别说明，T 指令和 M,S 指令与机床运动的关系非常密切，加工人员要以机床厂家的说明书为准。

4）斜线孔路径循环

以当前位置或 G72 指定的点开始，沿着与 X 轴成 J 角的直线冲制 K 个间距为 I 的孔。

指令格式：G28 I_ J_ K_ T××××

I——间距，如果为负值，则冲压沿中心对称的方向（此中心为图形基准点）进行。

J——角度，逆时针方向为正，顺时针方向为负。

K——冲孔个数，图形的基准点不包括在内，如图 4.45 所示。

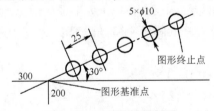

图 4.45　斜线孔路径循环

5）圆弧上等距孔的循环

以当前位置或 G72 指定的点为圆心，在半径为 I 的圆弧上，以与 X 轴成角度 J 的点为冲压起始点，冲制 K 个角度间距为 P 的孔。

指令格式 G29 I_ J_ P_ K_ T×××

I——圆弧半径，为正数。

J——冲压起始点的角度，逆时针方向为正，顺时针方向为负。

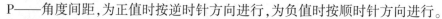

P——角度间距,为正值时按逆时针方向进行,为负值时按顺时针方向进行。

K——冲孔个数。

6)圆周上等分孔的循环

圆周极坐标编程以当前位置或 G72 指定的点为圆心,在半径为 I 的圆弧上,以与 X 轴成角度 J 的点为冲压起始点,冲制 K 个将圆周等分的孔。

指令格式:G26 I_ J_ K_ T×××

I——圆弧半径,为正数。

J——冲压起始点的角度,逆时针方向为正,顺时针方向为负。

K——冲孔个数。

7)网孔循环

网孔循环,以当前位置或 G72 指定的点为起点,冲制一批排列成网状的孔。它们在 X 轴方向的间距为 I,个数为 P,它们在 Y 轴方向的间距为 J,个数为 K;G36 沿 X 轴方向开始冲孔。

指令格式:G36 I_ P_ J_ K_ T×××或 G37 I_ P_ J_ K_ T×××

I——X 轴方向的间距,为正时沿 X 轴正方向进行冲压,为负时则相反。

P——X 轴方向上的冲孔个数,不包括基准点。

J——Y 轴方向的间距,为正时沿 Y 轴正方向进行冲压,为负时则相反。

K——Y 轴方向上的冲孔个数,不包括基准点。

8)长方形槽的冲制

以当前位置或 G72 指定的点为起点,沿着与 X 轴成角度 J 的直线的左侧,采用 P×Q 的方形冲模在长度 I 上进行步进冲孔。

指令格式:G66 I_ J_ P_ Q_ T×××

I——步冲长度。

J——角度,逆时针方向为正,顺时针方向为负。

P——冲模长度(直线方向的长度)。

Q——冲模宽度(与直线成90°方向的宽度)。

P 和 Q 的符号必须相同。P = Q 时可省略 Q。

9)圆弧形槽的冲制

以当前位置或 G72 指定的点为中心,在以 I 为半径的圆弧上,从与 X 轴成角度 J 的点开始,到角度 J + K 为止,用直径为 P 的圆形冲模,角度间距为 Q 步进冲切圆弧形槽,槽的宽度等于冲模的直径。

指令格式:G68 I_ J_ K_ P_ Q_ T×××

I——圆的半径,为正。

J——冲压起点与轴的角度,逆时针方向为正。

K——圆弧形槽的圆弧角,为正时按逆时针方向冲切。

P——模直径的名义值,不表示冲模直径实际数值的大小,为正时沿圆弧外侧进行冲切;为负时沿圆弧内侧进行冲切;若 P 为 0,则冲模中心落在指定的半径为 I 的圆弧上进行冲切。

Q——步冲间距圆弧角,为正。

10)长直圆槽的冲制

以当前位置或 G72 指定的点为起点,沿着与 X 轴成角度 J 的直线,在长度 I 上用直径为 P 的圆形冲模,并以间距为 Q 进行步进冲切,槽的宽度等于冲模的直径。

指令格式:G69 I_ J_ P_ Q_ T×××

I——在进行步进冲切的直线上,从冲压起始点到冲压终止点的长度。

J——起始冲压点与 X 轴的角度,逆时针方向为正,顺时针方向为负。

P——冲模直径的名义值,不表示冲模直径实际数值的大小,为正时冲模落在沿直线前进方向的左侧;为负时冲模落在沿直线前进方向的右侧;若 P 为 0,则冲压起始点与图形基准点一致。

Q——步冲间距,为正。

11)图形记忆 A#和图形调用 B#指令

利用 G26,G28,G29,G36,G37,G66,G67,G68,G69 等指令冲切的图形,在相同图形反复出现的时候,可以在图形指令前加 A 和一位后续编号,即可进行图形的记忆。必要时,使用 B 和一位后续数字编号(前面用 A 记忆时使用的编号),即可无数次地进行调用。注意编号只能取 1~5。

12)原点偏移指令 G93

指令格式:G93 X_ Y_

原点偏移,X、Y 为偏移值。

局部坐标系的设定如图 4.46 所示。

X、Y 坐标系:基本坐标系(整体坐标系)。

X′、Y′坐标系:局部坐标系,以 O′点为原点的坐标系。

X″、Y″坐标系:局部坐标系,以 O″点为原点的坐标系。

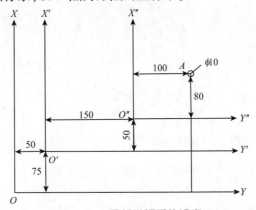

图 4.46　局部坐标系的设定

G93 仅仅用于设定坐标系,既不定位也不冲压。G93 指令一般用于没有展开图零件的程序编制、多工件冲压或需留出夹持余量的场合。在 G93 出现的同一条指令中,不可以出现除 G90,G91,X,Y 以外的其他指令,如不可以用 T,M 等指令。如 G90 G93 X50.0 Y100.0 T201 就是错误的指令。

13）宏程序

指令格式：

U#:宏程序定义开始。

V#:宏程序定义结束。

W#:宏程序调用。

在要记忆的多条程序的最前面写入字母 U 及后继的数码(1~99)，再在这些程序的最后写入字母 V 及相同的数码，这样，U 和 V 之间的程序就在加工的同时被定义为宏程序。在要调用的时候，就写入字母 W 及后继的数码(与 U、V 后继的数码相同)，这样，前面定义的宏程序就被调用。

2.起始冲压置(X0,Y0)(绝对值)的计算

1）长方形槽孔

$$X0 = 长方形槽孔左下端的 X 值 + 1/2(冲模在 X 轴方向的长度)$$
$$Y0 = 长方形槽孔左下端的 Y 值 + 1/2(冲模在 Y 轴方向的长度)$$

2）大方孔(图 4.47)

$$X0 = 大方孔右上端 X 值 1/2(冲模在 X 轴方向的长度)$$
$$Y0 = 大方孔右上端 Y 值 1/2(冲模在 Y 轴方向的长度)$$

3）四角带圆角的长方形孔(图 4.48)

(1)方模起始位置。

$$X0 = 右上端 X 值 - 1/2(冲压模在 X 轴方向的长度) - R$$
$$Y0 = 右上端 Y 值 - 1/2(冲压方模在 Y 轴方向的长度) - R$$

式中 R 为冲压圆模的半径。

(2)圆模起始位置。

右上角(绝对值)：

$$X = 右上端 X 值 - R$$
$$Y = 右上端 Y 值 - R$$

其他角(相对值)：

$$X = 孔的长度 - 2R$$
$$Y = 孔的宽度 - 2R$$

3.数控冲压加工的其他数值计算

$$步冲长度(L) = 全长 - 冲模宽度$$
$$步冲次数(N) = 步冲长度/模具宽度$$

若为小数，则采用收尾法处理。

$$进给间距(P) = 步冲长度/步冲间距$$

4.3.4 编程实例

1.长方形槽孔的步进冲压加工

(1)起始冲压位置(X0,Y0)(绝对值)的计算，冲压模具为 20 mm × 20 mm 的方模。

$$X0 = 200 + 10 = 210(mm)$$

$$Y0 = 300 + 10 = 310(mm)$$

（2）$L = 150 - 20 = 130(mm)$。

（3）$N = 130/20 = 6.57(次) \approx 7(次)$。

（4）$P = 130/7 = 18.57(mm)$。

2. 大方孔的步进冲孔加工（图4.47）

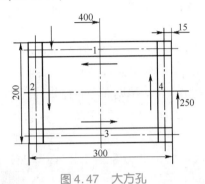

图4.47　大方孔

（1）冲压顺序以右上角为始点，按逆时针方向冲孔再返回始点，如图4.46中1→2→3→4所示。

（2）起始冲压位置（X0，Y0）。

$$X0 = 400 + 1/2 \times 30 - 1/2 \times 30 = 400(mm)$$

$$Y0 = 250 + 1/2 \times 200 - 1/2 \times 30 = 335(mm)$$

（3）X方向步冲次数（N）、进给间距（P）的计算。

$$X 方向步冲长度 \quad L = 300 - 30 = 270(mm)$$

$$X 方向步冲次数 \quad N = 270/30 = 9(次) \approx 10(次)$$

$$X 方向步冲进给间距 \quad P = 270/10 = 27(mm)$$

（4）Y方向步冲次数（N）、进给间距（P）的计算。

$$Y 方向步冲长度 \quad L = 200 - 30 = 170(mm)$$

$$Y 方向步冲次数 \quad N = 170/30 = 5.66(次) \approx 6(次)$$

$$Y 方向步冲进给间距 \quad P = 170/6 = 28.33(mm)$$

（5）按冲压顺序编程。由于最终冲压位置和最初冲压位置重合，所以在最终冲压位置上不进行冲压。

（6）为了取出残留材料，在程序的最后加入M00，使程序停止。

3. 四角带圆角的长方形孔的步进冲孔加工图（4.48）

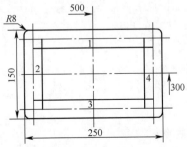

图4.48　四角带圆角的长方形孔

（1）冲压顺序是先加工 4 个角的 $R8$ 部分，起始点和终止点取在右上角。图 4.47 所示的冲压顺序为：$R8$ 的四个角 1→2→3→4。

（2）4 个圆角的冲压位置计算：

右上角的冲压位置，从相邻边的 X、Y 值分别向内移 R（绝对值）。

$$X = 500 + 1/2 \times 250 - 8 = 617 (\text{mm})$$
$$Y = 300 + 1/2 \times 150 - 8 = 367 (\text{mm})$$

其他角的冲压位置：

$$X = 250 - 2 \times 8 = 234 (\text{mm})$$
$$Y = 150 - 2 \times 8 = 134 (\text{mm})$$

（3）方孔的起始冲压位置（$X0$，$Y0$）（绝对值）的计算。设冲压模具为 20 mm × 20 mm 的方模。

$$X0 = 500 + 1/2 \times 250 - 8 - 1/2 \times 20 = 607 (\text{mm})$$
$$Y0 = 300 + 1/2 \times 150 - 8 - 1/2 \times 20 = 357 (\text{mm})$$

（4）X 方向步冲次数（N）、进给间距（P）的计算。

$$X \text{ 方向步冲长度} \quad L = 250 - 2 \times 8 - 20 = 214 (\text{mm})$$
$$X \text{ 方向步冲次数} \quad N = 214/20 = 10.7 (\text{次}) \approx 11 (\text{次})$$
$$X \text{ 方向步冲进给间距} \quad P = 214/11 = 19.45 (\text{mm})$$

（5）Y 方向步冲次数（N）、进给间距（P）的计算。

$$Y \text{ 方向步冲长度} \quad L = 150 - 2 \times 8 - 20 = 114 (\text{mm})$$
$$Y \text{ 方向步冲次数} \quad N = 114/20 = 5.7 (\text{次}) \approx 6 (\text{次})$$
$$Y \text{ 方向步冲进给间距} \quad P = 114/6 = 19 (\text{mm})$$

（6）为了取出残留材料，在程序的最后加入 M00，使程序停止。

 拓展训练

1. 试述数控电火花加工的基本原理。

2. 试述电火花加工的特点。

3. 试述电火花成形加工的应用。

4. 简述线切割加工的主要工艺指标。

5. 影响工艺指标的主要因素有哪些？

6. 简述工件厚度及材料对线切割加工工艺指标的影响。

7. 电火花加工时，如何选择电极丝？

8. 试述切割路线的确定应该注意的事项。

9. 试述数控磨床的加工特点。

10. 简述数控磨床的组成部分。

11. 试述砂轮标记的内容（磨具名称、标准号、形状型号、尺寸及砂轮特性的标记）。

12. 什么是数控冲床？

13. 数控冲床的加工特点有哪些？

14. 简述数控冲床确定工序顺序的注意事项。

思考与练习

其他常用数控加工工艺简介理论知识题库

一、单项选择题

1. 合理利用"吸附"效应能够(　　)。
   A. 提高加工效率　　　　　　　　　　B. 降低电极损耗
   C. 提高工件表面质量　　　　　　　　D. 提高加工精度

2. 快速走丝线切割加工广泛使用(　　)作为电极丝。
   A. 钨丝　　　　　B. 紫铜丝　　　　　C. 钼丝　　　　　D. 黄铜丝

3. 下列电解液中属于非钝化型电解液的是(　　)。
   A. $NaNO_3$　　　B. $NaClO_3$　　　C. $NaNO_2$　　　D. $NaCl$

4. 电火花线切割时,如果处于过跟踪状态,应该(　　)进给速度。
   A. 减慢　　　　　B. 加快　　　　　C. 稍微增加　　　　　D. 不需要调整

5. 在特种加工技术中,可用于微孔加工技术的有(　　)。
   A. 激光、电子束、离子束　　　　　　B. 激光、电子束、电火花
   C. 电子束、离子束、超声　　　　　　D. 电子束、激光、电解

6. 热继电器在控制电路中起的作用是(　　)。
   A. 短路保护　　　B. 过载保护　　　C. 失压保护　　　D. 过电压保护

7. 电源的电压在正常情况下,应为(　　)V。
   A. 170　　　　　B. 100　　　　　C. 220～380　　　　　D. 850

8. 电火花线切割加工属于(　　)。
   A. 放电加工　　　B. 特种加工　　　C. 电弧加工　　　D. 切削加工

9. 用线切割机床不能加工的形状或材料为(　　)。
   A. 盲孔　　　　　B. 圆孔　　　　　C. 上下异性件　　　　　D. 淬火钢

10. 在线切割加工中,加工穿丝孔的目的有(　　)。
    A. 保障零件的完整性　　　　　　　　B. 减小零件在切割中的变形
    C. 容易找到加工起点　　　　　　　　D. 提高加工速度

11. 线切割机床使用照明灯的工作电压为(　　)V。
    A. 6　　　　　B. 36　　　　　C. 220　　　　　D. 110

12. 关于电火花线切割加工,下列说法中正确的是(　　)。
    A. 快走丝线切割由于电极丝反复使用,电极丝损耗大,所以和慢走丝相比加工精度低
    B. 快走丝线切割电极丝运行速度快,丝运行不平稳,所以和慢走丝相比加工精度低
    C. 快走丝线切割使用的电极丝直径比慢走丝线切割大,所以加工精度比慢走丝低
    D. 快走丝线切割使用的电极丝材料比慢走丝线切割差,所以加工精度比慢走丝低

13. 电火花线切割机床使用的脉冲电源输出的是(　　)。
    A. 固定频率的单向直流脉冲　　　　　B. 固定频率的交变脉冲电源
    C. 频率可变的单向直流脉冲　　　　　D. 频率可变的交变脉冲电源

14. 在快走丝线切割加工中,当其他工艺条件不变时,增大短路峰直电流,可以(　　)。

　　A. 提高切割速度　　　　　　　　　B. 改善表面粗糙度

　　C. 降低电极丝的损耗　　　　　　　D. 增大单个脉冲能量

15. 电火花线切割加工过程中,电极丝与工件间存在的状态有(　　)。

　　A. 开路　　　　　B. 短路　　　　　C. 火花放电　　　　　D. 电弧放电

16. 在快走丝线切割加工中,电极丝张紧力的大小应根据(　　)的情况来确定。

　　A. 电极丝的直径　　　　　　　　　B. 加工工件的厚度

　　C. 电极丝的材料　　　　　　　　　D. 加工工件的精度要求

17. 线切割加工中,在工件装夹时一般要对工件进行找正,罕见的找正方法有(　　)。

　　A. 拉表法　　　　　　　　　　　　B. 划线法

　　C. 电极丝找正法　　　　　　　　　D. 固定基面找正法

18. 在利用 3B 代码编程加工斜线时,如果斜线的加工指令为 L3,则该斜线与 X 轴正方向的夹角为(　　)。

　　A. $180° < \alpha < 270°$　　　　　　　　B. $180° < \alpha \leqslant 270°$

　　C. $180° \leqslant \alpha < 270°$　　　　　　　　D. $180° \leqslant \alpha \leqslant 270°$

19. 利用 3B 代码编程加工斜线 OA,设起点 O 在切割坐标原点,终点 A 的坐标为 $Xe = 17mm$,$Ye = 5mm$,其加工程序为(　　)。

　　A. B17 B5 B17 GX L1

　　B. B17000 B5000 B17000 GX L1

　　C. B17000 B5000 B GY L1

　　D. B B5000 B005000 GY L1

　　E. B17 B5 B0 GX L1

20. 利用 3B 代码编程加工半圆 AB,切割方向从 A 到 B,起点坐标 $A(0, -50)$,终点坐标 $B(0,50)$,其加工程序为(　　)。

　　A. B5000 B B GX SR2　　　　　　B. B5 B B GY SR2

　　C. B B50000 B100000 GX SR2　　　D. B B50000 B100000 GY SR2

21. 用线切割机床加工直径为 10 mm 的圆孔,在加工中当电极丝的补偿量设置为 0.12 mm 时,加工孔的理论直径为 10.02mm。如果要使加工的孔径为 10 mm,则采用的补偿量应为(　　)mm。

　　A. 0.10　　　　　B. 0.11　　　　　C. 0.12　　　　　D. 0.13

22. 线切割加工中,当使用 3B 代码进行数控程序编制时,下列关于计数方向的说法正确的有(　　)。

　　A. 斜线终点坐标(Xe Ye),当 $|Ye| > |Xe|$ 时,计数方向取 GY

　　B. 斜线终点坐标(Xe Ye),当 $|Xe| > |Ye|$ 时,计数方向取 GY

　　C. 圆弧终点坐标(Xe Ye),当 $|Xe| > |Ye|$ 时,计数方向取 GX

　　D. 圆弧终点坐标(Xe Ye),当 $|Xe| > |Ye|$ 时,取 GX;当 $|Ye| > |Xe|$ 时,取 GY;当 $|Xe| = |Ye|$ 时,取 GX 或 GY 均可

23. 电火花线切割加工过程中,工作液必须具有的性能是(　　)。

　　A. 绝缘性能　　　　B. 洗涤性能　　　　C. 冷却性能　　　　D. 润滑性能

24. 电火花线切割加工称为( )。
    A. EDMB   B. WEDM   C. ECM   D. EBM

25. 在电火花线切割加工过程中,放电通道中心温度最高可达( )℃左右。
    A. 1 000   B. 10 000   C. 100 000   D. 5 000

26. 快走丝线切割最常用的加工波形是( )。
    A. 锯齿波   B. 矩形波   C. 分组脉冲波   D. 前阶梯波

27. 数控电火花高速走丝线切割加工时,所选用的工作液和电极丝为( )。
    A. 纯水、钼丝   B. 机油、黄铜丝
    C. 乳化液、钼丝   D. 去离子水、黄铜丝

28. 在数控电火花线切割加工的工件装夹时,为使其通用性强、装夹方便,应选用的装夹方式为( )。
    A. 两端支撑装夹   B. 桥式支撑装夹   C. 板式支撑装夹

29. 电火花加工表层包括( )。
    A. 熔化层   B. 热影响层   C. 基体金属层   D. 气化层

30. 电火花线切割加工中,当工作液的绝缘性能太高时会( )。
    A. 产生电解   B. 放电间隙小
    C. 排屑困难   D. 切割速度缓慢

二、判断题

( )31. 特种加工时,工具的硬度不能低于被加工材料的硬度。

( )32. 电火花加工在实际生产中可以加工通孔和盲孔。

( )33. 电火花成形加工机床上安装的平动头可以加工出有清棱、清角的型腔。

( )34. 线切割加工时,加工速度随着脉冲间隔的增大而增大。

( )35. 采用"中极法"电解磨削时不必使用导电砂轮。

( )36. 激光打孔时,激光束的焦点落在工件的表面或略微低于工件表面时最合适。

( )37. 电子束加工装置主要由电子枪、真空系统、控制系统和电源等部分组成。

( )38. 超声加工只能加工硬质合金、淬火钢等脆硬金属材料,不能加工玻璃、陶瓷等非金属脆硬材料。

( )39. 熔丝堆积成形工艺是利用热塑性材料的热熔性、黏结性在计算机控制下层层堆积成形的。

( )40. 目前线切割加工时应用较普遍的工作液是煤油。

( )41. 离子束加工必须在真空条件下进行。

( )42. 电火花加工中的吸附效应都发生在阴极上。

( )43. 线切割加工一般采用负极性加工。

( )44. 电火花穿孔加工时,电极在长度方向上可以贯穿型孔,因此得到补偿,需要更换电极。

( )45. 弛张式脉冲电源电能利用率相当高,所以在电火花加工中应用较多。

( )46. 电火花成形加工和穿孔加工相比,前者要求电规准的调节范围相对较大。

( )47. 电火花成形加工属于盲孔加工,工作液循环困难,电蚀产物排除条件差。

( )48. 电火花加工的粗规准一般选取的是窄脉冲、高峰值电流。

(　　)49. 在采取适当的工艺保证后,数控线切割也可以加工盲孔。

(　　)50. 当电极丝的进给速度明显超过蚀除速度,则放电间隙会越来越小,以致产生短路。

(　　)51. 通常慢走丝线切割加工中广泛使用直径为 0.1 mm 以上的黄铜丝作为电极丝。

(　　)52. 快走丝线切割加工中,常用的电极丝为钼丝。

(　　)53. 3B 代码编程法是最先进的电火花线切割编程方法。

(　　)54. 电火花线切割加工可以用来制造成形电极。

(　　)55. 快走丝线切割的电极丝材料比慢走丝差,所以加工精度较后者低。

(　　)56. 电子束加工必须在真空条件下进行。

(　　)57. 电火花加工中的吸附效应都发生在阳极上。

(　　)58. 线切割加工一般采用正极性加工。

(　　)59. 电火花成形加工时,电极在长度方向上损耗后无法得到补偿,需要更换电极。

(　　)60. 电火花成形加工中的自动进给调节系统应保证工具电极的进给速度等于工件的蚀除速度。

(　　)61. 电火花成形加工和穿孔加工相比,前者要求电规准的调节范围相对较小。

(　　)62. 电火花成形加工电极损耗较难进行补偿。

(　　)63. 数控线切割加工是轮廓切割加工,不需设计和制造成形工具电极。

(　　)64. 数控线切割加工一般采用水基工作液,可避免发生火灾,安全可靠,可实现昼夜无人值守、连续加工。

(　　)65. 电火花加工的粗规准一般选取的是宽脉冲、高峰值电流。

(　　)66. 线切割机床走丝机构的作用是使电极丝以一定的速度运动,并保持一定的张力。

(　　)67. 电极丝的进给速度若明显落后于工件的蚀除速度,则电极丝与工件之间的距离越来越大,造成开路。

参 考 文 献

[1]金璐玫,孔伟.数控加工工艺与编程[M].上海:上海交通大学出版社,2016.

[2]顾晔,楼章华.数控加工编程与操作[M].北京:人民邮电出版社,2009.

[3]陈建军.数控车编程与操作[M].北京:北京理工大学出版社,2007.

[4]裴炳文.数控加工工艺与编程[M].北京:机械工业出版社,2011.

[5]张君.数控机床编程与操作[M].北京:北京理工大学出版社,2010.

[6]朱鹏超.数控加工技术[M].北京:高等教育出版社,2002.

[7]周明虎.数控铣技术[M].南京:江苏教育出版社,2009.

[8]杨仲冈.数控设备与编程[M].北京:高等教育出版社,2002.

[9]张本升.机械制造技术[M].北京:北京邮电大学出版社,2012.